K.S. Rana

Ecologia e Vida Selvagem

K.S. Rana

Ecologia e Vida Selvagem

ScienciaScripts

Imprint
Any brand names and product names mentioned in this book are subject to trademark, brand or patent protection and are trademarks or registered trademarks of their respective holders. The use of brand names, product names, common names, trade names, product descriptions etc. even without a particular marking in this work is in no way to be construed to mean that such names may be regarded as unrestricted in respect of trademark and brand protection legislation and could thus be used by anyone.

Cover image: www.ingimage.com

This book is a translation from the original published under ISBN 978-3-659-82300-8.

Publisher:
Sciencia Scripts
is a trademark of
Dodo Books Indian Ocean Ltd. and OmniScriptum S.R.L publishing group

120 High Road, East Finchley, London, N2 9ED, United Kingdom
Str. Armeneasca 28/1, office 1, Chisinau MD-2012, Republic of Moldova, Europe
Printed at: see last page
ISBN: 978-620-8-14171-4

ÍNDICE

PREFÁCIO

A vida existe num estado de equilíbrio com a natureza e o ambiente porque está espalhada pela terra sob a forma de microrganismos, plantas e animais. Todo o mundo da vida está indiretamente interligado com as actividades uns dos outros. Todos os seres vivos da biosfera afectam outros organismos. Ao ocupar o lugar dominante na biosfera, o homem parece esquecer que o organismo vivo que existe hoje é o resultado da interação entre diferentes espécies da biosfera. O equilíbrio ou balanço que existe em todo o mundo vivo é a caraterística vital estabilizadora do ambiente em que a humanidade continua a evoluir.

O livro escrito à mão pelo Prof. K.S. Rana é abrangente e atualizado, abrangendo duas áreas de estudo importantes e vitais: ***Ecologia e Vida Selvagem****. O livro começa por explorar a população, a sua densidade, a taxa de natalidade, a taxa de mortalidade e a estrutura etária dos indivíduos no primeiro capítulo. Onde vivem as espécies e porquê? O que determina a abundância e a variedade de espécies numa determinada área? Que papel desempenham as espécies no funcionamento de ecossistemas inteiros? Todas estas questões partilham um único conceito central - o nicho ecológico. O presente livro ajudará os leitores a compreender o facto, desde a história do conceito de nicho até à sua evolução e conservação.*

Para compreender os princípios modernos da gestão sustentável e da conservação das espécies selvagens é necessário um conhecimento profundo da demografia, do comportamento animal e da dinâmica dos ecossistemas. Com ênfase na aplicação prática e no desenvolvimento de competências quantitativas, este livro reúne estes diferentes elementos num único manual coerente para estudantes finalistas de licenciatura e pós-graduação.

Este livro fornece uma sólida base em conceitos ecológicos fundamentais. Utiliza estes conceitos para desenvolver uma compreensão mais profunda dos princípios subjacentes à biodiversidade e à sua conservação. Exemplos globais de situações de gestão da vida real fornecem uma perspetiva ampla dos problemas internacionais de conservação, e histórias de casos detalhadas demonstram conceitos e análises quantitativas. Este livro fornece o contexto para a compreensão do ecossistema ecológico e destina-se a introduzir a ciência da ecologia dos ecossistemas a estudantes avançados de licenciatura e a investigadores de um vasto leque de disciplinas. O capítulo Modelação ecológica apresenta uma visão geral do tema e dos principais elementos de modelação dos compartimentos, das ligações que forçam as funções que conduzem o sistema. O autor introduz a ciência da ecologia dos ecossistemas e coloca-a no contexto de outros componentes do Sistema Terrestre - a atmosfera, o oceano, o clima e os sistemas geológicos. O livro mostra como estas componentes afectam os processos dos ecossistemas e contribuem para a variação global da estrutura e dos processos dos ecossistemas terrestres. Também consideramos o papel importante que os organismos têm nos processos dos ecossistemas através de interações tróficas, ou seja, relações de alimentação. A ecologia dos habitats abrange profundamente os ecossistemas terrestres e aquáticos. Os padrões gerais de adaptações e processos encontrados nos ecossistemas de água doce e marinhos são também realçados.

O capítulo Regiões zoogeográficas do mundo explica tudo sobre a vida selvagem e a ecologia das áreas em causa. As oito regiões florísticas da Índia também apresentam ao leitor a diversidade da nossa flora. A ecologia dos Himalaias é a principal área a gerir e a conservar devido à negligência da população local e de muitas agências nodais, sendo este conceito apresentado em pormenor.

Environmental Hazards and Disasters Contexts, Perspectives and Management centra-se nas ameaças manifestadas aos seres humanos e ao seu bem-estar em resultado de catástrofes naturais. O livro utiliza uma abordagem integradora para abordar as componentes socioculturais, políticas e físicas do processo de catástrofe. A vulnerabilidade humana e social, bem como o risco para os perigos ambientais, são explorados dentro do contexto abrangente de diversos perigos naturais e desastres. Para além das explicações científicas das ocorrências desastrosas, as pessoas e os governos dos países propensos ao perigo têm frequentemente as suas próprias interpretações das catástrofes naturais. Nessas interpretações, é frequente culparem os outros, a fim de ocultarem a sua incapacidade de se protegerem, ou culparem-se a si próprios, atribuindo os acontecimentos a actos ilícitos reais ou imaginários. Os gestores de emergência, os planeadores e as organizações públicas e privadas envolvidas na resposta a catástrofes e na mitigação podem beneficiar deste livro, juntamente com os investigadores de riscos. Não só inclui tópicos de perigo tradicionais e populares, por exemplo, terramoto, inundações, seca, tsunami, ciclone, alívio de desastres, e risco e vulnerabilidade.

A Lei das Espécies Ameaçadas de Extinção e os Planos de Conservação de Habitats colocaram exigências crescentes às agências de recursos no sentido de quantificar o estado e as tendências das populações de animais selvagens. Ao mesmo tempo, a população humana na Índia passou de uma sociedade predominantemente rural para uma sociedade urbana. Associado a esta mudança, o público em geral está a ver a vida selvagem cada vez mais como um recurso não consumível e não como um recurso consumível. Consequentemente, o público em geral está a exigir mais justificações para os regulamentos sobre a exploração da fauna bravia e elevou a gestão da fauna bravia à arena pública. Assim, o livro apresenta aos leitores as actuais políticas e leis promulgadas pelo governo da Índia para preservar a flora e a fauna da nação.

O plano Namami Gange é também amplamente explicado para que os alunos possam compreender a profundidade do projeto no décimo segundo capítulo. A diversidade biológica, discutida, engloba todas as formas de vida na Terra e mantém o equilíbrio ecológico e sustenta processos revolucionários. Esta diversidade é o resultado de mais de 3,5 mil milhões de anos de evolução, moldada por processos naturais e, recentemente, pela influência do Homem. Os serviços ecossistémicos prestados pela biodiversidade incluem a fotossíntese, a polinização, a transpiração, os ciclos hidrológicos, o ciclo de nutrientes, o controlo de pragas, etc. A biodiversidade tem também um valor estético e recreativo. A conservação e a utilização sustentável da biodiversidade são, por conseguinte, fundamentais para um desenvolvimento ecologicamente sustentável. A biodiversidade manifesta-se a três níveis: diversidade de espécies, diversidade genética e diversidade de ecossistemas.

Os dois últimos capítulos são enriquecidos com os Parques Nacionais, Santuários e Reservas da Biosfera da Índia, especialmente alguns históricos - Jim Corbett, Parque Nacional de Gir, Santuário de Vida Selvagem de Sariska, Reservas de Tigre de Kaziranga, Santuário de Vida Selvagem de Rajaji, Parque Nacional Real de Chitwan, Nanda Devi, Simplipal, Reserva da Biosfera de Sunderbans, etc. - são explicados com a vivacidade da flora e da fauna.

O Prof. K.S. Rana tem uma ideia de livro académico com uma diferença que inclui as questões ambientais, os riscos, a biodiversidade, os ecossistemas, a vida selvagem, a conservação dos recursos.

A conservação do habitat é também conceptualizada na atitude e pensamento dos leitores, especialmente dos estudantes e investigadores.

Santosh Kumar *(antigo vice-reitor) Universidade de Barktullah, Bhopal, M.P., Índia e Universidade H.S. Gaur, Sagar, M.P., Índia*

1. ECOLOGIA: INTRODUÇÃO E CONCEITOS BÁSICOS

1.1 Introdução

A natureza esconde muitos mistérios e os cientistas de todo o mundo têm passado longas horas em contacto com ela. Num sentido mais lato, a natureza tem duas componentes principais em torno das quais se desenvolve toda a vida na Terra: os organismos e o ambiente. Estas componentes são complexas, dinâmicas, interdependentes e inter-relacionadas entre si. **O "ambiente"** é a soma total da água, do ar e da terra e as inter-relações que existem entre eles e com os seres humanos, outros organismos vivos e materiais. O ar, a água e a terra que nos rodeiam constituem o nosso ambiente. Influenciam-nos diretamente de muitas formas e, do mesmo modo, as nossas actividades também têm influência no nosso ambiente. Pode ser devido a fenómenos naturais ou à nossa exploração dos recursos, à descarga excessiva de poluentes no ar, na água e na terra. A flora, a fauna e os microrganismos, bem como as estruturas criadas pelo homem no nosso meio ambiente, têm uma interação bidirecional connosco, direta ou indiretamente. A ecologia também se ocupa do estudo das relações entre os organismos e o seu ambiente. Os sistemas de suporte da vida, como as florestas, os prados, os oceanos, os lagos, os rios, as montanhas, os desertos e os estuários, apresentam grandes variações na sua composição estrutural e na sua função. São semelhantes no facto de serem constituídos por unidades vivas que interagem com o meio envolvente, trocando matéria e energia. A questão que se coloca é a seguinte: como é que estas diferentes unidades, como uma floresta densa e verde, um deserto quente, o mar Antártico ou um lago pouco profundo, diferem no tipo de flora e fauna, como é que obtêm a sua energia e nutrientes para viverem em conjunto e como é que se influenciam mutuamente? A ecologia responde a estas perguntas. Os ecologistas testam hipóteses sobre o mundo natural, utilizam a metodologia científica para criar experiências cuidadosamente concebidas e, em seguida, analisam os dados produzidos. O objetivo fundamental da ecologia é compreender a distribuição e a abundância dos organismos e o número, a diversidade e a complexidade dos factores abióticos e bióticos tornam a compreensão do sistema natural extremamente difícil.

O termo **"Ecologia"** foi cunhado por Earnst Hackel em 1869. Deriva das palavras gregas Qikos = casa + logos = estudo. Assim, a ecologia trata do estudo dos organismos na sua casa natural, em interação com o meio envolvente. Trata do estudo das populações, da comunidade, dos ecossistemas, da biosfera e das relações de recursos entre os componentes bióticos e abióticos. Nenhum organismo vivo pode viver isolado, pelo que a vida e o ambiente são interdependentes. Por isso, a ecologia é também designada por biologia ambiental ou bionómica. A ecologia foi definida de várias formas por diferentes cientistas e autores

Earnst Hackel, (1869) definiu como - "é a relação dos animais com o seu ambiente orgânico (vivo) e inorgânico (não vivo)" O ecologista britânico Charles Elton (1927) definiu a ecologia como "história natural científica" preocupada com a "sociologia e economia dos animais".

O ecologista americano Frederick Clements (1916) considerou a ecologia como "a ciência da comunidade". Woodburg (1954) tratou a ecologia como "uma ciência que investiga os organismos em relação ao seu ambiente e uma filosofia em que o mundo da vida é interpretado em termos de processos naturais". Allee *et. al.* definiram a ecologia como a ciência da inter-relação entre os organismos vivos e o seu ambiente. Krebs (1985) definiu-a como "a ecologia é o estudo científico das interações que determinam a distribuição e a abundância dos organismos". De acordo com Odum (1971), "a ecologia é o estudo da estrutura e das funções da natureza dos ecossistemas". Os ecologistas adoptam muitas abordagens diferentes para o seu trabalho, mas tendem a concentrar-se em três níveis de organização no mundo natural: População, comunidade e ecossistema. Concentram-se na forma como os organismos se afectam uns aos outros e como o ambiente os afecta.

1.2 Âmbito da Ecologia

A ecologia é uma ciência pluridisciplinar, que se baseia em muitos outros ramos da ciência. Os problemas da vida humana estão direta ou indiretamente relacionados com a ecologia. Ao enquadrar as políticas políticas, socioeconómicas e outras semelhantes do mundo, a ecologia está a ser discutida em todo o lado.

É possível encontrar a palavra "ecologia" frequentemente em jornais, revistas e em todos os tipos de debates, direta ou indiretamente. A ecologia tem uma ampla cobertura em muitos domínios como a floresta, a agricultura, a pecuária, a criação, a piscicultura, a conservação dos recursos da terra e do solo, a ecologia espacial, o problema da poluição crescente, a urbanização, o planeamento urbano, o desenvolvimento rural, os riscos ambientais, a atenuação de catástrofes.

Taylor (1936), numa tentativa de definir ecologia, indicou o âmbito da ecologia ao afirmar que "a ecologia é a ciência de todas as relações de todos os organismos com todos os seus ambientes". Mesmo o problema internacional da poluição ambiental necessita também de assistência ecológica. Podemos também dizer que a ecologia é tanto arte como ciência. Os factos e informações recolhidos através da compreensão de vários princípios que administram a função da natureza e depois aplicados no bem-estar da humanidade tornam-se a arte da ecologia.

1.3 Princípios ecológicos

> A manutenção do habitat é fundamental para a conservação das espécies.

> As grandes áreas contêm normalmente mais espécies do que as áreas mais pequenas com um habitat semelhante.

> As perturbações moldam as caraterísticas das populações e do ecossistema.

> O clima influencia os ecossistemas terrestres, de água doce e marinhos.

> A proteção das espécies e da subdivisão das espécies permitirá conservar a diversidade genética.

> Todas as coisas estão ligadas, mas a natureza e a força das suas ligações variam.

1.4 Ecologia e nível de organização

A organização da disposição dos componentes mais pequenos em componentes maiores e assim por diante é uma hierarquia ou uma pirâmide em que os componentes de cada nível se coordenam uns com os outros para um objetivo comum.

A hierarquia ecológica é uma série de categorias ecológicas graduadas designadas por:

-

1. Organismo
2. População
3. Espécies
4. Comunidade biótica
5. Ecossistema
6. Bioma
7. Biosfera

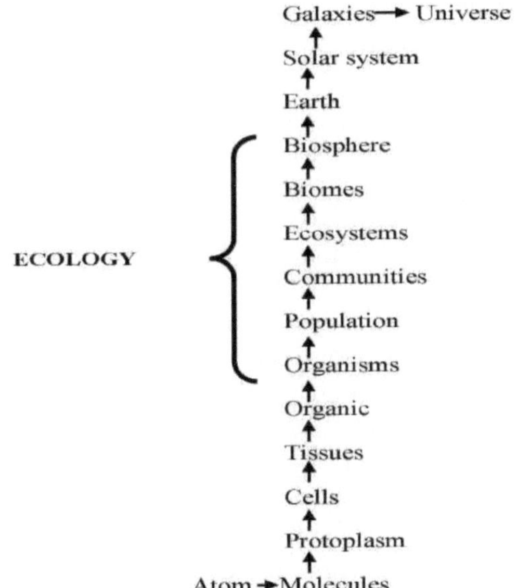

Fig. 1.1 : Níveis de organização

1.5 Desenvolvimento da ecologia na Índia

O estudo da ecologia e das ciências do ambiente assumiu grande importância, especialmente durante a segunda metade do século XX.th . As primeiras contribuições para esta disciplina foram, nomeadamente, de alguns funcionários florestais que apresentaram uma descrição puramente descritiva das florestas. Os estudos autecológicos abrangentes na Índia foram efetivamente iniciados por Ramdeo Misra, que obteve o seu diploma de pós-graduação com distinção na BHU, Varanasi. Após o seu regresso de Leeds (Reino Unido), contribuiu para a autecologia das suas plantas báceas em diferentes condições de habitat.

A extensa investigação sobre a fisiologia dos prados e dos mangais efectuada por

Bharucha (1941), dos desertos por Sarup e colaboradores e das florestas por Puri, G.S. (1950,1960) fez a história da ecologia na Índia. Misra fundou, juntamente com o falecido G.S. Puri, a Sociedade Internacional de Ecologia Tropical em 1956 e a sua revista internacional, Tropical ecology, que começou a ser publicada em 1960. Misra fundou também o Instituto Nacional de Ecologia e o Jornal Internacional de Ecologia e Ciências Ambientais.

Durante 1963-1971, o Centro de Banaras concentrou-se na autecologia de plantas medicinais e ervas daninhas por R.S. Tripathi, na decomposição e produtividade da folhada florestal por K.P. Singh e na produtividade das pastagens por J.S. Singh. Tendo em conta o papel da produtividade biológica no bem-estar humano, o Conselho Internacional da União Científica lançou o Programa Biológico Internacional, que registou um desenvolvimento notável. Programa Biológico Internacional, que permitiu um desenvolvimento notável da ecologia na Índia. O primeiro programa de investigação do MAB na Índia foi lançado por Misra de Varansi em 1975. Misra desempenhou um papel fundamental no programa biológico internacional e no programa MAB da UNESCO.

Foram estudadas a dinâmica dos nutrientes, a produtividade primária e a energia por R.S. Ambasht, as variáveis abióticas por K.C. Misra e os efeitos da poluição por D.N. Rao. R.Y. Roy desenvolveu um centro de investigação ativo de ecologia fúngica em Varansi, tendo realizado estudos sinecológicos sobre a rizosfera e a micoflora de diferentes tipos de plantas. P.K. Khanna, B. Rai e P.D. Sharma contribuíram para a sucessão de fungos transportados pelo ar em gramíneas em decomposição. Em 1974, Mani fez uma descrição histórica da ecologia animal na Índia. Mani também trabalhou na ecologia de alguns insectos dos Himalaias. Purohit, em 1968, efectuou estudos ecológicos sobre mamíferos do deserto indiano.

Em 1965, Nayar e Prabhu estudaram a fauna do solo das plantações de chá de Kerala. A oceanografia indiana foi também objeto de um estudo aprofundado. Foi organizada uma expedição internacional ao Oceano Índico para estudar o Oceano Índico em colaboração com 20 outros países. O Instituto Nacional de Oceanografia (NIO) foi criado em 1966 em Nova Deli. J.S. Singh, em Nainital, começou a trabalhar em 1976 na ecologia dos Himalaias. Em Saugar, os trabalhos posteriores a R. Mishra foram continuados por S.C. Pandeya sobre pastagens, L.P. Mallon sobre terras baixas e G.P. Mishra sobre autecologia de plantas arbóreas e Adoni sobre ecologia aquática.

Todas as divisões da ecologia serão abordadas nos próximos capítulos.

1.6 Abordagens à ecologia: As suas divisões

A definição de ecologia mostra que o estudo da natureza gira em torno das plantas, dos animais e do seu ambiente. Os desenvolvimentos da ecologia, tal como revelam os estudos, baseiam-se em diferentes grupos

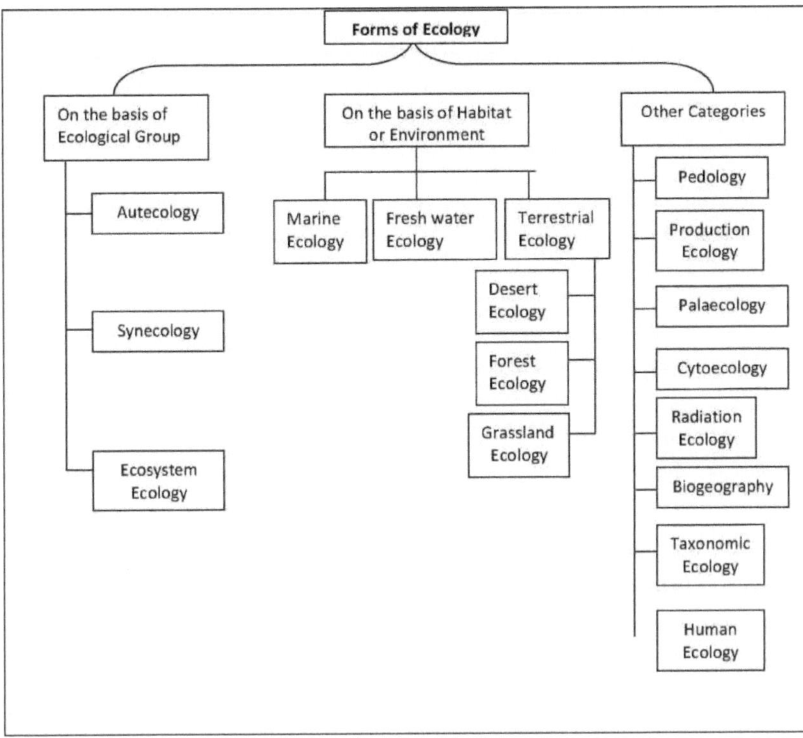

Fig. 1.2: Diversas formas de ecologia

1. Com base no grupo ecológico, as divisões: -

Autoecologia:

É também conhecida como ecologia dos indivíduos, onde se estuda a relação recíproca entre os indivíduos de uma população ou de uma população da mesma espécie. Aqui, a ênfase é dada às exigências e reacções de uma espécie individual juntamente com a influência do ambiente sobre ela. As espécies individuais são as unidades de estudo que envolvem o estudo da história de vida, dinâmica populacional, adaptação, comportamento, habitat, área de distribuição, etc. É também conhecida como ecologia populacional ou demecologia.

Sinecologia:

É também conhecida como ecologia comunitária. Os organismos, como as plantas, os animais, os micróbios, etc., vivem juntos como um grupo natural e influenciam-se mutuamente de muitas maneiras. O grupo de organismos é conhecido como comunidade. Os termos "Autecologia" e "Sinecologia" foram cunhados por Schroter e Kirchner, 1856 A.D

Ecologia dos ecossistemas:

Trata-se do estudo dos movimentos de energia e nutrientes entre os componentes bióticos e abióticos do ecossistema. O termo foi dado por A.G. Tansley (1955 A.D.). Aqui, são enfatizadas as semelhanças e diferenças nas relações alimentares entre os organismos vivos e as várias formas de energia que sustentam a sua vida.

2. Com base no habitat ou no ambiente

Ecologia marinha

É o estudo das inter-relações entre os componentes vivos e não vivos dos oceanos, mares, baías e estuários. É também designada por oceanografia.

Ecologia das águas doces

Trata-se do estudo da relação entre as componentes bióticas e abióticas dos rios, ribeiros, reservatórios, lagos, etc. O estudo científico das caraterísticas físicas, geográficas, biológicas e químicas das massas de água doce, como lagos e lagoas, é designado por limnologia.

Ecologia terrestre

É o estudo da inter-relação entre os componentes bióticos e abióticos da terra. Inclui a ecologia do deserto, a ecologia da floresta, a ecologia dos prados, a ecologia das terras de cultivo, etc.

1.7 Desenvolvimento ou Sucessão Ecológica (Dinâmica da Comunidade)

A sucessão pode estar relacionada com mudanças ambientais sazonais, que criam mudanças na comunidade de plantas e animais que vivem no ecossistema. Outros eventos de sucessão podem levar períodos de tempo muito mais longos, que podem chegar a várias décadas. As comunidades nunca são estáveis, mas dinâmicas, mudando mais ou menos regularmente ao longo do tempo e do espaço. O ambiente está sempre a mudar ao longo de um período de tempo devido a:

(1) Variações dos factores climáticos e fisiográficos, e

(2) As actividades das espécies das próprias comunidades. As influências provocam mudanças acentuadas nos dominantes da comunidade existente que, por sua vez, são substituídos por outra comunidade, mais cedo ou mais tarde, no mesmo local. Este processo continua e as comunidades sucessivas desenvolvem-se uma após outra na mesma área.

Esta ocorrência de uma sequência relativamente definida de comunidades durante um período de tempo até que a comunidade final terminal se torne novamente mais ou menos estável durante um período de tempo é a mesma área conhecida como sucessão ecológica. Clements (1916) definiu a sucessão ao estudar as comunidades vegetais como "o processo natural pelo qual a mesma localidade se torna sucessivamente colonizada por diferentes grupos ou comunidades de plantas, Odum (1971) preferiu chamar este processo ordenado de desenvolvimento do ecossistema em vez da sucessão ecológica mais frequentemente conhecida. Ele definiu-o em termos dos seguintes parâmetros

(1) É um processo ordenado de desenvolvimento da comunidade que envolve mudanças na estrutura das espécies e nos processos da comunidade ao longo do tempo, é

razoavelmente direcional e, portanto, previsível.

(2) Resulta da notificação do ambiente físico pela comunidade, ou seja, a sucessão é controlada pela comunidade, mesmo que o ambiente físico determine o padrão e a taxa de mudança e, muitas vezes, estabeleça limites até onde o desenvolvimento pode ir.

(3) Culmina num ecossistema estabilizado em que o máximo de biomas e a função simbiótica entre organismos são mantidos por unidade de "fluxo de energia disponível".

Há dois tipos de sucessão:

a. Sucessão primária:

É o estabelecimento inicial e o desenvolvimento de um ecossistema. É a série de mudanças na comunidade que ocorrem num habitat inteiramente novo que nunca foi colonizado antes. Por exemplo, uma face de rocha recém extraída de uma pedreira ou dunas de areia.

Exemplo:-a) Florestas que se desenvolvem em novas escoadas de lava. Os fetos estão entre as primeiras plantas a restabelecerem-se após um novo fluxo vulcânico. b) Colonização de novas áreas por comunidades de organismos. Este processo ocorre em rocha nua. A nova rocha provém de duas fontes: o fluxo de lava vulcânica arrefece e forma rocha e os glaciares recuam e expõem a rocha.

Fig. 1.3: Exemplos de sucessão primária - fluxo de lava vulcânica, recuo dos glaciares

Organismos Pioneiros: Os primeiros organismos a colonizar uma nova área, por exemplo, os líquenes são os primeiros a colonizar rochas de lava.

Fig. 1.4: Líquenes (organismos pioneiros)

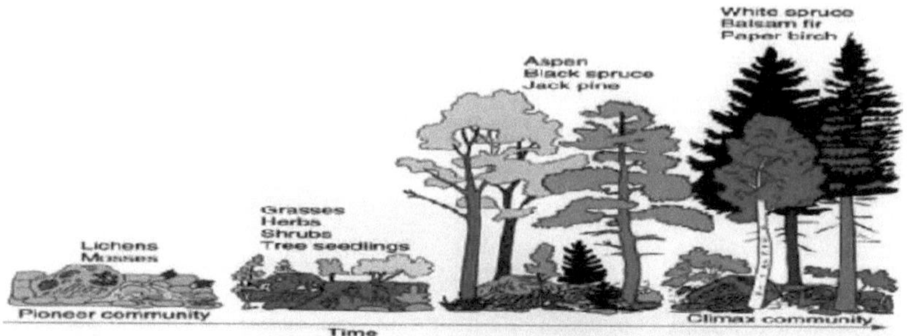

Fig. 1.5: Sucessão primária

Fig. 1.6: Sucessão secundária

b. Sucessão secundária

É o restabelecimento de um ecossistema, ou seja, a série de mudanças comunitárias que ocorrem num habitat previamente colonizado, mas perturbado ou danificado. Por exemplo, após o abate de árvores numa floresta, limpeza de terrenos ou um incêndio, ou uma floresta que se desenvolveu numa pastagem abandonada ou que cresce após um furacão, inundação ou incêndio.

Mecanismos de sucessão

De acordo com Clements, existem 6 fases de sucessão: ("Modelo de facilitação"):

1. *Nudação*: criação de um substrato nu
2. *Migração:* chegada de propágulos
3. *Eclésia:* germinação, estabelecimento e reprodução
4. *Competição:* leva à substituição de espécies
5. *Reação:* a vegetação modifica o ambiente, tornando-o adequado para novas
6. *Estabilização:* atingir o clímax

Causas de sucessão

1. **Causas iniciais:** Estas incluem factores climáticos e bióticos, sendo que os factores climáticos são: erosão, depósitos, vento, fogo, etc., causados por relâmpagos ou atividade vulcânica. O último inclui várias actividades de organismos. As causas iniciais produzem a área nua ou destroem a população existente numa área.
2. **Causas contínuas:** Nas caraterísticas edáficas da área, os processos como migração, agregação, competição, reação, etc. causam ondas de sucessão da população como resultado de mudanças.
3. **Causas estabilizadoras:-O clima** do ar é a principal causa de estabilização outros factores são de valor secundário ditos elementos.

A sucessão processa-se de acordo com os seguintes princípios:

> Uma mudança contínua nos tipos de plantas e animais.
> Uma tendência para o aumento da diversidade das espécies.
> Um aumento da matéria orgânica e da biomassa suportado pelo fluxo de energia.
> Diminuição da produção comunitária líquida ou do rendimento anual.

1.8 Resumo

A ecologia fornece um quadro para aprofundar a nossa compreensão da natureza e do sistema natural. Reforça a nossa apreciação inicial da natureza. Os processos ecológicos são dinâmicos e estão a moldar o mundo vivo que nos rodeia. Os conceitos de ecologia são muito importantes para compreender os nossos quintais, tal como o são para explicar a floresta tropical, os pântanos de mangue e os ecossistemas dos Himalaias. A ecologia influencia diretamente e está relacionada com todos os seres vivos, pelo que deve ser um elemento essencial da nossa educação ao longo da vida.

A ecologia é a ciência com uma visão do mundo totalmente integrada da vida na Terra. Para que os alunos compreendam a ecologia, devem recorrer a diversos domínios do conhecimento e descobrir as relações entre os componentes bióticos e abióticos do ecossistema. Não há melhor veículo do que a ecologia para os educadores desenvolverem a compreensão destes conceitos essenciais por parte dos alunos. Podemos utilizar os conceitos da ecologia para dar sentido às coisas que vemos e às nossas experiências.

2. DEMOGRAFIA, TÁBUAS DE MORTALIDADE E CRESCIMENTO DEMOGRÁFICO

2.1 Introdução

A demografia é o estudo estatístico da população humana - a sua dimensão, concorrência e distribuição no espaço e o processo através do qual a população muda. A palavra Demografia deriva da palavra grega antiga "demos", que significa "o povo", e -grafia, que significa "grapho", que significa escrita, descrição ou medição.

As raízes das considerações demográficas começaram com Malthus, em 1826, período em que a população humana começou a registar um crescimento exponencial. Malthus observou que a população humana estava a aumentar exponencialmente, mas a oferta de alimentos aumentava de forma linear. Os nascimentos, as mortes e as migrações são os três grandes factores da demografia, que produzem conjuntamente a estabilidade ou a mudança da população. A demografia é uma componente central dos contextos sociais e da mudança social. A demografia é "o estudo da dimensão, da distribuição territorial e da composição das alterações da população, bem como das componentes dessas alterações" - Hauser e Duncan (1959). A demografia é uma ciência inerentemente espacial, mas a aplicação de dados e métodos espaciais à investigação demográfica tem tendido a atrasar-se em relação a outras disciplinas. Nos últimos anos, tem-se verificado um aumento do interesse em acrescentar uma perspetiva espacial à demografia. Este aumento acentuado de interesse foi impulsionado, em parte, pelos rápidos progressos registados nos dados geoespaciais, nas novas tecnologias e nos métodos de análise.

Mais contemporaneamente, o desenvolvimento estatístico da demografia foi fundado pelas companhias de seguros. O interesse em decidir quanto é que um indivíduo teria de pagar com base na probabilidade de doença ou morte específica da idade. A demografia é muito útil para compreender os problemas sociais e económicos e identificar potenciais soluções. Os demógrafos dedicam-se ao planeamento social, aos estudos de mercado, à análise do mercado de trabalho, aos seguros, às previsões, ao desenvolvimento económico, etc. Trabalham para empresas privadas e organismos públicos a nível local, regional, material e internacional.

A demografia é utilizada na ecologia, nomeadamente na ecologia populacional e evolutiva, como base para o estudo das populações:

> Ajuda a identificar as fases do ciclo de vida que afectam o crescimento da população
> Avalia as capacidades competitivas potenciais, a colonização.
> Torna-se a base para a compreensão da evolução dos traços da história de vida.
> Aplicação à conservação/exploração, por exemplo, na gestão das pescas.
> Moeda de fitness.

Em ecologia, a demografia permite-nos prever alterações reais ou potenciais na dimensão da população.

Taxas de natalidade
Taxas de mortalidade
Idade em Ist reproduções

Taxa de imigração (entrada)

Taxa de emigração (saída)

Para estudar a dinâmica da população, precisamos de saber qual é a sua dimensão. A comparação de uma população pode ser descrita em termos de caraterísticas demográficas básicas - idade, sexo, situação familiar e do agregado familiar - e por caraterísticas do contexto social e económico da população, ou seja, etnia, religião, língua, educação, ocupação, rendimento e saúde. A distribuição das populações pode ser definida a vários níveis: local, regional, nacional, global e com diferentes tipos de fronteiras: políticas, económicas e geográficas.

Os demógrafos recorrem amplamente a disciplinas afins, como a sociologia, a estatística, os serviços políticos, a economia, a antropologia, a psicologia, a saúde pública e os serviços ambientais. Uma amostra de tópicos da Conferência Europeia sobre a População de 2006 ilustra a amplitude da demografia:

- A evolução demográfica e a família
- Religião e comportamento demográfico
- Re-regulação da saúde em idades mais avançadas
- Cuidados parentais e infantis
- Envelhecimento e economia
- A população e o Estado-providência
- Saúde reprodutiva e formação
- Processos de integração de pequenas áreas e grupos especiais
- População, desenvolvimento e ambiente

2.2 POPULAÇÕES

A população é definida como o número total de indivíduos de uma espécie presentes numa determinada área alguns ecologistas reconhecem dois tipos de populações:

i. População Monoespecífica: É a população de indivíduos de apenas uma espécie. **ii. População mista ou poliespecífica:** É a população de indivíduos de mais de uma espécie. Em ecologia, a população poliespecífica é designada por comunidade e o termo população é utilizado para designar um grupo de indivíduos de qualquer tipo de organismo.

Ecologia das populações:

É o estudo de indivíduos de uma mesma espécie onde os processos e agregação, interdependências entre indivíduos etc. É um desenvolvimento importante na ecologia moderna. A população de uma espécie geralmente aumenta como resultado da reprodução, do transporte ativo de indivíduos ou do seu transporte passivo por agências como o vento, a água, etc. Em condições favoráveis, o grupo de indivíduos aumenta em número. O ambiente nunca é estático e está sempre a mudar, ou seja, é dinâmico. Assim, o ambiente actua como um controlo natural da população. O tema da ecologia das populações pode ser abordado da seguinte forma

i. Caraterísticas da população

ii. Dinâmica populacional

iii. Regulação da população.

Fig. 2.1: Caraterísticas da população

A população é um conjunto coletivo de organismos da mesma espécie que ocupam um determinado espaço e tem as seguintes caraterísticas

1. Densidade populacional
2. Dispersão
3. Natalidade ou taxa de natalidade
4. Mortalidade ou taxa de mortalidade
5. Estrutura etária
6. Tábuas de mortalidade

1. Densidade populacional:

É o número de indivíduos de uma espécie por unidade de área ou volume, por exemplo, animais por quilómetro quadrado. A densidade populacional reflecte o sucesso das espécies numa determinada área. Pode ser calculada da seguinte forma:

$$\mathrm{P.D} = \frac{N}{S}$$

em que N é o número de indivíduos numa região e S é o número de áreas unitárias. Uma vez que os padrões de dispersão dos organismos na natureza são diferentes, torna-se importante distinguir entre densidade bruta e densidade específica (ecológica): *iDensidade* bruta*:* É o número de indivíduos por unidade de área numa área ou volume total.

ii Densidade específica ou ecológica: É a densidade por unidade de espaço de habitat, ou seja, a área ou volume disponível que pode efetivamente ser colonizado pela população.

Em espécies de plantas como *Cassia tora, oplismenusburmannietc.,* os indivíduos encontram-se mais amontoados em manchas de sombra e poucos noutras partes da mesma área. Assim, a densidade calculada na área total, tanto sombreada como exposta, seria a densidade bruta, ao passo que o valor da densidade apenas para a área sombreada, onde as plantas crescem efetivamente, seria a densidade ecológica.

2. Dispersão

É o padrão espacial dos indivíduos de uma população em relação uns aos outros:

i. Dispersão regular: Os indivíduos estão mais ou menos espaçados a uma distância igual uns dos outros. Trata-se de uma raça na natureza, mas é comum em sistemas geridos. Os animais com comportamento territorial tendem para esta dispersão.

ii. Dispersão aleatória: A posição de um indivíduo não está relacionada com a posição dos seus vizinhos. Esta situação também é rara na natureza.

iii. Dispersão em aglomerados: Até certo ponto, a maioria das populações apresenta esta dispersão, com indivíduos agregados em manchas intercaladas com nenhum ou poucos indivíduos. A frequência relativa destes três padrões é bem demonstrada pelas árvores de uma floresta semidecídua.

3. Natalidade ou taxa de natalidade:

É geralmente expressa como o número de nascimentos por 100 indivíduos de uma população por ano. É simplesmente um termo mais amplo que abrange a produção de novos indivíduos de qualquer organismo.

i. Natalidade máxima ou fisiológica: É a produção máxima teórica de novos indivíduos em condições ideais. É constante para uma determinada população. É também chamada de taxa de fecundidade.

ii. Natalidade ecológica ou revista: É também conhecida simplesmente como Natalidade, que se refere ao aumento da população sob uma condição específica real e existente. É também designada como taxa de fertilidade.

A Natalidade é expressa como

$\Delta Nn/\Delta t$ □□A taxa absoluta de natalidade

$\Delta Nn/N\Delta t$ □□A taxa de natalidade específica

Onde N = número inicial de organismos n = novos indivíduos nas populações t = tempo

A taxa de mortalidade geralmente aumenta durante o período de maturidade e depois diminui novamente à medida que o organismo envelhece. Também difere em populações tropicais e temperadas.

4. Mortalidade ou taxa de mortalidade:

É o oposto da taxa de natalidade e refere-se à morte de indivíduos na população. É geralmente expressa como o número de mortes por 1000 indivíduos de uma população por ano.

i. Mortalidade mínima: Representa a perda mínima teórica em condições ideais ou não limitantes. É uma constante para uma população e também conhecida como mortalidade específica ou potencial. Mesmo nas melhores condições, os indivíduos morreriam de "velhice", determinada pela sua longevidade fisiológica.

ii. Mortalidade Ecológica ou Realizada: É a perda real de indivíduos numa determinada condição ambiental. Tal como a mortalidade ecológica, não é uma constante e varia consoante a população e as condições ambientais.

O rácio de nascimentos e mortes é designado por índice vital.

100 x nascimentos

óbitos

5. Estrutura etária:

As proporções de indivíduos em cada grupo são designadas por estrutura etária dessa população. Uma vez que a idade influencia tanto a natalidade como a mortalidade da população, a distribuição etária é importante. A abundância relativa dos organismos de vários grupos etários na população é designada por distribuição etária da população. De um ponto de vista ecológico, existem 3 grandes idades ecológicas numa população. São elas a pré-reprodutiva, a reprodutiva e a pós-reprodutiva. A duração relativa destes grupos em proporção ao tempo de vida varia muito consoante os organismos.

2.3 TABELA DE VIDA

Uma tábua de mortalidade é um registo da sobrevivência e das vendas reprodutivas na população, discriminadas por idade, local ou fase de desenvolvimento. A informação sobre a natalidade e a mortalidade em diferentes idades e sexos pode ser combinada sob a forma de uma tabela de vida. Trata-se de um método mais sofisticado para examinar a abundância da população.

Importância das tabelas de vida:

- Os ecologistas de populações de animais selvagens consideraram as tabelas de vida úteis para compreender os padrões e as causas da mortalidade, prever o crescimento ou declínio futuro das populações e gerir populações de espécies T & E.
- A previsão do crescimento e declínio de uma população de animais selvagens é uma aplicação importante da utilização de tabelas de vida.
- Outra utilização das tabelas de vida é nos esforços de conservação das espécies, como no caso das tartarugas marinhas cabeçudas que ocorrem ao largo da costa sudeste dos Estados Unidos.
- Utilização de informações obtidas a partir da vida tomada:-
- *Taxa de crescimento da população:* A que velocidade a população está a crescer ou a diminuir?
- *Estrutura etária da população:* Existem muitos indivíduos jovens? Indivíduos idosos? Indivíduos em idade reprodutiva? e questões semelhantes
- *Padrão de sobrevivência da população:* A maior parte da mortalidade ocorre nos muito jovens?

Os muito idosos? ou igualmente em todas as idades

Tipos de tábuas de mortalidade: Existem dois tipos de tábuas de mortalidade: Tábuas de Coorte e Tábuas de Vida Estáticas

1. Tábua de vida de coorte: Acompanha a sobrevivência e a reprodução de todos os membros de uma coorte desde o nascimento até à morte. É também conhecida como tábua de mortalidade dinâmica. Uma Coorte é o conjunto de todos os indivíduos nascidos, eclodidos ou recrutados numa população durante um período de tempo definido. Funciona melhor para organismos que vivem durante um período de tempo relativamente curto.

2. Tábua de mortalidade estática ou específica no tempo: Regista o número de indivíduos vivos de cada idade numa população e o seu rendimento reprodutivo. É o método menos preferido. No entanto, é simples de utilizar para organismos de vida longa que o investigador pode não conseguir seguir durante toda a vida do organismo.

Tabelas de vida: As coortes e estáticas que classificam os indivíduos por idade são designadas por tabelas de vida baseadas na idade. Estas tábuas de mortalidade tratam a idade da forma como é normalmente tratada - aos indivíduos que viveram menos de um ano completo é atribuída a idade zero, aos que viveram mais de ou igual a um ano mas menos de e igual a dois anos é atribuída a idade de um ano e assim sucessivamente.

As tabelas de vida baseadas no tamanho e na fase de desenvolvimento classificam os indivíduos por tamanho ou fase de desenvolvimento e não por idade. As tabelas de vida baseadas no tamanho e na fase de desenvolvimento são mais úteis ou mais práticas para estudar organismos que são difíceis de classificar por idade, ou cujos papéis ecológicos dependem mais do tamanho ou da fase do que da idade.

Variáveis da tábua de mortalidade:

x = a idade (1,2,3 anos) ou o estádio (ovo, larva, ninfa, adulto) n_x = o número de indivíduos em cada idade/estádio x

l_x = o presente da coorte original que sobrevive até à idade/estágio

$$x = n_x / n0$$

d_x = a probabilidade de morrer durante a idade/estágio

$x = l_x - l_{x+} 1$

q_x = a percentagem de mortes entre a idade/estágio x e a idade/estágio x + 1 (= d /l_{xx})

b_x = o número de descendentes produzidos por indivíduo na idade/estágio x Métodos de recolha de dados de tabelas de vida:

1. Idade à morte registada diretamente: O número de indivíduos que morrem em intervalos sucessivos de tempo é registado para um grupo de indivíduos nascidos na mesma altura. Este é o tipo de dados mais preciso disponível porque se baseia numa única coorte seguida ao longo do tempo. Os dados observados constituem a coluna dx da tábua de mortalidade.

2. Tamanho da coorte registado diretamente: O número de indivíduos vivos em intervalos sucessivos de tempo é registado para uma coorte de indivíduos. Estes dados são semelhantes aos obtidos com o método 1, exceto que são contados os que sobrevivem e não os que morrem. Estes dados são também exactos e específicos para a coorte estudada. Os dados observados são registados na coluna nx da tabela de mortalidade.

3. Idade à morte registada para várias coortes - Os indivíduos são marcados à nascença e a sua morte registada, como no método 1, mas são agrupadas várias coortes de diferentes anos ou épocas. Estes dados são geralmente tratados como se os indivíduos fossem membros de uma única coorte e é aplicada a análise do Método 1.

4. Estrutura etária registada diretamente - O número de indivíduos com idade x numa população é comparado com o número destes que morreram antes de atingir a idade x+1. O número de mortes nesse intervalo de idade, dividido pelo número de vivos no

início do intervalo de idade, dá uma estimativa de qx diretamente.

5. Idades à morte registadas com uma distribuição etária estável e uma taxa de aumento conhecida - Muitas vezes é possível encontrar crânios ou outros restos mortais que indicam a idade à morte de um indivíduo. Estes dados podem ser registados numa distribuição de frequências de óbitos e, assim, dar diretamente o dx.

6. Distribuição etária registada para uma população com uma distribuição etária estável e uma taxa de crescimento conhecida - Neste caso, a distribuição etária é medida diretamente por amostragem. O número de indivíduos nascidos é calculado a partir das taxas de fertilidade.

Quantidades na vida Tabelas

As tabelas de sobrevivência e de fecundidade são os dados brutos de qualquer tábua de mortalidade. A partir deles, podemos calcular uma variedade de outras quantidades, incluindo taxas de sobrevivência específicas por idade, mortalidade, fecundidade, curvas de sobrevivência, esperança de vida, tempo de geração, taxa líquida de reprodução e taxa intrínseca de crescimento. As curvas de sobrevivência são uma ferramenta visual poderosa para compreender o padrão de sobrevivência e mortalidade numa população.

São frequentemente utilizadas três curvas de sobrevivência designadas por Tipo I, Tipo II e Tipo III. Podemos utilizar as curvas de sobrevivência S_x para calcular e representar graficamente a sobrevivência padronizada (I_x), a sobrevivência específica da idade (g_x) e a esperança de vida (e_x).

Como queremos comparar coortes de diferentes tamanhos iniciais, padronizamos todas as coortes para o seu tamanho inicial no tempo 0, S0. Para o efeito, dividimos cada S_x por S0. Esta proporção de números originais que sobrevivem até ao início de cada intervalo é designada por

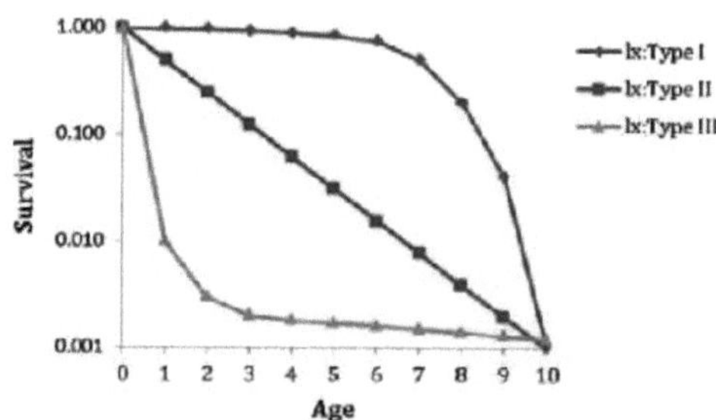

Fig. 2.2: Três tipos de curvas de sobrevivência

Por l_x , e calculado como $l_x = S_x / S0$

A sobrevivência padronizada l_x , dá-nos a probabilidade de um indivíduo sobreviver desde o nascimento até ao início da idade x. Mas e se quisermos saber a probabilidade de um indivíduo que já sobreviveu até à idade x sobreviver até à idade x+1? Podemos calculá-la da seguinte forma:-

$g_x = S_{x+1} / S_x$

A esperança de vida é o tempo que se pode esperar que um indivíduo de uma determinada idade viva para além da sua idade atual. É calculada em três etapas

$l_x = (l + l_{xx+1})/ 2$

De seguida, soma todos os valores de L_x

$$Tx = \sum_{x=n}^{k} Lx$$

Esperança de vida,

$e_x = T_x / l_x$

2.4 CRESCIMENTO OU DECLÍNIO DA POPULAÇÃO

Podemos determinar se é expetável que uma população de animais selvagens cresça, diminua ou permaneça estável calculando a taxa líquida de reprodução (Ro). É o potencial reprodutivo vitalício para a fêmea média, ajustado ou a sobrevivência.

Podemos calculá-la multiplicando a sobrevivência padronizada de cada idade (l_x) pela sua fecundidade (bx) e

$$Ro = \sum_{x=0}^{k} lx\, bx$$

Assumindo que a sobrevivência e a fecundidade permanecem constantes ao longo do tempo, se Ro > 1, a população crescerá exponencialmente, se Ro < 1, a população diminuirá exponencialmente e, se Ro=1, o tamanho da população não se alterará ao longo do tempo, podemos ser tentados a concluir que Ro=r. No entanto, isto não é totalmente correto: r mede a variação da população em termos absolutos de tempo (por exemplo, anos), Ro mede a variação da população em termos de tempo de geração. Podemos converter Ro em r. Primeiro temos de calcular o tempo de geração (G). Então é calculado como

$$G = \frac{\sum_{x=0}^{k} lx\, bx \quad x}{\sum_{x=0}^{k} lx\, bx}$$

Para organismos que vivem apenas um ano, o numerador e o denominador serão iguais e o tempo de geração será igual a um ano. Para todos os organismos de vida mais longa,

O tempo de geração será superior a um ano, mas a diferença exacta dependerá dos calendários de sobrevivência e fertilidade. Uma espécie de vida longa que se reproduz numa idade precoce pode ter um tempo de geração mais curto do que uma espécie de vida mais curta que atrasa a reprodução. *Taxa intrínseca de crescimento* - O aumento de uma população em crescimento exponencial num dado momento arbitrário t é

$Nt = N0\, e^{rt}$

onde e é a base dos logaritmos naturais (2,72) e r é a taxa intrínseca de crescimento. Se considerarmos o crescimento desta população desde o tempo 0 até ao tempo de geração G, este é NG = N0 e^{rG}

NG/N0 = e^{rG} (dividindo ambos os lados por N0)

Substituindo R_o na equação, obtemos

Ro ≈ erG

Se tomarmos o legaitmo natural de ambos os lados, obtemos ln (R0) rG ≈
E dividindo por G obtém-se uma estimativa de r.
rln (R0) / G

Finalmente, podemos utilizar a nossa estimativa de r para prever o tamanho da população no futuro. Se assumirmos que todos os grupos etários são aproximadamente equivalentes em tamanho, uma análise semelhante pode ser feita para as espécies T & E para determinar que intervenção pode ser mais eficaz na redução do tamanho da população.

2.5 DINÂMICA POPULACIONAL

A população tem padrões caraterísticos de crescimento que são designados por formas de crescimento da população. Existem três abordagens para o estudo da dinâmica populacional

(i) Modelos matemáticos
(ii) Estudos laboratoriais
(iii) Estudos de campo

Os modelos matemáticos são de dois tipos: modelos teóricos e modelos de simulação. As variações quantitativas das taxas de natalidade, mortalidade, reprodução, crescimento, distribuição etária, dimensão e densidade da população são designadas por dinâmica populacional. **Regulação da população:**

A capacidade de carga é a capacidade de alimentação de um ambiente de um ecossistema para uma população de uma espécie num determinado conjunto de condições. É o nível a partir do qual não pode ocorrer um aumento significativo da população, pelo que a população é regulada a esse nível ou em torno dele. A capacidade de carga de uma população é controlada por muitos factores como a taxa de natalidade, a taxa de mortalidade, os movimentos dos membros dessa população, etc. Estes factores dividem-se em duas categorias

(i) Factores independentes da densidade: Estes incluem factores climáticos como a temperatura, o calor, o frio, a precipitação, a queda de neve, o granizo, os furacões, a seca, as inundações, etc. Mas estes factores não são afectados pelo tamanho da população. Mas, por vezes, os factores abióticos não são muito sistemáticos nos seus efeitos, uma vez que as alterações de densidade, por exemplo, as inundações ou os incêndios, podem danificar todas as populações, independentemente das suas densidades.

(ii) Factores dependentes da densidade: Incluem a taxa de natalidade, a taxa de mortalidade, a taxa de crescimento, a imigração, a emigração, etc. e factores bióticos como a competição, a predação, o parasitismo, etc. Estes factores aumentam o seu efeito inibidor à medida que o tamanho da população e a densidade populacional aumentam, por exemplo, a taxa de crescimento da população é deprimida pela competição intra-específica por alimento, abrigo e parceiro quando a densidade de uma população aumenta e vice-versa.

Estes factores também desempenham um papel importante na determinação da dinâmica da população:

1. **Análise dos factores-chave:** Este é o método para analisar os factores de mortalidade, para descobrir quais podem ser os regulamentos. Os valores de K- para cada fator de mortalidade, juntamente com o total de K (soma dos factores), são traçados para várias gerações sucessivas. O fator K que mais se aproxima do padrão de k é chamado fator-chave.
2. **Autorregulação da população:** As interações intra-específicas dependentes da densidade regulam muitas populações no laboratório e, nesse sentido, são auto-reguladas. A acumulação de resíduos pode diminuir o crescimento da população. Isto também é autorregulação.
3. **Imigração, emigração e dinâmica populacional:** A imigração e a emigração são caraterísticas da dispersão, em que os indivíduos saem de uma população e morrem se não encontrarem um ambiente adequado; estabelecem uma nova população ou juntam-se a uma já existente num novo local.

2.6 CRESCIMENTO DEMOGRÁFICO

É determinado pelo número de indivíduos acrescentados à população através de nascimentos e imigração e pelo número de indivíduos perdidos da população através de mortes e emigração. Se forem acrescentados mais indivíduos do que os perdidos, a população regista um crescimento positivo, mas se forem perdidos mais indivíduos do que os acrescentados, o crescimento é negativo. Mas se as duas taxas forem iguais, a população fica estacionária e chama-se crescimento zero.

Crescimento da população = Nascimentos + imigração - (Mortes + emigração)

O crescimento de uma população pode ser expresso por uma expressão matemática denominada curva de crescimento, na qual o logaritmo do número total de indivíduos de uma população é representado em função do fator tempo. As curvas de crescimento representam a interação entre o potencial biótico e a resistência do ambiente.

Existem dois tipos básicos de curvas de crescimento:

(i) Sigmod ou curva de crescimento em forma de S: É apresentada pelas células de levedura e pela maioria dos organismos. É formada por 5 fases: Fase de retardamento, na qual os indivíduos se adaptam ao novo ambiente, de modo que não há ou há muito pouco aumento na população. A segunda é a fase de aceleração positiva, que é o período de aumento lento da população no início. A terceira é a fase logarítmica ou exponencial, que é o período de aumento rápido da população devido à disponibilidade de alimentos e às necessidades da vida em abundância e à ausência de concorrência. A população tende a duplicar em cada geração, de modo que a curva de crescimento sobe abruptamente. Na fase de aceleração negativa, a população aumenta lentamente à medida que a resistência ambiental aumenta. Na fase estacionária, a taxa de crescimento torna-se finalmente estável porque as taxas de motilidade e de natalidade tornam-se iguais. Assim, a taxa de crescimento é nula.

Diz-se que uma população estável está no nível de saturação ou em equilíbrio. Atualmente, a população flutua em torno deste nível constante. A curva de crescimento Sigmod foi descrita por P.F. Verhulst (1839).

(ii) A curva de crescimento em forma de J. é apresentada por uma pequena população de renas criadas experimentalmente num ambiente natural com abundância de alimentos mas sem predadores. Esta curva tem apenas duas fases: A primeira é a fase de atraso, em que os animais se adaptam ao novo ambiente e é caracterizada por um crescimento lento ou nulo da população.

A segunda fase é a fase logarítmica ou exponencial, que se caracteriza por um crescimento rápido da população, que continua até haver alimentos suficientes disponíveis, mas com o aumento da população de renas, há uma diminuição correspondente da disponibilidade de alimentos e de espaço, que finalmente se esgotam, o que leva à fome e à mortalidade em massa. Este aumento súbito da mortalidade é designado por crash populacional.

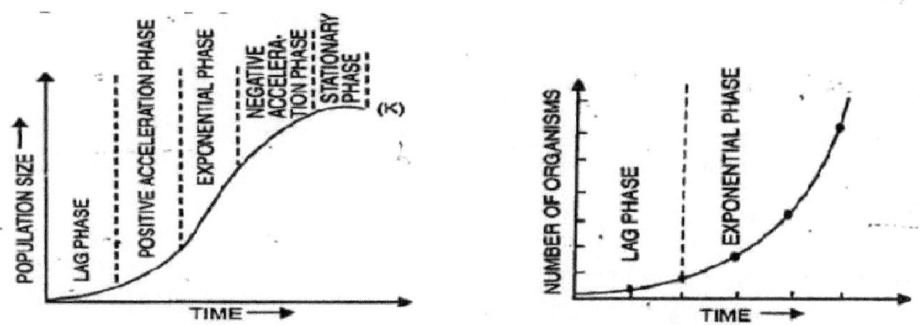

Fig. 2.3: Curva de crescimento sigmoide em forma de S **Fig. 2.4:** Curva de crescimento em forma de J

Vamos discuti-lo em pormenor, começando pelos vários factores que afectam o padrão de crescimento da população

(i) Factores ambientais: Todos os organismos necessitam de condições óptimas para o seu crescimento e proliferação. Os ursos polares não sobreviverão se forem expostos a condições desérticas.

(ii) Calamidade natural: a sua ocorrência provoca um declínio acentuado do número de organismos ou pode mesmo eliminar a espécie.

(iii) Recursos alimentares: A disponibilidade de alimentos e água é muito importante para o desenvolvimento do organismo e, por conseguinte, para manter o seu corpo saudável de modo a reproduzir-se eficientemente.

(iv) Interação entre espécies: Uma espécie pode depender de outras espécies para sobreviver. Uma espécie pode ser o alimento de outra ou a existência de uma pode ser obrigatória para outra. Duas espécies podem partilhar o mesmo alimento e hesitar, o que acaba por levar à competição. Nestes casos, a população de uma espécie pode depender da população da outra.

(v) Intervenções humanas: As actividades humanas, como a caça furtiva, a desflorestação e a poluição causada por povoações humanas próximas, podem provocar uma diminuição drástica do número de espécies.

Se nenhum destes factores estiver presente, a perturbação continuará a multiplicar-se. Este padrão de crescimento de um organismo é conhecido como crescimento exponencial. Quase todas as populações tendem a crescer exponencialmente, desde que os recursos estejam disponíveis. Este é o tipo mais simples de crescimento populacional.

2.7 MODELO DE CRESCIMENTO EXPONENCIAL DA POPULAÇÃO

O crescimento exponencial da população ocorre quando uma única espécie não é limitada por outras espécies (sem predação, parasitismo, competição), os recursos não são limitados e as condições ambientais são constantes. Nestas condições, a população cresce exponencialmente numa percentagem constante ao longo do tempo. Uma condição que permite o crescimento exponencial de uma população é chamada de vácuo ecológico. O vácuo ecológico não ocorre frequentemente na natureza durante um longo período. Na natureza, o crescimento exponencial da população ocorre normalmente durante a recuperação da população após uma perturbação em grande escala, como uma epidemia, um incêndio, etc.

Num modelo de crescimento exponencial da população, a variação da dimensão da população pode ser determinada pelos seguintes factores

Alteração do tamanho da população durante um intervalo de tempo fixo

= Nascimentos durante o intervalo de tempo - óbitos durante o intervalo de tempo

$$\triangle N/ \Delta t = B - D$$

Taxa de natalidade:- É uma medida do grau em que uma população se repõe através de nascimentos.

B= bN;

B = taxa de natalidade per capita

N = Tamanho da população

B = Número de nascimentos

Taxa de mortalidade :- É a taxa a que uma população está a perder indivíduos.

D = mN

m = taxa de mortalidade per capita

N = tamanho da população

D = número de mortes por ano/número de indivíduos numa população Os modelos de crescimento populacional exponencial podem ser classificados em

(i) Modelo de crescimento populacional discreto

(ii) Modelo de crescimento contínuo da população.

(i) Modelo **de crescimento populacional discreto**: Um modelo de crescimento populacional exponencial pode ser definido como um modelo de crescimento populacional discreto se os indivíduos de uma população apresentarem

Época de reprodução discreta

Geração sobreposta ou geração não sobreposta História de vida semelparous ou história de vida interoparous

(1) População reprodutora discreta:

A espécie pode reproduzir-se apenas numa altura específica, normalmente numa determinada altura do ano. As épocas de reprodução introduzem um certo atraso no processo de regulação. Se uma espécie vive durante vários anos e produz relativamente poucas crias por ano, o atraso de um ano devido a uma época de reprodução discreta é provavelmente curto em comparação com o período natural da espécie, pelo que qualquer oscilação causada pelo atraso será convergente, mas se os adultos que se reproduzem numa época raramente ou nunca sobrevivem para se reproduzirem na época seguinte, isso tem um efeito importante na sua dinâmica. No crescimento discreto, consideramos a taxa de natalidade e a taxa de mortalidade dos organismos.

Sobreposição de gerações: Na sobreposição de gerações, cada geração vive durante dois períodos: juventude e velhice. Em qualquer período de tempo, uma geração de jovens coexiste com uma geração de idosos. No início do período seguinte, os idosos morrem, os próprios jovens tornam-se idosos e nasce uma nova geração de idosos. Assim, há duas gerações de pessoas que se sobrepõem em qualquer altura.

Geração sem sobreposição: Nesta geração, em cada período, surge uma nova geração e a antiga morre. As gerações precedem-se e sucedem-se, mas não se sobrepõem em nenhum ponto. As gerações não sobrepostas (insectos univoltinos, plantas anuais, etc.) utilizam equações discretas.

A samelparidade e a iteroparidade referem-se à estratégia de reprodução de um organismo. Estes são os tipos de reprodução.

Os organismos samelpouous são aqueles que têm apenas um único evento reprodutivo durante a sua vida, ou seja, o salmão.

Os organismos iteroparos têm mais do que um evento reprodutivo, por exemplo, é possível que uma população de indivíduos samelpourous tenha mais do que um evento reprodutivo se tiverem eventos samelparous sobrepostos, por exemplo, eventos de 2 anos e 3 anos. **Periodicidade da reprodução:**

Discreto: Um evento reprodutivo por unidade de tempo com indivíduos síncronos, por exemplo, veados, moscas da fruta.

Contínua: A reprodução é contínua ao longo do tempo. Os indivíduos da população não são síncronos.

Semelparas: Na sua maioria, eventos reprodutivos discretos e não sobrepostos, mas alguns podem ter gerações sobrepostas, por exemplo, não sobrepostas, sazonais - gramíneas anuais, sobrepostas, plantas bienais - crescimento numa estação, reprodução

na seguinte com coortes escalonadas.
Interoparasitas: Discreta ou contínua, sempre com sobreposição de gerações. *Discreta:* Aves (sazonais)
Contínuo: Roedores (não sazonal)
Numa população com crescimento populacional discreto, o crescimento da população depende do fator de crescimento geométrico Ro. É o fator pelo qual uma quantidade se multiplica ao longo do tempo ou a taxa líquida de reprodução fundamental. O fator de crescimento geométrico é obtido a partir da diferença entre o número de nascimentos por ano e o número de mortes por ano.

$$R0 = 1 + (B-D)$$

A mudança de tamanho ao longo de uma geração é $N_{t+1} = N_t R_0$.
E a mudança ao longo de muitas gerações é : $N_t = N_0 R_0^t$ onde N_t é o número da população após t gerações. N_0 é o tamanho da população original.
Considere-se uma situação em que o governo da Índia cria um santuário longe das povoações humanas para proteção dos tigres. Há muita comida disponível sob a forma de pequenos mamíferos. A caça furtiva é estritamente proibida. O acasalamento é geralmente mais frequente entre novembro e abril. O período de gestação é de 16 semanas. Se a população começar com 50 tigres e o número de nascimentos por ano da população de onde foram obtidos os tigres for 0,45 e o número de mortes por ano for 0,1, então o valor R será

$$1 + (0.45-0.1) = 1.35$$

No final do primeiro ano, haveria

$$N1 = R0N0 = (1,35)50 = 67,5$$

No final do segundo ano, haveria

$$N2 = R0\ N1 = R.\ R0.\ N0 - R02\ N0 = 91.125$$

Assim, no final de t anos, a população será:-

$$Nt = R0^t\ N0$$

2.8 CRESCIMENTO CONTÍNUO DA POPULAÇÃO

Um modelo de crescimento populacional pode ser definido como um modelo de crescimento populacional contínuo se os indivíduos de uma população apresentarem uma época de reprodução contínua. Nunca dependem de parâmetros como a estação do ano, a alimentação ou o clima para se reproduzirem. Neste caso, a população depende de uma taxa de crescimento per capita instantânea. É o melhor descrito em termos de taxa de variação do tamanho da população.

$$\mathbf{\frac{dN}{dt} = r * N}$$

R é a taxa instantânea de crescimento per capita. Assim, r pode ser calculado como:-

R - (N(t) - (0) / T)

A população com sobreposição de gerações utiliza uma equação contínua. A sobreposição de gerações significa que os nascimentos são contínuos, pelo que a divisão dos jovens em cabanas é puramente arbitrária.

- Os seres humanos e muitos grandes abertos têm funções sobrepostas, tal como muitos pequenos mamíferos (formigas de vara) e muitos invertebrados.
- Muitos mamíferos em ambientes sazonais não têm geração de condição, assim como os jovens são alguns dentro de algumas semanas um do outro durante uma determinada estação.

Consideremos o exemplo do macaco-de-cauda-de-leão. O macaco-da-cauda de leão alimenta-se de azoto florestal indígena. Estes animais são típicos das regiões ocidentais ou do sul da Índia e estão a desaparecer devido à perda de habitat. A gestação é de cerca de seis meses. As crias são medidas no primeiro ano. A maturidade sexual é atingida aos quatro anos para as fêmeas e aos seis anos para os machos. A esperança de vida na natureza é de cerca de 20 anos.

Suponhamos que o povoamento humano é retirado da área e que 102 macacos-rabo-de-leão encontram o seu caminho para este local ideal de crescimento. O crescimento dos micos-leões é o seguinte

Ano Intervalo População em novembro

19720102

19775156

198210202

198715257

199220302

199725355

Então, a partir dos dados: - a taxa de crescimento = (355-102)/25=10,12= 0,1012

Uma vez que o crescimento se situa entre 0 e 1, transformar os dados em valores decimais dividindo-os por 100.

Sobre a integração

$$Nt = N0*e^{r}$$

O crescimento afecta o grau de raridade de uma espécie, o que, por sua vez, afecta a taxa de crescimento da população. Por exemplo, quantos peixes existirão após um determinado período de tempo? quantas árvores podem ser cortadas da população para garantir o crescimento da população? Também é importante proteger as novas espécies alargadas. Isto pode ser feito raramente se conhecermos a taxa de crescimento destas espécies e as protegermos, o que é útil para expandir a população. Embora o modelo contínuo ou discreto de crescimento da população seja um acontecimento, tem a sua própria importância no comportamento direto de uma população.

Calcule o crescimento utilizando a equação e transforme-o em decimais para executar no semelhante.

$$R = (N(t) - N(0))/T$$

Taxa de crescimento

-

0.108

0.1

0.103

0.1

0.101

2.9 Padrões de sobrevivência e distribuição etária

Uma curva de sobrevivência resume o padrão de sobrevivência numa população. Os padrões de sobrevivência variam muito de uma espécie para outra e, dependendo das circunstâncias ambientais, podem variar substancialmente mesmo dentro de uma única espécie. Algumas espécies produzem crias aos milhões, que, por sua vez, morrem a uma taxa elevada. Outras espécies produzem poucas crias e investem muito nos seus cuidados. As crias das espécies que desenvolveram este padrão sobrevivem a uma taxa elevada. Outras espécies ainda apresentam padrões intermédios de taxa reprodutiva, cuidados parentais e sobrevivência juvenil. Em resposta aos desafios práticos de discernir os padrões de sobrevivência, os biólogos populacionais inventaram dispositivos de contabilidade chamados tabelas de vida que listam tanto a sobrevivência como as mortes, ou mortalidade, nas populações.

Estimativa de padrões de sobrevivência

Existem três formas principais de estimar os padrões de sobrevivência numa população. **1.** A primeira forma, e a mais fiável, consiste em identificar um grande número de indivíduos que nasceram aproximadamente ao mesmo tempo e manter registos sobre eles desde o nascimento até à morte. Um grupo nascido na mesma altura é designado por coorte. Uma tábua de mortalidade elaborada a partir de dados recolhidos desta forma é designada por tábua de mortalidade de coorte. A coorte estudada pode ser um grupo de plântulas de plantas que germinaram ao mesmo tempo ou todos os cordeiros nascidos numa população de ovelhas de montanha num determinado ano.

Embora a compreensão e a interpretação de uma tábua de mortalidade de coorte possam ser relativamente fáceis, a obtenção dos dados em que se baseia uma tábua de mortalidade de coorte não o é. Imagine-se deitado de barriga para baixo num prado, contando meticulosamente milhares de pequenas plântulas de uma planta anual. Tem de marcar a sua localização e depois voltar todas as semanas durante 6 meses até que o último membro da população morra. Ou, se estiver a estudar uma espécie de vida moderadamente longa, como uma craca ou uma erva perene como um ranúnculo, imagine-se a verificar a coorte repetidamente durante um período de vários anos. Se o organismo estudado for um animal móvel, como uma baleia ou um falcão, os problemas multiplicam-se. Se a espécie for de vida muito longa, como uma sequoia gigante, esta abordagem é impossível numa única vida humana. Nestas circunstâncias, os biólogos populacionais recorrem geralmente a outras técnicas.

2. Uma segunda forma de estimar padrões de sobrevivência em populações selvagens é registar a idade à morte de um grande número de indivíduos. Este método difere da abordagem de coorte porque os indivíduos da sua amostra nascem em alturas diferentes. Este método produz uma **tabela de vida estática**. A tabela é chamada de estática porque o método envolve um instantâneo da sobrevivência dentro de uma população durante um curto intervalo de tempo. Para produzir uma tabela de vida estática, o biólogo precisa frequentemente de estimar a idade em que os indivíduos morrem, o que pode ser feito marcando os indivíduos quando nascem e recuperando as marcas após a morte e registando a idade à morte. Um procedimento alternativo consiste em estimar a idade dos indivíduos mortos. A idade de muitas espécies pode ser determinada razoavelmente bem. Por exemplo, as ovelhas da montanha podem ser envelhecidas contando os anéis de crescimento dos seus cornos. Existem também anéis de crescimento nas carapaças das tartarugas, nos troncos das árvores e nos "caules" dos corais moles ou duros.

3. Uma terceira forma de determinar os padrões de sobrevivência é a partir da **distribuição etária.** Uma distribuição etária consiste na proporção de indivíduos de diferentes idades numa população. Pode utilizar uma distribuição etária para estimar a sobrevivência, calculando a diferença na proporção de indivíduos nas classes etárias seguintes. Este método, que também produz uma tábua de mortalidade estática, pressupõe que a diferença no número de indivíduos numa classe etária e na seguinte é o resultado da mortalidade. Quais são os outros principais pressupostos subjacentes à utilização de distribuições etárias para estimar padrões de sobrevivência? Este método requer que uma população não esteja a crescer nem a diminuir e que não esteja a receber novos membros do exterior nem a perder membros por migrarem. Uma vez que a maioria destes pressupostos é frequentemente violada em populações naturais, uma tábua de mortalidade construída a partir deste tipo de dados tende a ser menos exacta do que uma tábua de mortalidade de coorte. No entanto, as tábuas de mortalidade estáticas são frequentemente úteis, uma vez que podem ser a única informação disponível.

Sobrevivência elevada entre os jovens

Como vimos na introdução, Adolph Murie estudou os padrões de sobrevivência das ovelhas Dall no que é atualmente o Parque Nacional do Monte Danali, no Alasca. Murie estimou os padrões de sobrevivência recolhendo os crânios de 608 ovelhas que tinham morrido por várias causas. Determinou a idade em que cada ovelha da sua amostra morreu, contando os anéis de crescimento dos seus chifres e estudando o desgaste dos dentes. O principal pressuposto deste estudo é que a proporção de crânios em cada classe de idade representava a proporção típica de indivíduos que morriam nessa idade. Por exemplo, a proporção de ovinos na amostra que morreu antes do primeiro ano de idade representa a proporção que geralmente morre durante o primeiro ano de vida. Embora não seja provável que este pressuposto seja estritamente verdadeiro, o padrão de sobrevivência que emerge é provavelmente tão grande como o de Murie.

Uma curva de sobrevivência mostra os padrões de vida e morte numa população. Repare que, nesta população de ovelhas Dall, há dois períodos em que as taxas de mortalidade são mais elevadas: durante o primeiro ano e durante o período entre os 9 e os 13 anos. A mortalidade juvenil e a mortalidade dos idosos são mais elevadas nesta população, enquanto a mortalidade nos anos intermédios é mais baixa. O padrão geral de sobrevivência e mortalidade entre as ovelhas Dall é muito semelhante ao de uma variedade de outros grandes vertebrados, incluindo o veado-vermelho, Cervus elaphus, o veado-cauda-preta da Colômbia, Odocoileus hemionus columbianus, o búfalo da África Oriental, Syncerus caffer, e os seres humanos. As principais caraterísticas da sobrevivência destas populações são taxas relativamente elevadas de sobrevivência entre os jovens e as pessoas de meia-idade e taxas elevadas de mortalidade entre os membros mais velhos.

Este padrão de sobrevivência também foi observado em populações de plantas anuais e pequenos animais invertebrados.

Elevada mortalidade entre os jovens

Alguns organismos produzem um grande número de crias com taxas de mortalidade muito elevadas. Os ovos produzidos por peixes marinhos, como a cavala, Scomber scombrus, podem chegar aos milhões. De cada 1 milhão de ovos postos por uma cavala, mais de 999.990 morrem durante os primeiros 70 dias de vida, quer como ovos, larvas ou juvenis. As taxas de sobrevivência são semelhantes nas populações de camarão Leander squilla ao largo da costa da Suécia. Por cada 1 milhão de ovos postos pelo Leander, apenas cerca de 2 000 indivíduos sobrevivem ao primeiro ano de vida. Este período de elevada mortalidade entre os camarões jovens é seguido de uma mortalidade relativamente constante durante o resto da vida.

Outros invertebrados marinhos e peixes, bem como plantas que produzem grandes quantidades de sementes, apresentam padrões de sobrevivência semelhantes. Uma destas plantas é a Cleome droserifolia, o arbusto do deserto estudado por Ahmad Hegazy (1990) que discutimos brevemente na introdução. Hegazy estimou que uma população local de aproximadamente 2.000 plantas produz quase 20 milhões de sementes por ano. Destas, cerca de 12.500 sementes germinam e produzem plântulas. Apenas 800 mudas sobrevivem para se tornarem plantas juvenis. A Figura 10.5 traça esse padrão de sobrevivência por Cleome, expresso em sobreviventes por milhão de sementes. Hegazy calculou que por cada 1 milhão de sementes produzidas, cerca de 39 sobrevivem até à idade de 1 ano, uma taxa de sobrevivência de apenas 0,0039%. A sobrevivência nesta população de plantas do deserto contrasta fortemente com a observada nas ovelhas de Dali. A diferença notável nos padrões de sobrevivência entre populações como a de Cleome, aves como o pisco-de-peito-ruivo e grandes mamíferos como as ovelhas de Dell levou os primeiros biólogos populacionais a propor uma classificação das curvas de sobrevivência.

Até que ponto é que esta classificação de sobrevivência representa bem as populações naturais? A maior parte das populações não se enquadra perfeitamente em nenhum dos três tipos básicos de sobrevivência, mas apresenta praticamente todos os tipos de formas intermédias de sobrevivência entre as curvas. Mesmo uma única espécie pode apresentar variações consideráveis na sobrevivência de um ambiente para outro. Por exemplo, enquanto a sobrevivência humana segue geralmente uma curva de sobrevivência de tipo I, em ambientes difíceis, a sobrevivência humana aproxima-se de uma curva de tipo II. Esta variação nos padrões de sobrevivência humana levou G. Evelyn Hutchinson (1978) a pensar: "Só se pode concluir que, por vezes, o homem é obrigado a morrer ao acaso como um pássaro, mas noutras circunstâncias pode aspirar a uma velhice tão madura como a de uma ovelha selvagem ou de um búfalo africano." Se a sobrevivência pode ser tão variável numa espécie, para que servem estas curvas de sobrevivência teóricas e idealizadas? O seu valor mais importante, tal como a maioria das construções teóricas, é o facto de estabelecerem limites que marcam o que é possível nas populações. Independentemente de quão perto as curvas de sobrevivência actuais se aproximam das curvas teóricas, elas servem como excelentes resumos dos padrões de sobrevivência nas populações.

Passamos agora à distribuição etária das populações, um tema intimamente relacionado com a sobrevivência. Como vimos, a distribuição etária de uma população pode ser utilizada para construir uma tabela de vida estática a partir da qual se pode traçar uma curva de sobrevivência. No entanto, como veremos de seguida, a distribuição etária de uma população oferece outras perspectivas sobre a dinâmica populacional.

ESTUDOS DE CASO: DISTRIBUIÇÃO ETÁRIA

A distribuição etária de uma população reflecte a sua história de sobrevivência, reprodução e potencial de crescimento futuro.

Os ecologistas de populações podem dizer muito sobre uma população apenas estudando a sua distribuição etária. As distribuições etárias indicam períodos de reprodução bem sucedida, períodos de alta e baixa sobrevivência e se os indivíduos mais velhos de uma população se estão a substituir a si próprios ou se a população está em declínio. Ao estudar a história de uma população, os ecologistas populacionais podem fazer previsões sobre o seu futuro.

Populações de árvores estáveis e em declínio

Em 1923, R. B. Miller publicou dados sobre a distribuição etária de uma população de carvalho branco, Quercus alba, numa floresta madura de carvalhos e nogueiras no Illinois. No seu estudo, Miller começou por determinar a relação entre a idade de um carvalho branco e o diâmetro do seu tronco. Para o fazer, mediu os diâmetros de 56 árvores de vários tamanhos e depois retirou um núcleo de madeira dos seus troncos. Contando os anéis de crescimento anual de cada um dos núcleos, pôde determinar as idades das árvores da sua amostra. Com a relação entre a idade do carvalho e o diâmetro em mãos, Miller utilizou o diâmetro para estimar as idades de centenas de árvores A maioria dos carvalhos brancos na floresta estudada por Miller concentrava-se na classe de idade mais jovem de I a 50 anos, com um número progressivamente menor de indivíduos nas classes de idade mais velhas (fig. 13.2). Os carvalhos brancos mais velhos da floresta tinham mais de 300 anos. Por outras palavras, a distribuição etária dos carvalhos brancos nesta floresta estava inclinada para as árvores jovens. O que é que podemos inferir desta distribuição etária? A distribuição etária indica que a reprodução é suficiente para substituir os indivíduos mais velhos da população à medida que morrem. Ou seja, esta população de carvalhos brancos parecia estar estável, nem em crescimento nem em declínio, na altura em que foi estudada.

2.10 Uma população dinâmica num clima variável

Rosemary Grant e Peter Grant (1989) passaram décadas a estudar as populações de tentilhões das Galápagos. Um dos seus estudos mais completos diz respeito ao grande tentilhão-dos-cactos, Geospiza conirostris, na ilha de Genovesa, que fica na parte nordeste do arquipélago das Galápagos, a cerca de 1.000 km da costa oeste da América do Sul. As Ilhas Galápagos têm um clima altamente variável, o que se reflecte nas populações altamente dinâmicas dos organismos que vivem nas ilhas, incluindo as populações do grande tentilhão-dos-cactos.

As distribuições etárias do tentilhão dos cactos durante 1983 e 1987 mostram que a população pode ser muito dinâmica. A distribuição etária de 1983 mostra uma distribuição bastante regular dos indivíduos entre as classes etárias. No entanto, não havia indivíduos de 6 anos na população. Esta lacuna deve-se a uma seca em 1977, durante a qual nenhum tentilhão se reproduziu. Agora, compare as distribuições etárias de 1983 e 1987. As distribuições contrastam marcadamente, embora sejam para a mesma população separada por apenas 4 anos!

ESTUDOS DE CASO:

Dispersão

A dispersão pode aumentar ou diminuir as densidades populacionais locais.

A dispersão é um aspeto importante da dinâmica das populações. As sementes das plantas dispersam-se com o vento ou a água ou podem ser transportadas por uma variedade de mamíferos, insectos ou aves. As cracas adultas podem passar a vida agarradas às rochas, mas as suas larvas viajam pelo alto mar através de correntes oceânicas de grande amplitude. Uma série de outros invertebrados marinhos sésseis, algas e muitos peixes de recife altamente sedentários também se dispersam amplamente enquanto larvas. Algumas aranhas jovens tecem uma pequena rede que apanha os ventos e os transporta por distâncias até centenas de quilómetros. Os jovens mamíferos e aves dispersam-se frequentemente da zona onde nasceram e podem juntar-se a outras populações locais. Como consequência de movimentos como estes (fig. 13.3), o ecologista populacional que tenta compreender a densidade populacional local deve considerar a dispersão para dentro (imigração) e para fora (emigração) da população local.

Apesar da sua importância, a dispersão é um dos aspectos menos estudados da dinâmica das populações. O seu estudo é claramente uma tarefa difícil. Mas vale a pena estudar a dispersão; a saúde e a sobrevivência de muitas populações locais podem depender deste aspeto pouco apreciado da dinâmica populacional. Uma das fontes mais ricas de informação sobre a dispersão e alguns dos exemplos mais claros provêm de estudos de populações em expansão.

Dispersão de populações em expansão

As populações em expansão estão a aumentar a sua área geográfica. Porque é que este tipo de população nos fornece alguns dos melhores registos de dispersão de espécies? O aparecimento de uma nova espécie numa área é rapidamente notado e registado, especialmente se a espécie tiver impacto na economia local ou na saúde ou segurança humanas.

Alterações na área de distribuição em resposta às alterações climáticas

Em resposta às alterações climáticas que se seguiram ao recuo dos glaciares para norte na América do Norte, com início há cerca de 16.000 anos, organismos de todos os tipos começaram a deslocar-se para norte a partir dos seus refúgios da era glaciar. As árvores das florestas temperadas deixaram um dos registos mais bem preservados desta dispersão para norte.

Embora as distribuições do ácer e da cicuta se sobreponham atualmente, não o faziam durante o auge da última idade do gelo. Além disso, o ácer colonizou a parte norte da sua área de distribuição atual a partir da região do vale inferior do Mississippi, enquanto a cicuta colonizou a sua área de distribuição atual a partir de um refúgio ao longo da costa atlântica. As duas árvores dispersaram-se a ritmos muito diferentes. Das duas espécies, o ácer dispersou-se mais rapidamente, chegando aos limites norte da sua área de distribuição atual há cerca de 6.000 anos. Em contrapartida, a cicuta só atingiu o limite noroeste da sua distribuição atual há 2.000 anos. O pólen preservado nos sedimentos dos lagos indica que as árvores florestais no leste da América do Norte se espalharam para norte após o recuo dos glaciares a uma taxa de 100 a 400 m (0,1-0,4 km) por ano. Esta taxa de dispersão é semelhante à de alguns mamíferos de grande porte, como o alce norte-americano. No entanto, é 1 / 100 a taxa de dispersão apresentada pelas pombas de colarinho na Europa e 1 / 1.000 a taxa de dispersão das abelhas africanizadas na América do Sul, Central e do Norte.

Os exemplos anteriores dizem respeito à dispersão por populações em processo de expansão das suas áreas de distribuição. A dispersão significativa também ocorre dentro de populações estabelecidas cujas áreas de distribuição não estão a mudar. Os movimentos, dentro das áreas de distribuição estabelecidas, podem ser um aspeto importante da dinâmica das populações locais.

2.11 Aplicação e ferramentas

(Utilização da dinâmica populacional para avaliar o impacto dos poluentes)

Muitos cientistas estão a estudar os efeitos de concentrações subletais (concentrações demasiado baixas para matar num curto período de tempo) de poluentes na biologia das populações de organismos aquáticos. Algumas investigações promissoras de Donald Baird, Ian Barber e Peter Calow (1990), do Reino Unido, e de Amadeu Soares (Soares, Baird e Calow 1992), de Portugal, centraram-se num grupo de pequenos crustáceos planctónicos chamados cladocera, ou pulgas de água. A sua principal espécie de estudo, Daphnia magna, está distribuída por todo o Hemisfério Norte. Estas pulgas de água têm uma série de caraterísticas que as tornam boas candidatas para estudos laboratoriais da poluição. São pequenas, têm um tempo de geração curto e alimentam-se por filtração de algas, que podem ser facilmente cultivadas em laboratório. Para além disso, a D. magna reproduz-se assexuadamente a maior parte do tempo. A reprodução assexuada assegura populações de estudo geneticamente uniformes. Consequentemente, as diferenças genéticas entre os organismos de ensaio podem ser controladas ou tidas em conta nos estudos de toxicidade.

Uma equação de balanço energético fornece a chave para fazer a ponte entre a ecologia fisiológica e a ecologia populacional:

Energia assimilada = Respiração + Excreção + Produção

Nesta equação, a quantidade de energia assimilada por um animal é igual à soma da energia gasta na respiração, da quantidade de energia excretada e da quantidade de energia disponível para a produção. Esta energia de produção é a quantidade de energia de que um organismo dispõe para o seu crescimento e a sua reprodução.

Como é que esta equação relaciona os efeitos fisiológicos dos poluentes com os seus efeitos nas populações? O princípio da afetação pressupõe que os recursos energéticos disponíveis para os organismos são limitados e prevê que qualquer aumento na afetação de energia a qualquer uma das funções da vida diminui a quantidade de energia disponível para outras funções. Em termos da nossa equação de balanço energético, se um organismo é exposto a uma toxina que induz stress fisiológico, a energia gasta na respiração geralmente aumenta. Este aumento da respiração inclui a energia gasta para excretar a toxina, para converter a toxina numa forma química não tóxica e para reparar os danos celulares causados pela toxina. O ponto importante é que os processos que aumentam a energia gasta na respiração diminuem a energia disponível para o crescimento e a reprodução. Este compromisso entre a reprodução e a respiração constitui a ponte entre a ecologia fisiológica e a ecologia populacional.

Na sua procura de um indicador fiável dos efeitos dos poluentes, Soares, Baird e Calow examinaram uma série de respostas ao nível da população. Verifica-se que uma das caraterísticas da população que mais reage é a taxa de crescimento per capita, r, que eles calcularam da mesma forma que discutimos anteriormente:

$r = \text{In } R_0 / T$

Como é que os investigadores escolheram r como indicador da resposta da população ao potencial dos poluentes? Para compreender a sua escolha, é necessário ter em conta a variabilidade das respostas dos organismos aos desafios ambientais.

Em primeiro lugar, o que é que queremos dizer com "variabilidade" na resposta? Variabilidade significa diferenças na resposta: por exemplo, as diferenças na taxa de aumento per capita, r, entre várias populações expostas a uma toxina. O que é que determina essas diferenças? Algumas devem-se a diferenças genéticas entre populações. Outras diferenças de resposta podem dever-se a diferenças nas concentrações de toxinas, ou seja, a variações no ambiente. Além disso, diferentes genótipos podem responder de forma diferente a diferentes ambientes. É a isto que os ecologistas populacionais chamam interações gene-ambiente. A variação não explicada por diferenças genéticas, diferenças ambientais e interações gene-por-ambiente pode dever-se a erros de medição e a variações ambientais não medidas. Este tipo de variação é normalmente designado por variação residual. Podemos resumir esta divisão, ou "partição", da variação com uma equação:

$$Vt = Vg + Vc + Vge + Vr$$

Em que a variação total, V_t, é igual à soma da variação devida às diferenças genéticas, Vg; da variação devida às diferenças ambientais, V_e; da variação devida às interações gene-ambiente,

Vg_e; e variação residual não explicada, V_r.

Então, o que é que toda esta divisão da variação tem a ver com a escolha de um indicador dos efeitos de potenciais poluentes? O melhor tipo de indicador deve variar substancialmente com as diferenças ambientais, neste caso com a concentração de uma toxina. Um indicador deste tipo mostrará respostas consistentes aos poluentes por parte de uma variedade de genótipos. Em geral, a variação devida ao efeito ambiental específico, V_e, deve exceder a variação na resposta devida às diferenças nos genótipos, V_g.

Soares, Baird e Calow exploraram a partição da variação nas populações de D. magma expondo vários genótipos desta pulga de água à variação de um certo número de factores ambientais. Numa experiência, estudaram o efeito de um resíduo de um pesticida orgânico, a dicloroanilina (DCA), em r. Os resultados das suas experiências mostram que o r de nove genótipos de D. magma muda substancialmente com a concentração de DCA. Aproximadamente 46% da variação observada em r foi devida à variação na concentração de DCA. Da restante variação em r, 22% foram explicados por diferenças genéticas entre populações de D. magma e 24% foram explicados por interações entre genótipos e concentração de DCA. Aproximadamente 8% da variação em r não estava relacionada com a concentração de DCA, genótipos ou interação entre genótipo e concentração de DCA. Em resumo, o ambiente foi responsável por mais variações em r do que qualquer outro fator considerado pelos investigadores. Estes resultados fornecem uma base biológica para a utilização da taxa de aumento per capita, r, como um indicador dos efeitos de um potencial poluente.

3. MODELAÇÃO ECOLÓGICA

3.1 INTRODUÇÃO

A modelação tornou-se uma ferramenta importante no estudo dos sistemas ecológicos. Um modelo é uma representação de uma ideia ou condição de uma partícula. Os pacotes de software de computação gráfica rápida eliminaram grande parte do trabalho árduo de criação de modelos com uma linguagem de programação e abriram uma nova gama de condições de modelo utilizadas e até de modelos de mousse. Proporcionam uma oportunidade para explorar ideias relativas ao sistema ecológico que podem não ser possíveis de testar no terreno por razões lógicas, políticas ou financeiras. O objetivo de formular um modelo ecológico é útil externamente para organizar o pensamento da área, trazer à luz suposições ocultas e identificar necessidades de data. O modelo pode ser tão simples como uma declaração variável sobre um assunto ou duas caixas ligadas por uma variável que representa alguma relação.

Em alternativa, os modelos podem ser extremamente complexos e pormenorizados, como a descrição matemática das vias de transformação do azoto no ecossistema. O ponto de modelação serve de base às medidas tomadas para converter uma ideia, primeiro num modelo concetual e depois num modelo específico.

Um sistema é uma coleção organizada de componentes físicos entrelaçados, cauterizados por um limite e uma unidade funcional. A ecologia de sistemas é a abordagem ao estudo da ecologia que utiliza as técnicas e a filosofia da análise de sistemas para estudar, caraterizar e fazer previsões sobre sistemas ecológicos complexos (**Kitching 1983**). Alguns acontecimentos significativos no desenvolvimento da ecologia de sistemas antes de 1980 são os seguintes:

> Na década de 1960, o computador digital tornou-se disponível para muitos ecolocalizadores.

> Fundador: George van dyne. Terry Olsen, padrão de barba ken watt e c.s. holing.

> A análise do sistema de Watt (1966) é ecologia. Muitos converteram o primeiro bolo na introdução da ecologia de sistemas.

> A ecologia de sistemas foi grandemente impulsionada pelo programa biológico inter-anexos (IBP) nas décadas de 1960 e 1970.

> 1975-ecological modeling, uma revista interactiva de ecologia

Foi criada a Modelação e Ecologia de Sistemas, uma FSEM (Sociedade Interactiva de Modelação de Ecologia) fundada em 1979: Foi publicado um livro de referência sobre ecologia de sistemas editado por squat e o' nail.

Foram utilizados vários produtos para analisar diferentes aspectos da estrutura e função do ecossistema. A aplicação destes procedimentos de análise de sistemas à ecologia passou a ser conhecida como ecologia de sistemas. Nas últimas duas décadas, foram obtidos dados extensivos sobre tipos difíceis de ecossistemas. Para definir possíveis

Para calcular a partir destes dados e comparar a natureza e a direção do desenvolvimento de diferentes tipos de ecossistemas, tem-se sentido uma necessidade crescente de aplicação da matemática, da estatística e do computador em ecologia. O principal objetivo desta aplicação matemática é descrever informações detalhadas sobre a estrutura e a função do ecossistema através de equações e modelos de forma abstrata. Os modelos podem ser e têm sido utilizados para vários fins, para além da previsão: previsão, compreensão, geração e teste de hipóteses, síntese, identificação de áreas de ignorância, utilização como instrumentos de gestão.

3.2 TIPOS DE MODELOS

1. **Modelo físico V/s simbólico (ou abstrato):**
   Físico:-Uma réplica física selada de um sistema real.
   Simbólico: Linguagem verbal, escrita ou matemática.
2. **Modelos dinâmicos V/s estáticos**
   Dinâmico: Com variáveis que variam no tempo.
   Modelos estáticos: Invariante no tempo.
3. **Modelo empírico (corretivo) V/s modelo mecanicista (explicativo):-**
   Empírico: sem dinâmica de intervalos, previsão descritiva.

Mecanismo: Com a dinâmica de intervalos, o explante é compreendido pela predação. O facto de um modelo ser empírico ou mecanicista é muitas vezes relativo, dependendo do nível de pormenor da observação.

4. Modelo determinístico V/s estocástico:

Determinística: Determinística sem variável aleatória, estimativa pontual de parâmetros.

Estocástico: Com uma ou mais variáveis aleatórias, estimativa da variação dos parâmetros, por exemplo: média, variância, distribuição.

5. Simulação V/s Modelos analíticos: Modelo de simulação:- Utiliza computadores, matemática relativamente mais simples, geralmente menos gerador e mais realista. **Ashby (1956)** definiu um modelo como um homomorfismo de um sistema real que ele representa. Os modelos descrevem e prevêem o comportamento do ecossistema, regido por princípios físicos, químicos e biológicos. **Walters (1971)** enumerou os seguintes elementos essenciais para a construção de um modelo.

1. Variáveis de estado: O conjunto de números, que são usados para representar o estado ou condição, do sistema em qualquer momento.

2. Função de transferência: A equação que representa os fluxos ou a interação entre componentes ou elementos do sistema.

3. Função florística: A equação que representa as entradas para o sistema ou os factores que afectam mas não são afectados pelos componentes dos sistemas.

4. **Parâmetros:** são os contributos da equação matemática. Existem dois tipos de abordagens na modelação ecológica

[I] Abordagem do sistema de componentes (As abordagens determinísticas ou): Envolve constantes simples e enfatiza as quantidades de material e energia no ecossistema de forma competente. Esses modelos são geralmente bem desenvolvidos ou

um sistema de equações bastante diferentes, como

$$\frac{dy}{dt} = ry \quad \ldots\ldots\ldots\ldots\ldots\ldots\ldots\ldots\ldots\ldots \text{(i)}$$

em que y = desvio da população no momento t, y = uma constante

Aplicado a uma colónia de bactérias, pode acontecer que a Amy da colónia aumente e esgote os recursos e, nesse caso, sejam necessários dois conteúdos.

A equação do modelo é então:-

$$\frac{dy}{dt} = ay - by^2 \quad \ldots\ldots\ldots\ldots\ldots\ldots\ldots\ldots\ldots\ldots \text{(ii)}$$

em que a e b são constantes.

[ii] Abordagem de componentes experimentais

A análise detalhada dos processos ecológicos, tais como a predação, a conclusão, etc., é uma modelação cuja atenção se centra na interação e na equação do sistema. Estes modelos tendem a ser realistas e perceptíveis.

Nesta abordagem, a equação (2) será

$$\frac{dy}{dy} = (a + y(t))y$$

Onde y(t) é uma variável aleatória com média zero, ou seja, o seu valor será diferente. Ocasionalmente, esta abordagem envolve muitas equações matemáticas, principalmente de séries de pessoas, ou distribuição ou distribuição bionómica.

Assim, uma distribuição de frequências será apresentada como n (q+p) k.

em que n é o número de unidades de amostragem, p é a probabilidade de qualquer ponto da unidade de amostragem ser ocupado pelos indivíduos q=1-p e k= número máximo possível de indivíduos que uma unidade de amostragem pode conter.

3.3 O DESENVOLVIMENTO E A UTILIZAÇÃO DO MODELO

Na sua essência, a hipótese é a chave da modelação. Estas hipóteses claras podem ser classificadas:

1. Hipótese de pertinência: Identificar e definir a variável, a espécie e a substância que é relevante para os problemas.

2. Hipótese de processos: Ligação do subsistema com os problemas e definição dos impactos importados sobre o sistema.

3. Hipótese de relação: A representação formal destas relações através de experiências matemáticas lineares, não lineares e interactivas.

A contribuição de um modelo de ecossistema: O primeiro passo para a modelação é construir uma base ou um modelo concetual, com as seguintes informações:

> Descrição verbal dos furos a nível do subsistema.
> Descrição verbal das entradas e saídas do ambiente.
> adjunto mart.
> Modelos energéticos pictóricos para o subsistema de componentes e interação: são utilizados dois tipos de símbolos: i. diagrama de Forester e ii. módulos H.T. Odom para linguagem de circuitos energéticos.
> Descrição verbal dos factores de controlo.

Energia e trocas atmosféricas

A construção de um modelo de saída inicial (fig.) permite comparações entre diferentes ecossistemas.

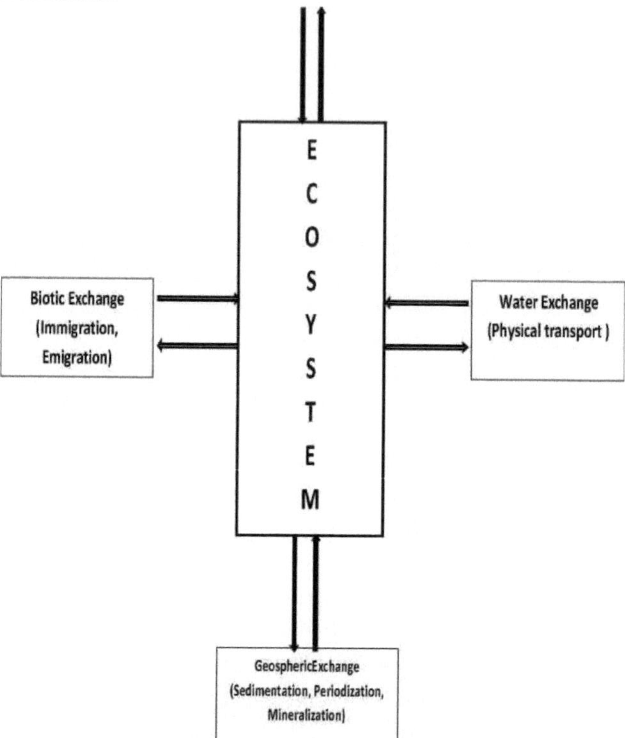

Fig. 3.1 - Modelo inicial de entradas e saídas de um ecossistema.

A atribuição de componentes bióticos no modelo generalizado acima é a fase seguinte da evolução do modelo. Os vários componentes bióticos de diferentes estados de um ecossistema são mostrados na (fig.) um modelo concetual completo.

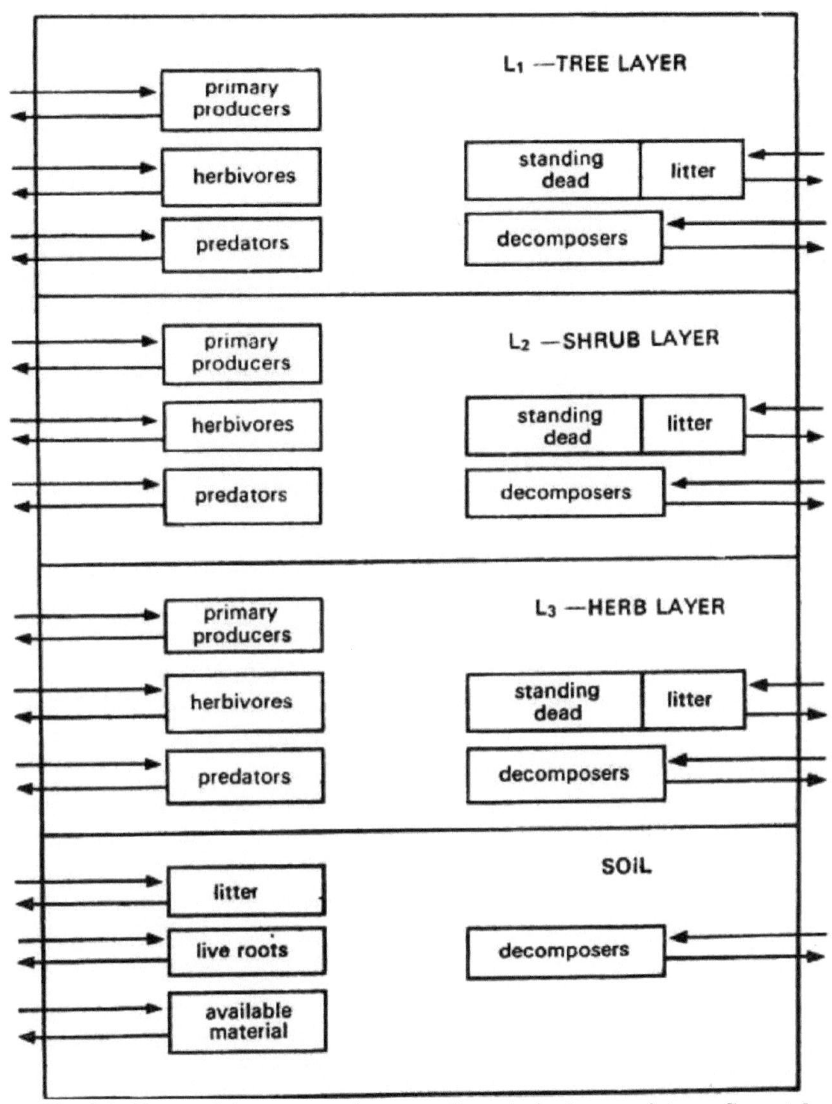

Fig. 3.2. Um modelo concetual compartimentado do ecossistema florestal

Agora, os componentes individuais são objeto de um estudo pormenorizado. A matriz de adjacência de cada componente é agora construída, ou seja, a informação na base do modelo é mais convenientemente representada sob a forma de uma adjacência, que é um conjunto de números ou símbolos organizados em linhas e colunas. As abreviaturas utilizadas nas figuras e nos textos são as seguintes

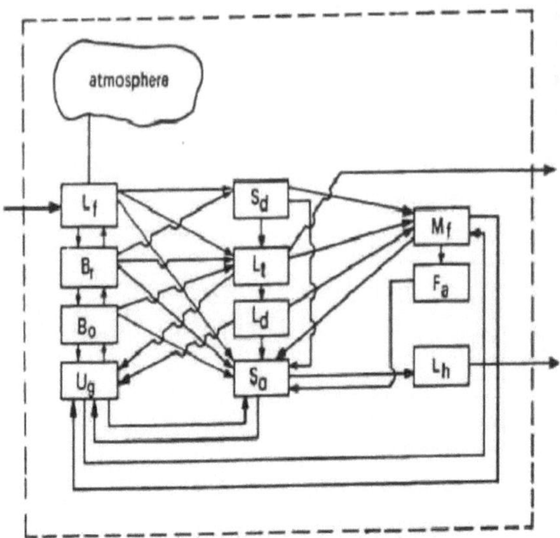

Fig . 3.3: Um único compartimento do modelo de ecossistema mostrando os detalhes do fluxo de material através dos seus componentes bióticos e abióticos.

Agora o compartimento individual é objeto de um estudo pormenorizado. Os detalhes de um compartimento são mostrados. A matriz de adjacência de cada compartimento é agora construída: .e. a informação no modelo de base Fig. 10.27) é mais convenientemente representada sob a forma de uma matriz de adjacência. Uma matriz de adjacência é um conjunto de números ou símbolos organizados em linhas e colunas. As várias abreviaturas utilizadas nas figuras e no texto são as seguintes: Folha-Lf, Ramo-Br, Bole-Bo; Subterrâneo-Ug; Morto em pé-Sd; Lixo fresco-Lt; Lixo decomposto-Ld; Solo- So; Micoflora-Mf; Fauna-Fa, Lixiviação-Lh. A matriz de adjacência para o modelo de base (Fig. 10.27) também é apresentada na Tabela 10.8. Por exemplo, os fluxos dos holons dadores para os holons receptores são indicados como Folha (Lf) para Lixo (Lt)-Lf Lt. Zeros significam que não há fluxos significativos. A Figura 10.28 apresenta um modelo de trabalho detalhado para o ciclo do azoto na floresta de teca da Índia, elaborado por Pandey (1979). Os hólons, os factores de controlo dos fluxos inter-hólons, os controlos, as variáveis auxiliares, etc., podem ser apresentados através dos diagramas de Forrester (1968) ou da análise de sistemas. Esta envolve uma sequência de representações que progride de um domínio físico para um domínio lógico, a fim de imitar um comportamento lógico mas simples; deduzir ou inferir caraterísticas de um sistema real ou de um modelo de domínio inferior a partir de propriedades de um modelo hierárquico de ordem superior para fins explicativos, orientando ou controlando outras interações com a realidade através da compreensão.

Simulação: Os modelos de simulação representam um nível muito elevado de abstração. Estes modelos reproduzem algumas caraterísticas dos modelos reais e geram o comportamento no domínio do tempo para o observador. Estes modelos são maioritariamente matemáticos e computorizados. São utilizados para fins produtivos. As simulações são de dois tipos: lineares e não lineares.

3.4 MODELO DE SIMULAÇÃO LINEAR

Um sistema é linear se for: (a) linear de estado zero (b) linear de entrada zero (c) satisfizer corretamente a descrição. Consideremos um Holon (H) em que a entrada (Z) dá uma saída (Y) como mostra a figura.

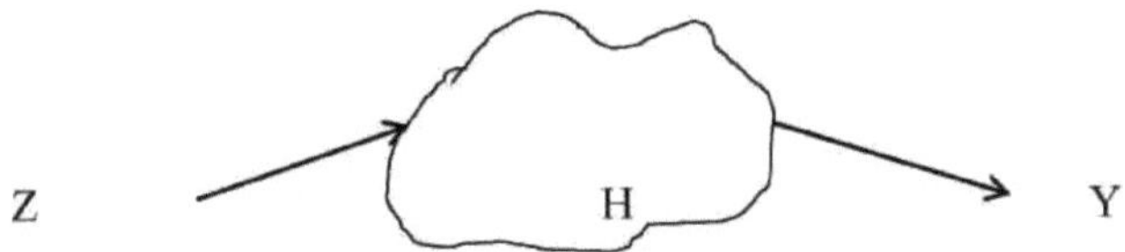

Fig. 3.4: Um Holon (H) com entrada (Z) e saída (Y)

Em geral, a representação matemática deste processo pode ser escrita da seguinte forma:.................. (1)

Onde p é um número inteiro com valoresln.., descreve os vários acontecimentos do o de um sistema, fp representa a dependência funcional de um determinado processo. Num sistema de revestimento, o acontecimento é descrito da seguinte forma:-

$y_1 = a_1 z_1$ ....(2)

Onde a é constante.

Assim, para uma entrada z1, obteremos

$y_1' = a_1 z_1'$ ....(3)

Para a entrada z_1'' obtemos uma saída.

$y_1'' = a_1 z_1''$ ....(4)

If $z_1'' = z_1 + z_1'$, obtemos de (4) $y_1'' = a_1(z_1 + z_1')$

Utilizando (2) e (3) $y_1'' = y_1 + y_1''$

ou uma combinação linear da entrada resulta numa combinação linear da saída, diz-se que esses sistemas são sistemas lineares. Vamos ilustrar graficamente o conceito de sistema linear:

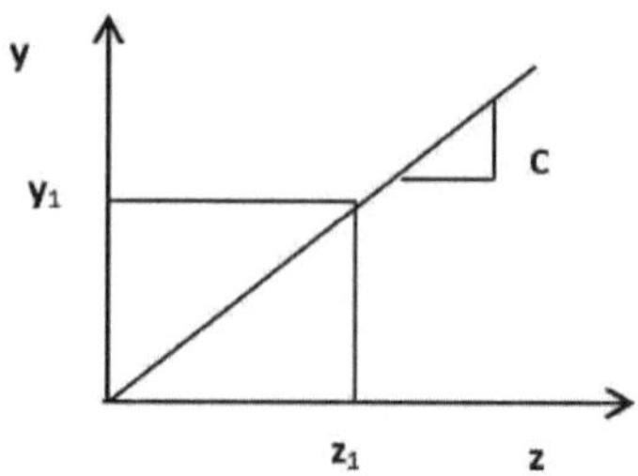

Fig. 3.5. Conceito de Sistema Linear

$y = cz+0$ ....(6)

Onde c= declive da reta: se forçarmos o primeiro elemento da entrada z, ou seja, z1, obtemos a saída correspondente y_1 então a equação 6 mudará para

$y_1 = cz$ ....(7)

Além disso, se forçarmos a entrada z_1 por um coeficiente a & b. Obtemos $y = acz_1$, mas $ez_1 = y1 from(7)$

Por conseguinte, $y = ay_1$

Do mesmo modo, se $z = z_1+z_2$ então $y=y_1+y_2$

3.5 MODELO DE SIMULAÇÃO NÃO LINEAR

Consideremos um caso em que a saída Y depende da quadratura da entrada z. Neste caso, a equação torna-se

$y_1= a_1 (z_1)^2$ .... (8)

Para uma entrada diferente z_1' e z_1'' a equação (8) dá

$y_1' = a_1 (z_1')^2$ .... (9)

E $y_1'' = a_1 (z_1'')^2$...................................... (10)

Se assumirmos que $z_1'' = z_1 + z_1'$ a equação (1) dá

$y_1'' = a_1(z_1 + z_1')^2$

Agora y_1+y_1'

Por conseguinte $a_1 (z_1 + z_1')^2 = a_1 (z_1^2+z_1'^2 + 2z_1z_1')$

$a_1z_1^2+a_1z_1'^2$

Nesta equação, vemos que a combinação linear da entrada não produz uma combinação linear da saída. Diz-se que um sistema deste tipo é um sistema não linear.

3.6 ANÁLISE DO SISTEMA

Isto implica uma sequência de representação que progride de um domínio físico para um domínio lógico para imitar um comportamento lógico mas simples, para deduzir ou inferir caraterísticas de um sistema real ou de um modelo de domínio inferior a partir de propriedades de um modelo hierárquico de ordem superior para fins explicativos na orientação ou controlo de outras interações com a realidade através da compreensão. Trata-se de uma série de etapas mais ou menos normalizadas num estudo de análise de sistemas. São elas

1. Formulação do processo.
2. Construção de um modelo matemático que descreva a variável mais importante dos sistemas.
3. Definição de determinada função ou medida de mérito.
4. Recolha de dados para permitir uma estimativa dos vários parâmetros do modelo.
5. Desvio da solução óptima através de algoritmos formais.
6. Teste do modelo, da solução e da senilidade dos parâmetros.

4. CONCEITO DE NICHO E CONCORRÊNCIA

4.1 INTRODUÇÃO

A questão de saber porque é que as espécies são comuns nalguns locais e raras ou ausentes noutros dá origem ao conceito de habitat. Um habitat é simplesmente o local onde um organismo pode ser encontrado na natureza. Os habitats são descritos em termos de geografia, geologia, clima, bem como por outras espécies que se encontram habitualmente no mesmo habitat. O conceito de habitat está intimamente relacionado com outro conceito utilizado para caraterizar as espécies, o nicho. O nicho de um organismo pode ser melhor descrito como o seu papel na comunidade de organismos que o rodeiam.

As descrições do habitat são normalmente utilizadas como um guia prático para localizar e manter as espécies, enquanto o nicho é um conceito mais abstrato que constitui a base concetual de grande parte da teoria ecológica e evolutiva. Engloba todas as interações possíveis que uma espécie tem com o ambiente e com outras espécies da comunidade. Em termos conceptuais, o nicho é mais rico do que o habitat e constitui a base de grande parte da teoria ecológica. Existem semelhanças notáveis na forma como os nichos e os habitats são apresentados. Tal como um habitat, um nicho é frequentemente definido por eixos e existem múltiplos eixos que podem ser comparados. O tipo mais comum de eixos utilizados para caraterizar um nicho inclui os que definem a tolerância ambiental e as necessidades de recursos.

A humidade, a luz solar, a temperatura, o vento, a exposição e o pH são exemplos de eixos ambientais que nos ajudam a definir um nicho. Os eixos de recursos podem incluir recursos alimentares (insectos, sementes, bactérias, nutrientes), requisitos de espaço (locais de reprodução, refúgios, zonas de procura de alimento), etc. Também se comparam as duas espécies de plâncton em duas dimensões de nicho, iluminação e temperatura, que estão correlacionadas com o eixo do habitat, a profundidade. Este facto realça a semelhança entre o habitat e o nicho, que são muitas vezes difíceis de distinguir claramente.

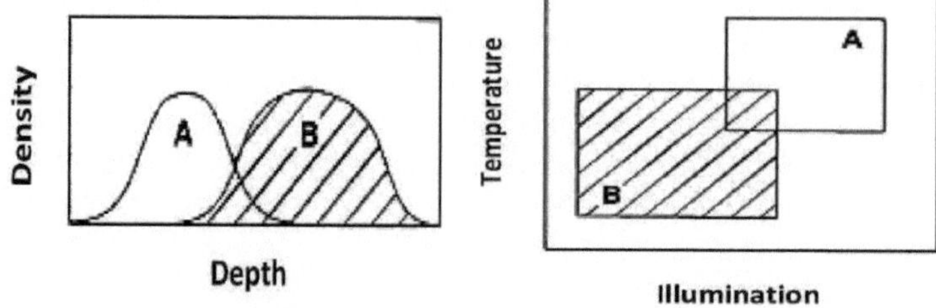

Fig. 2.1: Duas espécies hipotéticas de plâncton comparadas ao longo do eixo de habitat da profundidade na coluna de água (painel superior).

Este eixo único de habitat é calculado com dois eixos de nicho diferentes, temperatura e iluminação. A espécie B encontra-se em ambas as zonas, sempre mais luminosas e mais quentes.

Quando dois organismos utilizam o mesmo recurso, o organismo mais bem sucedido exclui normalmente o outro de forma competitiva. As espécies que coexistem numa comunidade tendem a evitar a competição através de adaptações específicas, de modo que cada espécie tem um papel único na comunidade. Estas funções são designadas por nichos.

O habitat pode muitas vezes ser descrito de forma adequada com relativamente duas variáveis, ao passo que a documentação completa do nicho exige um estudo cuidadoso e muito tempo.

No entanto, se o habitat puder ser capturado com exatidão, é provável que muitas das complexas exigências de nicho e interconexões estejam contidas no mesmo habitat. Para preservar uma única espécie, é necessário preservar também as suas necessidades de nicho e as complexas interligações com o resto da comunidade. A preservação de um habitat adequado permite frequentemente atingir este objetivo. Este princípio é importante não só para a gestão das espécies-alvo, mas também para a preservação e recuperação da biodiversidade em geral. Apesar da sua longa história na investigação ecológica, o conceito de nicho foi revelado nos últimos anos por Soberon & Nakamura, 2009. Durante o último século, foram sugeridas muitas definições para explicar o termo "nicho". A confusão resulta da utilização da mesma palavra "nicho" para conceitos diferentes. Distinguiremos três sentidos da palavra:

a. O nicho como a posição ou o papel das espécies numa determinada comunidade. (o conceito funcional de nicho).

b. O nicho como a relação de distribuição de uma espécie numa série de ambientes e comunidades. (o nicho como habitat ou o conceito de nicho de lugar) e

c. O nicho como um amálgama das ideias de ambos e, portanto, definido por factores intra-comunitários e inter-comunitários.

O segundo conceito torna o nicho sinónimo de habitat e, de momento, designamos o terceiro por conceito de habitat mais nicho.

É tentador pensar num nicho como um lugar físico. Este é o uso comum da palavra, e há exemplos na literatura ecológica inicial que usam o termo "nicho" no sentido puramente físico. th Muitos naturalistas na última parte do século XX voltaram a sua atenção para a documentação dos traços que distinguem uma espécie de outra. Quando duas espécies pareciam muito semelhantes, pensava-se que eventualmente poderiam ser encontradas diferenças que distinguissem o papel único de cada uma na comunidade. Esta ideia era evidente mesmo nos escritos de Darwin e, ao longo do tempo, evoluiu para um princípio muito geral - o princípio da exclusão competitiva. O princípio da exclusão competitiva e o conceito de nicho desenvolveram-se em paralelo no início do século XX.

O termo nicho foi utilizado pela primeira vez no contexto da exclusão competitiva por **Joseph Grinnell,** soberbo naturalista do Oeste da América do Norte, já em 1914.

O estudo **de Grinnell** sobre o tordo-da-califórnia ilustra alguns dos componentes mais básicos de um nicho

Tipo de alimento consumido (principalmente insectos, bagas em algumas épocas do ano).

- Preferência de microhabitat (debaixo de vegetação arbustiva)
- Traços físicos e comportamentos utilizados na recolha de alimentos (um bico comprido que se esgueira pelas camadas superiores do solo e das folhas).
- Recursos necessários para o abrigo e a reprodução.

Estes quatro factores básicos permitem classificar o nicho básico da maioria dos animais em função de um ou mais destes factores.

O conceito funcional de nicho foi desenvolvido por **Elton (1927)** e outros. Para Elton, o nicho é "o estatuto dos animais na sua comunidade", o seu lugar no seu meio biótico. Em particular, a sua seleção de alimentos e inimigos. Este conceito de Elton foi adotado por **Gause (1934)** como base para o seu desenvolvimento da ideia agora designada por princípios de Gause&Volterra ou de exclusão competitiva. Um nicho indica o lugar que uma determinada espécie ocupa numa comunidade, ou seja, quais são os seus hábitos, alimentação e modo de vida.

Dice (1952) resumiu a evolução do conceito e definiu nicho como "a posição ecológica que uma espécie ocupa num determinado ecossistema". O trabalho de Hutchinson (1957) desenvolveu o conceito de nicho como uma pedra angular da teoria ecológica. Considerou um nicho ecológico como um "espaço multidimensional ou hipervolume dentro do qual o ambiente permite a um indivíduo ou espécie sobreviver indefinidamente". Propôs que as variáveis ambientais que afectam a espécie fossem concebidas como um conjunto de n coordenadas. Para cada uma destas coordenadas existe um valor limite dentro do qual a espécie pode sobreviver e reproduzir-se. Os intervalos das coordenadas dentro do valor limite definem um hipervolume n-dimensional, em cada ponto dentro do qual as condições ambientais permitiriam que a espécie existisse indefinidamente. Este hipervolume pode ser designado por "nicho fundamental" da espécie.

O nicho fundamental descreve as condições abióticas em que uma espécie é capaz de persistir. Se forem consideradas variáveis físicas e biológicas (por exemplo, diferenças de temperatura com a profundidade e diferenças de tamanho dos alimentos que afectam uma comunidade de zooplâncton), o nicho fundamental definirá completamente as propriedades ecológicas da espécie. O nicho fundamental é uma formalização abstrata do que normalmente se entende por nicho ecológico.

Se, nos espaços físicos normais de um determinado biótopo, existirem pontos em que as condições deste nicho fundamental se realizam plenamente, então o biótopo está completo relativamente a essa espécie. Devido à conclusão e a outras interações, a espécie pode ser excluída de algumas partes do nicho fundamental. O hipervolume reduzido em que a espécie existe é designado por "nicho realizado". Por conseguinte, o "nicho realizado" descreve a condição em que uma espécie persiste, tendo em conta a presença de outras espécies, bem como a acessibilidade espacial.

O nicho de Hutchison alarga os conceitos de limites de tolerância a múltiplas (x)

dimensões, em que n é o número de factores ambientais bióticos e abióticos importantes para a sobrevivência e reprodução da espécie.
Hutchison **observou** ainda **(1958):- 1.** Embora a formulação sugira igual probabilidade de sobrevivência das espécies em todos os pontos até aos limites do seu hipervolume de nicho, haverá normalmente uma parte óptima do nicho e condições subóptimas perto dos limites.
2. Assume-se uma ordenação linear de todas as variáveis ambientais, embora tal não seja possível na prática.
3 As formulações referem-se a um instante no tempo, mas o tempo também deve ser considerado uma variável. Uma espécie nocturna e uma espécie diurna, com a mesma alimentação, com a mesma amplitude térmica, etc., ocuparão nichos bastante diferentes.

Fundamentos V/S Nicho Realizado:

Nicho fundamental: tamanho máximo possível do nicho na ausência de outras espécies.
Nicho realizado: nicho real considerando os efeitos de outras espécies.
Uma reformulação interessante do conceito de nicho de Hutchinson consiste em caracterizá-lo como o mapeamento da dinâmica populacional num espaço abstrato multidimensional definido por eixos ambientais que afectam a aptidão de um organismo. Isto permite-nos apresentar o nicho como um espaço multidimensional e dinâmico dentro do qual pode ocorrer movimento ao longo dos diferentes eixos. A pressão selectiva ao longo dos eixos do nicho pode resultar numa resposta evolutiva ao ambiente. Como tal, o nicho representa a interface entre o processo ecológico e evolutivo que actua para moldar a área geográfica de uma espécie.
Odum (1959) afirmou que um nicho ecológico é a "posição ou estatuto de um organismo dentro da sua comunidade e ecossistema, resultante da adaptação estrutural, das respostas fisiológicas e do comportamento específico do organismo". Ele afirmou que um nicho ecológico tem os seguintes aspectos

1. **Nicho Espacial ou de Habitat:** designa o espaço físico efetivo ocupado pelo organismo.
2. **Nicho trófico:** define a posição funcional do organismo no ecossistema.
3. **Nicho multidimensional ou hipervolume:** refere-se à posição do organismo nos gradientes ambientais. Por outras palavras, se o habitat é o endereço de um organismo, então o nicho ecológico não inclui apenas o espaço físico, ou seja, o habitat, mas também o seu papel funcional na comunidade. Por outras palavras, o nicho ecológico significa a interação total de uma espécie com o seu ambiente, ou seja, o que come, a sua amplitude de movimentos, a sua nidificação e os seus efeitos noutros componentes bióticos e abióticos.

Factores que determinam o nicho ecológico:

1. as caraterísticas do substrato;
2. microclimas da espécie em causa;
3. o período (dia e estação) da sua atividade;
4. o tipo de alimento;

5. o tipo de predadores e de abrigo;
6. O modo de consumo da vegetação para os processos de reprodução.

Nicho espacial:

O processo de ocupação de um espaço físico específico por cada espécie. De acordo com **Grinnell (1924),** duas espécies num mesmo território geral não podem ocupar durante muito tempo o mesmo nicho ecológico. Este facto foi confirmado por uma série de estudos experimentais e de observação. Esta separação ecológica, mesmo de espécies estreitamente relacionadas, foi bem explicada pela demonstração experimental de Gause do princípio da exclusão por competição, através dos seus trabalhos sobre duas espécies relacionadas de *paramécios. P caudatum e P. aurelia.*

Nicho trófico:

Apesar de duas espécies aparentadas poderem ocupar o mesmo habitat geral, há uma separação de nichos e podem ter hábitos de alimentação diferentes, **Charles Elton (1927)**.

1. Insectos aquáticos:

A Notonecta e a Corixa são dois insectos aquáticos que se encontram no mesmo habitat, ou seja, um lago com vegetação de pequeno porte, mas que têm hábitos alimentares diferentes, por exemplo: - A Notonecta agarra e come outros animais como insectos, girinos, caracóis e pequenos peixes, enquanto a Corixa se alimenta de vegetação em decomposição. A Corixa alimenta-se de vegetação em decomposição. Desta forma, duas espécies estreitamente relacionadas podem viver no mesmo habitat geral, mas utilizam recursos energéticos diferentes.

2. Aves aquáticas:

Lack (1945) mostrou os hábitos alimentares de duas espécies de aves aquáticas estreitamente relacionadas que se alimentam nas mesmas águas e nidificam nas mesmas falésias, mas estudos pormenorizados mostraram que estas aves têm fontes de alimentação diferentes e locais de nidificação diferentes.

3. Bico - comprimento nas aves:

Valen (1965) verificou que a variação da largura do bico era maior na população insular de seis espécies de aves do que na população continental. Isto indica um nicho trófico mais alargado nas ilhas.

Nicho multidimensional: Hutchinson afirmou que se os nichos ecológicos de duas espécies se sobrepuserem a tal ponto que ocorra uma competição severa entre elas por recursos comuns, então a seleção natural pode favorecer um processo de deslocação de nicho que pode envolver mudanças no habitat, seleção de alimentos, morfologia, fisiologia ou comportamento de uma ou ambas as espécies. Isto pode resultar na eliminação de uma espécie ou na divisão de uma espécie em duas ou mais espécies novas. Este facto demonstra que nenhuma espécie pode ocupar o mesmo nicho ecológico. Se ocorrerem na mesma área gráfica, então utilizam alimentos diferentes ou estão activas em alturas diferentes ou ocupam nichos ligeiramente diferentes. A exclusão da competição também afirma que duas espécies com requisitos ecológicos semelhantes não podem coexistir no mesmo ambiente. Isto mostra que os organismos ocuparam os seus respectivos nichos durante um longo período de diferenciação e evolução.

Os membros de uma mesma espécie podem ocupar nichos tróficos diferentes

Por exemplo: as raposas carnívoras podem consumir bagas e uvas devido à dificuldade de alimentação no inverno.

- Nos falcões e em muitos insectos, os dois sexos de uma mesma espécie variam acentuadamente em tamanho e na dimensão dos seus nichos tróficos.
- As larvas da pulga do rato são necrófagas e alimentam-se de matéria orgânica morta no solo, enquanto a pulga adulta suga o sangue do hospedeiro.
- As larvas de girino da rã são aquáticas e alimentam-se de vegetação, pelo que são consumidores primários, enquanto a rã adulta é anfíbia e comporta-se como consumidor secundário, alimentando-se de insectos, vermes, aranhas, etc. Este facto reduz consideravelmente a competição entre as diferentes fases de desenvolvimento de algumas espécies.
- As tartarugas adultas alimentam-se de plantas verdes, como a erva-tanque, que actuam como consumidor primário, enquanto as tartarugas fluviais jovens se alimentam de caracóis. As minhocas, os insectos, etc., são consumidores secundários.

Equivalentes ecológicos: Organismos diferentes que ocupam nichos ecológicos iguais ou semelhantes em regiões geográficas diferentes são chamados equivalentes ecológicos. Os exemplos são os seguintes

- O leão-da-montanha da América do Norte alimenta-se de veados, enquanto os leões africanos se alimentam de antílopes e de morcegos selvagens.
- As corujas encontram-se em zonas arborizadas, enquanto os gatos se encontram perto de habitações humanas, mas ambos se alimentam de musaranhos e ratos.
- Os ecossistemas de prados são dominados por gramíneas como produtores. Mas as espécies de gramíneas nas zonas temperadas e semiáridas da Austrália são muito diferentes das de uma zona climática semelhante da América do Norte, mas todas elas são basicamente produtoras primárias.

4.3 CONSERVAÇÃO DE NICHOS

A evolução das caraterísticas do nicho entre espécies pode fornecer informações importantes sobre a diferenciação ecológica e a evolução das espécies. O nicho ecológico de uma espécie altera-se, expande-se ou contrai-se ao longo do tempo em resposta à seleção natural que actua sobre a variação da aptidão devido a mutações, deriva genética e seleção. A sua distribuição geográfica correspondente pode mudar drasticamente ou não mudar de todo. Por exemplo: uma espécie pode responder deslocando-se, adoptando ou extinguindo-se quando as condições climáticas mudam. Se uma espécie se adapta, muda consequentemente o seu nicho. Outra possibilidade de resposta às alterações ambientais é a colonização de novos habitats. Por outro lado, as espécies mantêm os seus nichos caraterísticos quando não conseguem adaptar-se às novas condições ecológicas. Esta tendência para manter nichos semelhantes ao longo do tempo é conhecida como conservação do nicho.

Mudança de nicho

Os nichos podem mudar ao longo do tempo, por exemplo, as formas larvares de muitos organismos têm nichos completamente diferentes das formas adultas. Por conseguinte, o termo nicho ontogenético tem sido aplicado a anfíbios, artrópodes e a uma grande variedade de organismos marinhos. A grande versatilidade do conceito de nicho permite incorporar estas alterações temporais, bastando acrescentar um eixo temporal ao nicho da espécie. Os nichos realizados das espécies numa comunidade também podem mudar ao longo do tempo se a comunidade sofrer alterações.

A teoria dos nichos é um ramo da ecologia. As suas origens remontam aos primeiros trabalhos de Volterra, tendo crescido e sofrido alterações drásticas. As interações complexas entre os membros de uma comunidade são muito difíceis de medir e a abordagem do estudo de modelos teóricos melhorou muito o nosso conhecimento dos factores que influenciam a dinâmica da comunidade.

Interações indirectas

Na descrição do nicho, a competição por recursos tem desempenhado historicamente um papel central. Estudos recentes revelaram o processo em que duas ou mais espécies coexistem devido a factores que têm pouco a ver com o eixo do nicho de recursos.

Por exemplo: - os processos de predação podem reduzir o número de uma espécie pobre e, assim, permitir a coexistência de outras espécies que têm necessidades de recursos semelhantes.

A presença de um predador pode reduzir o número de uma espécie de presa, permitindo assim a coexistência de outras espécies com necessidades de recursos semelhantes. Se duas ou mais espécies forem todas predadas por um predador que não mostra preferência por nenhum tipo específico de presa, então a presa mais comum sofrerá uma quantidade desproporcionada de predação. A presença de tais predadores pode, de facto, promover a coexistência de espécies e o aumento da biodiversidade. Os predadores que têm este efeito são designados por espécies-chave.

Isto implica que a caraterização do nicho pode mudar em função da presença de potenciais predadores e presas e das suas caraterísticas específicas.

> A predação pode certamente ser vista como uma interação direta, mas a classe de predadores com as caraterísticas acima mencionadas pertence à classe das interações indirectas. Um predador chave pode aumentar a abundância de uma espécie através da interação com uma terceira espécie. Por exemplo: os elefantes podem alterar a estrutura física dos seus habitats e muitas espécies escavam buracos e outros que são utilizados por outras espécies.

> Os vírus e outros agentes patogénicos podem inicialmente parecer ocupar um nicho muito simples, especialmente aqueles que estão confinados a viver inteiramente dentro do corpo de uma espécie hospedeira. Os agentes patogénicos podem ter um impacto significativo na dimensão da população da espécie hospedeira. Esta alteração na abundância pode ter consequências para outras espécies, como os

predadores e as presas da espécie afetada.

> A interação entre agentes patogénicos constitui um exemplo de concorrência aparente. Uma espécie hospedeira pode não ser relativamente afetada por um agente patogénico, enquanto que a outra espécie pode ser severamente afetada. A espécie não afetada pode atuar como portadora, espalhando o agente patogénico a outras espécies da comunidade que sejam mais susceptíveis, provocando o seu declínio. Este padrão pode assemelhar-se à competição à superfície.

Vários métodos têm sido utilizados pelos ecologistas de comunidades para incorporar estas interações indirectas na representação de modelos de comunidades. Não é tão simples como os gráficos de inicialização de recursos simples. As matrizes matemáticas têm sido aplicadas para estudar a dinâmica das comunidades. Toda a construção teórica das comunidades se baseia no conceito de nicho, pelo que a utilidade do conceito de nicho tem crescido mesmo quando o domínio da ecologia tem sofrido muitas alterações.

4.4 EVOLUÇÃO DO NICHO

Os estudos ecológicos podem ajudar-nos a compreender a razão pela qual as espécies ocupam um determinado nicho e a encontrar uma resposta para a questão de saber como surgiu a grande diversidade de espécies. Para muitos organismos, pensa-se que o principal modo de formação de espécies e a principal força geradora de biodiversidade envolve a diferenciação de populações isoladas. Uma população marinha costeira pode ser isolada por um oceano aberto inadequado ou as espécies terrestres podem ter populações separadas pela água. Estas populações sofrem alterações e começam a acumular caraterísticas diferentes ao longo do tempo. As caraterísticas mudam ao longo do tempo à medida que o organismo se adapta às caraterísticas únicas dos seus respectivos habitats.

As diferenças ambientais podem resultar na evolução de carapaças mais grossas numa população de caranguejos ou na preferência por peixes em detrimento de mamíferos numa população de orcas. Esta diferenciação por adaptação a diferentes habitats com diferentes recursos alimentares é, por si só, um motor de geração de biodiversidade. As populações que estiveram isoladas durante algum tempo podem restabelecer o contacto e os indivíduos tentarão coexistir na mesma comunidade. Nesta fase, este contacto é designado por contacto secundário. Quando ocorrem contactos secundários, é possível obter um dos três resultados seguintes:

1. A população pode cruzar-se entre si e a especificação não está completa.
2. Se as populações não se cruzam entre si, podem coexistir ou
3. Uma espécie pode competir com a outra. A concretização de um destes dois resultados dependerá da quantidade de sobreposição de nichos entre as espécies. Se a sobreposição for suficientemente baixa, as espécies podem coexistir, ao passo que, se a sobreposição for elevada, é provável que uma espécie venha a competir com a outra.

- Em situações em que a coexistência é possível e as espécies envolvidas ainda possuem caraterísticas semelhantes, seria de esperar que ocorressem mudanças evolutivas ao longo do tempo.

- Os indivíduos que consomem recursos limitantes que são partilhados com outra espécie serão mais competitivos e poderão sobreviver ou reproduzir-se menos do que os indivíduos que não se sobrepõem tanto.
- Se houver variantes naturais no consumo de especiarias entre os indivíduos de cada população e se os traços que causam esta variação forem geneticamente parecidos com os que se sobrepõem, espera-se que as espécies divirjam ao longo do tempo para minimizar a sobreposição de nichos, o que se designa por deslocação ecológica de caracteres: a figura seguinte ilustra este processo. É a mudança nos traços de especiarias, como o tamanho do corpo, que leva ao deslocamento ao longo de um eixo de nicho reeducação da sobreposição.

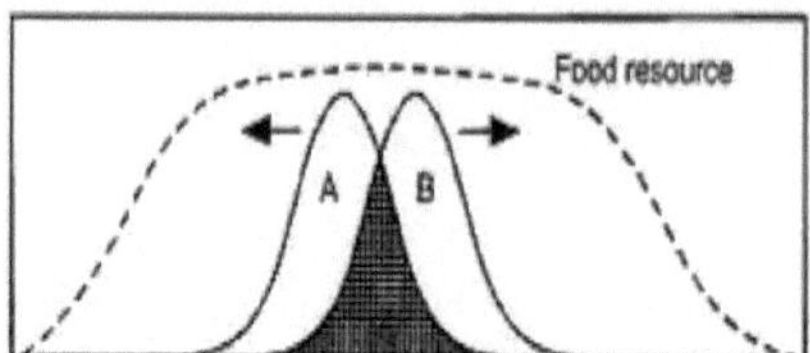

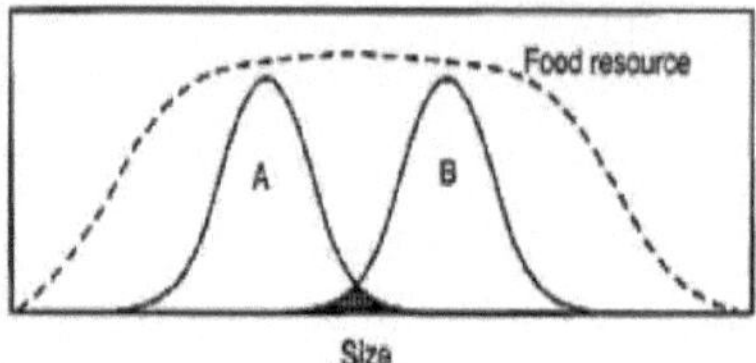

Figura:- Uma representação gráfica da deslocação de caracteres ecológicos. Inicialmente, após o contacto secundário, as espécies têm uma grande sobreposição na utilização dos recursos. Com o tempo (b) os recursos sobrepõem-se e a competição é reduzida através de mudanças evolutivas que resultam numa deslocação de nicho.

4,5 CONCORRÊNCIA

A comunidade biótica é um conjunto de várias populações de espécies diferentes, mas que interagem entre si. Estas populações podem ser divididas em comunidade animal, comunidade vegetal e comunidade microbiana. Estas três são interdependentes. As plantas actuam como produtores e constituem a base do sistema biótico. Também fornecem habitat para uma variedade de animais. Os processos iniciais, como o crescimento, a nutrição e a reprodução, dependem em grande medida da interação entre os indivíduos da mesma espécie ou entre os de espécies diferentes. Em condições naturais, encontramos interdependências entre os próprios animais, entre as próprias plantas, bem como entre plantas e animais. Estas interações encontram-se em várias gradações. Os autores utilizaram termos diferentes para designar diferentes tipos de relações. A maioria dos ecologistas utilizou o termo "simbiose", que significa literalmente

'viver mais estreitamente' no seu sentido mais lato. Odum (1971) também concorda com o uso do termo e dividiu todos os tipos de relações simbióticas entre organismos em dois grupos

I. Interação positiva.

ii. Interação negativa.

Nas interações positivas, as populações ajudam-se mutuamente, sendo as interações unilaterais ou recíprocas. Nas interações negativas, os membros de uma população podem comer os membros da outra população, competir por alimentos, excretar resíduos nocivos ou entrar em conflito com outra população. A competição é uma das suas subdivisões. A competição ocorre quando os indivíduos tentam obter um recurso que é inadequado para suportar todos os indivíduos que o procuram, ou mesmo se os recursos são adequados e os indivíduos se prejudicam uns aos outros ao tentar obtê-lo.

Clement e Shelford (1939) afirmaram que a competição é uma interação antagónica em que dois ou mais membros da mesma espécie, ou seja, intra-específica, ou dois ou mais membros de espécies diferentes, ou seja, interespecífica, do mesmo nível trófico, competem por recursos comuns como luz, humidade, nutrientes, etc., que são escassos em relação aos membros dos indivíduos.

Os recursos que são objeto de concorrência podem ainda ser divididos em dois tipos:

(i) Matéria-prima como luz, nutrientes inorgânicos e água nos autótrofos e alimentos orgânicos e água nos heterótrofos. (ii) Espaço para crescer, nidificar, esconder-se dos predadores, etc. Nas plantas superiores, isto manifesta-se através de padrões espaciais e nos animais através de movimentos. A competição ocorre geralmente entre membros do mesmo nível trófico. Ocorre quando um indivíduo utiliza um recurso partilhado que escasseia. Pode não haver recursos suficientes para que um determinado indivíduo sobreviva ou se reproduza tão bem como quando existem mais recursos. Não implica necessariamente que os concorrentes se encontrem se forem organismos móveis, como muitos animais, ou se estiverem adjacentes uns aos outros se forem organismos sésseis, como plantas ou fungos. Os seguintes fenómenos ocorrem como resultado da competição:

(1). As taxas de natalidade são mais baixas, as taxas de mortalidade são mais altas ou ambas.(2) Em termos ecológicos, as taxas de crescimento populacional diminuem e o tamanho da população é menor no equlíbrio. (3) Em termos evolutivos, a aptidão de um indivíduo é menor.

Concorrência intra-específica

Os indivíduos competem com outros da sua própria espécie, ou seja, com membros da sua própria espécie, quando a população aumenta e os indivíduos estão, por conseguinte, mais concentrados e/ou os recursos são mais escassos. Por exemplo, os pardais lutam por um abrigo específico, os lagartos de parede lutam para apanhar insectos, as plantas também competem por espaço, água, luz e minerais. Nas plantas, a dispersão das sementes é um mecanismo para evitar a competição. As raízes de certas plantas de sobremesa, como a Partheniumargentatum, segregam substâncias químicas que inibem a germinação de sementes a uma certa distância. Este fenómeno é frequentemente designado por competição de dispersão e constitui um importante fator de regulação da população dependente da densidade. Pensa-se que a população de erva-moura é regulada pela competição intra-específica por um fornecimento limitado de erva de qualidade adequada na estação seca.

Concorrência - Um efeito dependente da densidade:

A conclusão é responsável pelo nivelamento ou flutuações em torno de uma determinada densidade populacional. O mecanismo exato pode variar de acordo com a espécie. O que se verifica é que o gorgulho do feijão azuki, ou seja, Callosobruchuschinenses, é um besouro que se alimenta de sementes de leguminosas armazenadas. A figura abaixo mostra o resultado de uma série de experiências iniciadas com diferentes membros de gorgulhos adultos. A alta densidade, a fecundidade feminina é reduzida porque a sobrelotação leva a menos acasalamentos bem sucedidos devido à interferência mecânica entre indivíduos. Estas colisões são os principais factores que causam a diminuição da densidade populacional. A mortalidade dos ovos deve-se ao facto de os adultos os retirarem dos locais onde foram postos.

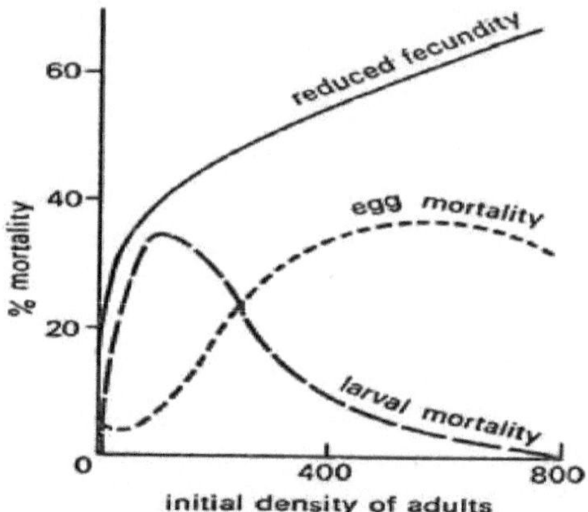

Fig. 4.6: As interações intra-específicas entre os gorgulhos do feijão adzuki alteram-se com o aumento da densidade populacional em cultura de laboratório. A fecundidade é reduzida e a moralidade entre os mais jovens apresenta padrões complexos e contrastantes.

Falácia da seleção de grupos

A prevalência da competição intra-específica aponta para a falácia da seleção de grupo.

- Indivíduos como os gekkos, maylies, hemlocks, etc. são selecionados para reproduzir o mais possível a sua composição genética ao longo da sua vida.
- Os genes que são passados para a geração seguinte em maior número são, por definição, os mais bem sucedidos. Os indivíduos que não se reproduzem não estão representados nas gerações seguintes. Evolutivamente, esses indivíduos são becos sem saída.
- Na medida em que os parentes de um indivíduo, ou seja, irmãos, consanguíneos, etc., partilham alguns dos genes que ele partilha, ele tem um interesse comum em que eles também sejam bem sucedidos.
- A competição inter-específica é mais frequente quando os recursos são escassos, caso contrário, os animais e as plantas são espaçados para satisfazerem as suas necessidades. A competição é reduzida pela emigração nos animais e pela dispersão de sementes e frutos nas plantas. A territorialidade, comummente observada nas aves

e nos mamíferos, diminui as possibilidades de competição intra-específica.

Importância: Ajuda a manter o equilíbrio ecológico entre os recursos disponíveis e o número de indivíduos de uma espécie que podem ser mantidos por eles.

Concursos interespecíficos

Esta situação é também designada por competição de interface. O modelo matemático químico da competição entre duas espécies é designado por equações de competição de Lotka-Volterra.

Modelo Lotka-Volterra de competição interespecífica:

Este modelo é expresso pela seguinte equação.

Equação logística = dN = rN (K-N)/ K dt

Modelo logístico para a espécie I = dN1= r1 N1 (K1 -N1-aN2)

dtK_1

N1 = número de espécies 1.

N_2 =número de espécies 2.

a = Coeficiente de concorrência da espécie 1.

b= Coeficiente de concorrência das espécies 2.

K_1 = capacidade de carga da espécie 1.

K2= capacidade de carga da espécie 2.

r_1 = Taxa de crescimento da espécie 1.

r2= Taxa de crescimento da espécie 2.

dN_1 = Taxa de variação do tamanho da população da espécie 1.dt

dN2= Taxa de variação do tamanho da população da espécie 1.dt

As equações mostram que, finalmente, apenas uma espécie, a mais adaptada ao ambiente alterado, sobreviverá. Se a competição interespecífica for muito severa, então a espécie mais inibidora supera o competidor interespecífico mais fraco, mas quando ambas as espécies têm menos efeito competitivo sobre a outra espécie (competição interespecífica) do que sobre si próprias, então existe uma coexistência estável de equilíbrio entre duas espécies.

Estas equações prevêem os três resultados seguintes:

1. apenas uma espécie sobrevive, sendo esta a que tem o maior efeito negativo sobre a sua concorrente. O crescimento da população sobrevivente até à sua capacidade de carga é mais lento do que se a segunda população estivesse ausente.

2. Ambas as espécies coexistem indefinidamente. Isto ocorre quando a competição interespecífica é menos intensa do que a intraespecífica em ambas as espécies.

Nenhuma das populações atinge a capacidade de carga que teria na ausência de outras espécies.

3. A espécie que começa com uma densidade mais elevada persiste e a outra é eliminada. Este é um caso especial em que as populações têm efeitos igualmente negativos no crescimento umas das outras, mas a competição interespecífica é mais forte do que a

intraespecífica.

Em experiências de laboratório, efectuadas com Paramecium spp. (P. caudatum e P. Aurelia), foi eliminada uma espécie. Ver a figura seguinte:

No entanto, no caso dos insectos, o modelo é menos adequado. Mas também neste caso, com duas espécies de escaravelhos Triboliumcastaneum e T. confusum que se alimentam de farinha armazenada, uma espécie conseguiu sobreviver e a outra extinguiu-se. Ver a figura seguinte: **Experiência de Gause**

Na farinha de trigo finamente moída, o Tribolium substitui sempre o outro escaravelho da farinha, o Oryzaephilus, em grande parte devido à predação das pupas da segunda espécie de Tribolium. Quando se utilizam grãos de trigo inteiros rachados, as espécies coexistem indefinidamente porque as larvas de Oryzaephilus criam pupas no interior do grão, escapando assim ao Tribolium. O facto de o efeito ser, em grande parte, uma proteção física para o efeito foi demonstrado com a utilização de um piso térreo ao qual foram adicionados tubos capilares.

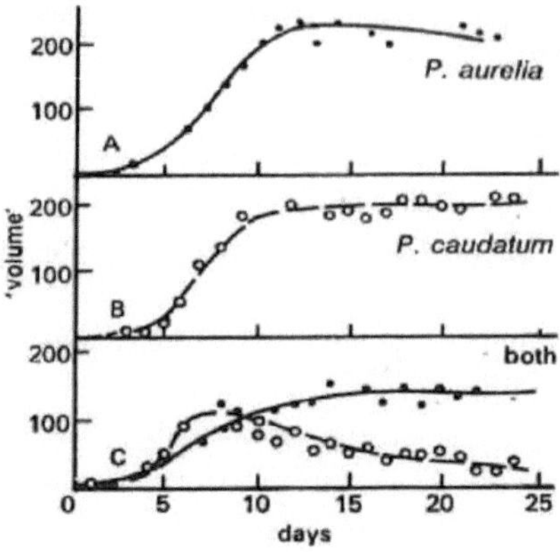

Fig. 4.7: : Crescimento da população e competição entre duas espécies de paramécios em culturas de laboratório. Quando cultivadas separadamente (a) e (b) as duas espécies aproximam-se de um crescimento logístico. Mas em culturas mistas (c) P. caudatum morre.

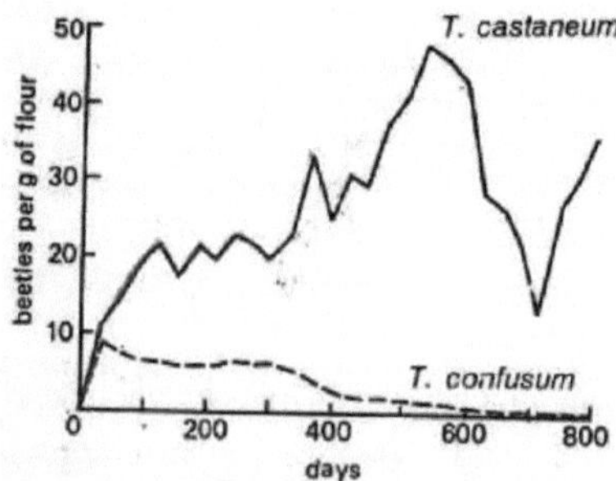

Fig. 4.8: Experiências de laboratório ou competição entre duas espécies de

escaravelhos da farinha. O T. cataneum sobrevive e o T. confusum morre.

O Oryzaephilus pupou no interior dos tubos e as duas populações persistiram. Os resultados levaram à formação do princípio de Gause. A hipótese de Gause foi reafirmada por **Hardin (1960)** como o "princípio da exclusão competitiva", segundo o qual "quando duas espécies estreitamente relacionadas com requisitos semelhantes ocorrem no mesmo ambiente, utilizam alimentos diferentes ou tornam-se activas em períodos diferentes ou ocupam nichos diferentes para evitar a competição, caso contrário uma delas será eliminada, uma vez que não há duas espécies que possam ocupar exatamente o mesmo nicho ecológico.
Foi confirmado por estudos laboratoriais e de campo que não há duas espécies que possam ocupar exatamente o mesmo nicho.
i. O. Neill (1967) mostrou que as sete espécies de milípedes ocupam o mesmo habitat geral e pertencem ao mesmo nível trófico, ou seja, alimentam-se de detritos, mas ocupam microhabitats diferentes e utilizam fontes de energia diferentes.
ii. Lack (1945) estudou o comportamento alimentar de duas aves britânicas semelhantes, Phalacrocorax Carbo (corvo-marinho) e P. aristotle's (peixe-espada). Embora estas aves se alimentem na mesma água e façam os seus ninhos nos mesmos terrenos, estudos pormenorizados mostraram que os seus locais de nidificação e alimentação são diferentes. O Shag alimenta-se em águas altas ou em vida livre com peixes. O corvo-marinho alimenta-se de peixes de fundo e de invertebrados de fundo como os camarões. Além disso, as duas espécies selecionam tipos ligeiramente diferentes de locais de nidificação, embora próximos, na mesma falésia.
iii. Os tentilhões de Darwin são aves passeriformes que se encontram nas ilhas Galápagos. Existem 14 espécies de aves que constituem cerca de 40% das espécies de aves das Galápagos. Embora estas espécies de aves estejam estreitamente relacionadas e tenham provavelmente evoluído a partir do mesmo antepassado, exploram uma gama diversificada de tipos de alimentos e de habitats, pelo que apresentam pequenas variações no seu bico para evitar a concorrência e a exclusão.
No campo, a maioria das populações é regulada pela competição, principalmente por alimento. A deslocação competitiva foi ocasionalmente observada no campo. A introdução de uma vespa parasita, Opiusoophilus, para controlar uma praga de mosca da fruta no Havai, aparentemente deslocou as outras duas espécies de vespas do campo. A formiga-carpideira, Wasmanniaannopunctata, deslocou todas as formigas nativas em algumas zonas da ilha de Santa Cruz, no grupo das Galápagos. A competição interespecífica entre plantas pode manifestar-se por agressão química ou alelopatia. Neste caso, uma espécie produz substâncias químicas que inibem ou matam as plantas concorrentes. Estas interações foram demonstradas em laboratório, mas a sua ocorrência comum e o seu significado no terreno não são claros. A alelopatia também pode ocorrer mesmo em caso de competição intra-específica, como no caso da Grevillea, na Austrália.

A competição também está envolvida no nicho ecológico. Qualquer população só pode sobreviver e reproduzir-se dentro de certos limites ambientais. Por exemplo, só tolera uma certa amplitude de temperatura, humidade, etc. (fig. A). Estes dois factores abióticos constituem as dimensões do nicho. Se for acrescentado um terceiro fator, qualquer tamanho de alimento consumido, este pode ser representado tridimensionalmente. A caixa retangular resultante (fig. B) é o espaço de nicho no qual a população pode sobreviver e reproduzir-se em função destes três factores importantes. Para produzir um hipervolume ou nicho n-dimensional concetual, podem ser acrescentados o tipo de substrato ou o tamanho do local de nidificação disponível.

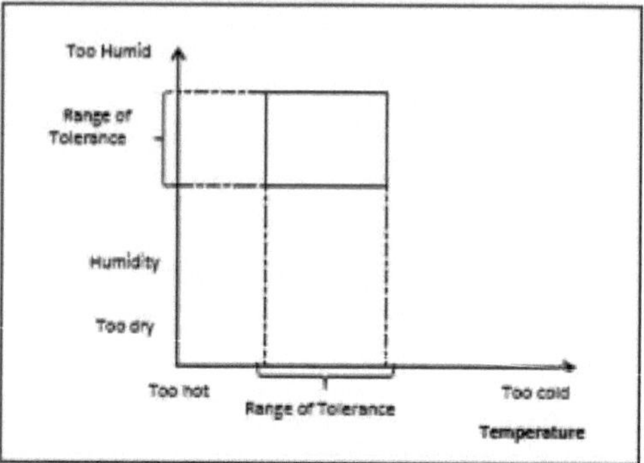

Fig. 4. 9: Esboço diagramático para mostrar o nicho ecológico em três dimensões.

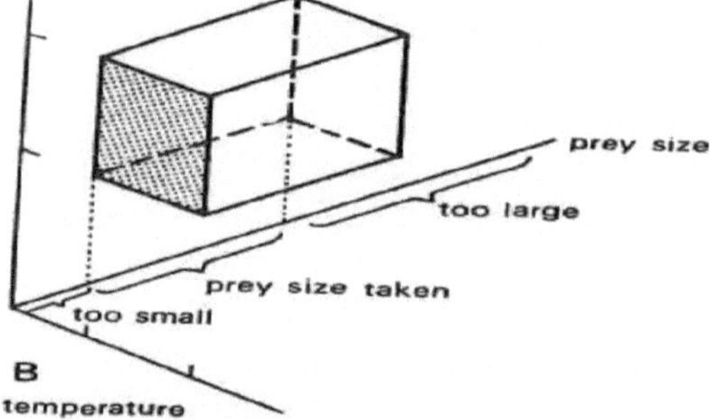

Fig. 4.10: Esboço diagramático para mostrar o nicho ecológico em três dimensões.

Competição inter-específica: Estudo de caso 1: Paramecium:

Gause (um microbiologista russo) cultivou uma única espécie de Paramecium com uma quantidade finita de algas (que os Paramecium comem) e obteve um crescimento populacional logístico.

O crescimento logístico da população é modulado por três parâmetros:

N= Tamanho da população.

K= Capacidade de carga (tamanho máximo da população).

r= taxa de crescimento da população.

O crescimento populacional diminui à medida que a população se aproxima da capacidade de carga, e é negativo quando o tamanho da população é maior do que a capacidade de carga.

dN/dt= rN(1-N/K) : Uma equação diferencial que descreve o crescimento logístico (para aqueles que pensam em cálculo).
Todas as populações convergem para K, mas a velocidade a que a população se aproxima de K está relacionada com a taxa de crescimento r. O crescimento logístico pressupõe que a taxa de reprodução é proporcional à quantidade de recursos disponíveis. Assim, o segundo termmodela a competição pelos recursos disponíveis, o que tende a limitar o crescimento da população. O crescimento populacional logístico é demasiado estático para refletir com precisão a forma como as populações naturais mudam (por exemplo, na realidade, K é um parâmetro fluido que pode mudar com o fluxo genético (migração), a estação do ano, a temperatura, etc.), mas não deixa de ser uma ferramenta útil.

Se N< K, a população aumenta (r positivo).
Se N= K, a população está em equilíbrio (r=0).
Se N> K, a população irá cair (r negativo).

Gause descobriu que os paramécios têm um crescimento pop logístico quando crescem com uma quantidade finita de algas. Mas quando Gause colocou duas espécies de paramécios na mesma cultura, ambas as populações tiveram uma taxa de crescimento reduzida. No entanto, em última análise, uma espécie (P. Aurelia) sempre levou a outra (P. caudate) à extinção. Gauze propôs então a:

Competição inter-específica, estudo de caso 2: escaravelhos da casca:

Existem muitas comunidades de escaravelhos da casca em todo o mundo, incluindo nas florestas de coníferas do PNW. Quando coexistem espécies estreitamente relacionadas, fazem-no segregando-se espacialmente dentro de árvores individuais. Além disso, algumas espécies segregam-se através de feromonas e do momento da reprodução, que são facilitados por vários microhabitats e condições climáticas. (Ayres et al.2001. Partição e sobreposição de recursos em três espécies simpátricas de escaravelhos IPS (Coleopteran, scolytidae). Ecologies 128:443-453.

Partição de recursos:

Diferenças na forma como os recursos são utilizados por indivíduos de espécies diferentes. A partilha de recursos pode ajudar as espécies a evitar a exclusão competitiva.

Competição interespecífica, estudo de caso 3: salmão:

O salmão sockeye Oncorhynchus nark e o salmão chum Oncorhynchus kea são simpátricos no Pacífico Norte e têm migrações oceânicas de duração semelhante. A este potencial de competição interespecífica responderam de várias formas. O Chum tem uma gama mais ampla de temperaturas óptimas da água do que o sockeye. O chum é superior ao sockeye em termos de capacidade de digestão, o que pode permitir-lhe utilizar organismos pouco nutritivos, como as medusas, de que as outras amêndoas raramente se alimentam. A fisiologia e a anatomia afectam frequentemente a capacidade competitiva e podem alterar-se em resposta a uma competição interespecífica.

Efeito do clima do ecossistema na competição interespecífica:

Quando duas espécies diferentes de escaravelho da farinha, Triboliumconfusum e T. castaneum, são criadas num meio homogéneo de farinha, uma espécie é eliminada, mais cedo ou mais tarde, enquanto a outra continua a sobreviver, como constataram **Park et al em 1962.** Uma espécie ganha sempre e apenas uma espécie é deixada no meio de farinha. **O T. Castaneum** ganha sempre em condições quentes e húmidas, enquanto o T. Confusum ganha em condições frias e secas, enquanto em condições intermédias quentes e húmidas cada espécie tem um certo grau de vitória.

Importância da concorrência:

1. Contribui para a segregação das espécies em diferentes nichos e, finalmente, para a especiação.
2. Pode resultar numa condição de coexistência em vez de exclusão.
3. A concorrência determina a distribuição das espécies estreitamente relacionadas. Na natureza, as espécies estreitamente relacionadas ocupam geralmente áreas geográficas diferentes ou habitats diferentes na mesma área ou evitam a competição em diferentes actividades diárias ou sazonais ou na alimentação.
4. Determina a área de habitat das espécies. Quando a competição interespecífica é mais severa, a área de habitat torna-se restrita, mas quando a competição interespecífica é menos severa, geralmente é alcançada uma ampla área de habitat.

5. DINÂMICA PREDATÓRIA DAS PRESAS E TEORIA DO FORRAGEAMENTO ÓPTIMO

5.1 INTRODUÇÃO

Um predador é um organismo que come outro organismo. A presa é o organismo que o predador come. Alguns exemplos de predador e presa são o leão e a zebra, o urso e o peixe, e a raposa e o coelho. As palavras "predador" e "presa" são quase sempre utilizadas para designar apenas animais que comem animais, mas o mesmo conceito também se aplica às plantas: O urso e a baga, o coelho e a alface, o gafanhoto e a folha. A predação é aqui utilizada para incluir todas as interações "+/-" em que um organismo consome a totalidade ou parte de outro. Isto inclui interações predador-presa, herbívoro-planta e parasita-hospedeiro. Estas ligações são os principais motores da energia através das cadeias alimentares. São um fator importante na ecologia das populações, determinando a mortalidade das presas e o nascimento de novos predadores. A predação é uma força evolutiva importante: a seleção natural favorece os predadores mais eficazes e as presas mais evasivas. Foram registadas "corridas ao armamento" em alguns caracóis, que com o tempo se tornam presas mais blindadas, e nos seus predadores, os caranguejos, que com o tempo desenvolvem garras mais maciças e com maior poder de esmagamento. A predação é muito comum e fácil de observar. Nem a sua existência nem a sua importância são postas em causa.

O predador e a presa evoluem em conjunto. A presa faz parte do ambiente do predador, e o predador morre se não conseguir alimento, pelo que evolui o que for necessário para comer a presa: velocidade, furtividade, camuflagem (para se esconder enquanto se aproxima da presa), um bom olfato, visão ou audição (para encontrar a presa), imunidade ao veneno da presa, veneno (para matar a presa), o tipo certo de peças bucais ou sistema digestivo, etc. Da mesma forma, o predador faz parte do meio ambiente da presa, e esta morre se for comida pelo predador, pelo que evolui o que for necessário para evitar ser comida: velocidade, camuflagem (para se esconder do predador), bom olfato, visão ou audição (para detetar o predador), espinhos, veneno (para pulverizar quando é abordada ou mordida), etc.

Relações predador-presa

Os leões mais rápidos conseguem apanhar comida e comer, pelo que sobrevivem e se reproduzem e, gradualmente, os leões mais rápidos constituem cada vez mais a população. As zebras mais rápidas conseguem escapar aos leões e, por isso, sobrevivem e reproduzem-se e, gradualmente, as zebras mais rápidas constituem cada vez mais a população. Um aspeto importante a ter em conta é que, à medida que ambos os organismos se tornam mais rápidos para se adaptarem aos seus ambientes, a sua relação permanece a mesma: porque ambos estão a ficar mais rápidos, nenhum deles fica mais rápido em relação ao outro. Isto é verdade em todas as relações predador-presa.

As relações predador-presa (ou seja, relações não competitivas nem mutualistas) têm sido consideradas como proporcionando a estabilidade necessária para a existência de um número quase infinito de espécies nos ecossistemas. Estas relações fazem-no

mantendo a dimensão das populações de espécies a níveis suportáveis.
Investigações recentes mostram que quando a presa é alta, os predadores aumentam e reduzem o número de presas por predação. Quando os predadores são baixos, as presas diminuem, reduzindo assim o número de predadores por inanição. Estas relações predador/presa promovem assim a estabilidade dos ecossistemas e permitem-lhes manter um grande número de espécies.
Em contrapartida, as relações mutualistas podem reforçar o crescimento de grandes populações e as relações competitivas podem deprimir o número de populações ao ponto de provocar instabilidade ecológica.
Muitas das dinâmicas mais interessantes do mundo biológico têm a ver com interações entre espécies. Em ecologia, **a predação** explica uma interação biológica em que um **predador** se alimenta da sua **presa**. A relação predador-presa é importante para manter o equilíbrio entre as várias espécies animais. Sem predadores, certas espécies de presas forçariam outras espécies à extinção em resultado da competição. Sem as presas, não haveria predadores! A principal caraterística da predação é, portanto, o impacto direto do predador na população da presa. As chitas e as gazelas, os ursos polares e as focas, as raposas e os coelhos, as aves e os insectos, etc., são exemplos típicos.
Podemos explicar os efeitos críticos que podem ser causados por um desequilíbrio na relação predador-presa. Vamos considerar uma população predadora-presa em que as raposas caçam coelhos. Imaginemos uma situação em que, devido ao aumento da caça ilegal, o número de raposas diminui drasticamente. As que sobrevivem podem ter medo de sair durante o dia e decidir ir à procura de comida durante a noite, quando estão em grande desvantagem, uma vez que a evolução não as favoreceu para terem a capacidade de caçar à noite. Não sobreviverão em tais condições. Agora, a população de coelhos começa a aumentar nessa zona, o que leva a uma competição pelas fontes de alimento existentes. Como a maioria corre o risco de morrer à fome, vão à procura de fontes de alimentação alternativas. Começam a explorar para além dos seus limites habituais, entram no mundo dominado pelos primatas. Aprendem rapidamente que há um acesso fácil e direto aos alimentos nas nossas quintas e campos agrícolas. Gradualmente, os números que dependem da nossa agricultura aumentam. As nossas colheitas são destruídas, as hipóteses de Zoonoses aumentam, etc. Podem afetar a nossa economia, a saúde e a higiene, o abastecimento alimentar, etc.
E se a situação se inverter? Um cenário em que a desflorestação ou a caça de coelhos pelo homem para a obtenção de peles, desporto ou carne conduz a uma redução crítica do seu número. Esta redução crítica da população de coelhos leva a que a população de raposas vá à procura de fontes alternativas de alimento. Algumas podem seguir o rasto dos coelhos até às povoações humanas; outras interessam-se pelo nosso gado e aves de capoeira. São registados ataques regulares, podendo mesmo haver vítimas humanas. As populações domésticas de pastoreio também são afectadas, pois são os alvos mais fáceis. A cadeia pode continuar e continuar.
Muitos estudos sobre a ecologia das populações de predadores demonstraram que o

número de predadores aumenta e diminui ciclicamente com o número das suas presas preferidas - embora exista uma sincronia entre as populações. Este cenário - em que as populações de predadores caem pouco depois de as populações das suas presas sofrerem uma queda - é conhecido como ciclo predador-presa. A lógica e a teoria matemática propõem que, quando a população de presas é abundante, o número de predadores aumenta e, consequentemente, a população de presas diminui, o que, por sua vez, faz com que o número de predadores diminua. A população de presas acaba por se restabelecer, dando início a um novo ciclo.

Para compreender o conceito básico da dinâmica presa-predador, bem como para analisar a variação do padrão populacional, alterando parâmetros críticos como a população inicial da presa e/ou do predador, usamos o modelo matemático estabelecido das equações de Lotka-Volterra, ou seja, como os predadores afectam as populações de presas e vice-versa.

5.2 DINÂMICA PREDADOR-PRESA: MODELO DE LOTKA-VOLTERRA

O modelo Lotka-Volterra é composto por um par de equações diferenciais que descrevem a dinâmica predador-presa (ou herbívoro-planta, ou parasitoide-hospedeiro) no seu caso mais simples (uma população de predadores, uma população de presas). Foi desenvolvido independentemente por Alfred Lotka e Vito Volterra na década de 1920 e é caracterizado por oscilações no tamanho da população do predador e da presa, com o pico da oscilação do predador a atrasar-se ligeiramente em relação ao pico da oscilação da presa. O modelo parte de vários pressupostos simplificadores: 1) a população de presas crescerá exponencialmente quando o predador estiver ausente; 2) a população de predadores passará fome na ausência da população de presas (em vez de mudar para outro tipo de presa); 3) os predadores podem consumir quantidades infinitas de presas; e 4) não há complexidade ambiental (por outras palavras, ambas as populações movem-se aleatoriamente num ambiente homogéneo).

Importância

Os predadores e as presas podem influenciar a evolução uns dos outros. As caraterísticas que melhoram a capacidade de um predador encontrar e capturar presas serão selecionadas no predador, enquanto as caraterísticas que melhoram a capacidade da presa para evitar ser comida serão selecionadas na presa. Os "objectivos" destas caraterísticas não são compatíveis, e é a interação destas pressões selectivas que influencia a dinâmica das populações de predadores e de presas. A previsão do resultado das interações entre espécies é também de interesse para os biólogos que tentam compreender a forma como as comunidades são estruturadas e sustentadas.

Estes fornecem um modelo matemático para o ciclo das populações de predadores e presas. A abordagem da ação de massa para modelar as interações tropicais foi iniciada, independentemente, pelo biofísico americano Alfred James Lotka (1925) e pelo matemático italiano Vito Volterra (1926). Estes autores defendiam que as populações de consumidores (predadores) e de recursos (presas) podiam ser tratadas como partículas que interagem num gás ou num líquido homogeneamente misturados e que, nestas condições, a taxa de encontro entre consumidores e recursos (a taxa de reação) seria proporcional ao produto das suas massas (a "lei da ação das massas").

O modelo Lotka-Volterra presa-predador envolve duas equações, uma que descreve como a população de presas muda e a segunda que descreve como a população de predadores muda. Vamos analisar a equação de Lotka-Volterra utilizando uma população dinâmica de predador-presa de cobras e ratos. A dinâmica da interação entre uma população de ratos R e uma população de cobras S é descrita pelas equações diferenciais:

O modelo Lotka-Volterra presa-predador envolve duas equações, uma que descreve como a população de presas muda e a segunda que descreve como a população de predadores muda. Vamos analisar a equação de Lotka-Volterra utilizando uma população dinâmica de predador-presa de cobras e ratos. A dinâmica da interação entre uma população de ratos R e uma população de cobras S é descrita pelas equações diferenciais:

$$dR = aR(t) - bR(t)S(t)\ dt$$
$$dS = ebR(t)\ S(t) - cS(t)\ dt$$

Onde, a é a taxa de crescimento natural de R na ausência de S,

c é a taxa de mortalidade natural das serpentes na ausência de alimento R, b é a taxa de mortalidade por encontro de R devido a predação, e é a eficiência de transformar R predado em S.

O modelo clássico de predador-presa, proposto por Lotka e Volterra em 1927, afirma que: cada presa dá origem a um número constante de descendentes por ano, ou seja, não existem outros factores que limitem o crescimento da população de presas para além da predação. Cada predador come uma proporção constante da população de presas por ano; ou seja, a duplicação da população de presas duplicará o número de presas comidas por predador, independentemente da dimensão da população de presas.

A reprodução dos predadores é diretamente proporcional às presas consumidas; outra forma de expressar isto é que um certo número de presas consumidas resulta num novo predador; ou que uma presa consumida produz uma certa fração de um novo predador. Uma proporção constante da população de predadores morre por ano. Por outras palavras, a taxa de mortalidade dos predadores é independente da quantidade de alimento disponível.

Para simplificar a complexidade dos modelos dinâmicos que estão a ser estudados, fazemos algumas suposições. Geralmente, faremos algumas suposições que seriam irrealistas na maioria destas situações de predador-presa. Para uma melhor compreensão, explicá-lo-emos utilizando o exemplo da população de raposas e coelhos. Aqui, assumimos que;

1. A espécie predadora é totalmente dependente de uma única espécie de presa como seu único alimento,
2. A espécie presa tem um abastecimento alimentar ilimitado e
3. Não existe qualquer ameaça para a presa para além do predador específico.

5.3 TEORIA DO FORRAGEAMENTO ÓPTIMO

A teoria do forrageamento ótimo é uma das partes mais populares da biologia evolutiva moderna. Grande parte da atração da teoria do forrageamento ótimo deve-se à sua abordagem explicitamente matemática. Desde há muitos anos que os ecologistas se interessam pelos hábitos alimentares dos animais. A sua questão é: como é que os animais procuram e selecionam os alimentos? A teoria do forrageamento ótimo coloca a questão sob a forma de: Como é que os animais devem procurar e selecionar os alimentos?

As conclusões básicas da procura óptima de alimentos não são muito surpreendentes. De um modo geral, o modelo da dieta diz que, dada uma escolha entre vários tipos de presas, um forrageador deve escolher os melhores tipos, enquanto o modelo do tempo de residência diz que um forrageador deve abandonar uma área quando esta se esgota. Estas conclusões poderiam ser alcançadas sem qualquer teoria matemática, mas a teoria do forrageamento ótimo vai mais longe e fornece regras para decidir o tipo ou tipos de presas a apanhar e o grau de esgotamento de uma área antes de a abandonar. No entanto, a teoria vai ainda mais longe do que isto. Mostra também como a escolha das presas deve mudar se a densidade das presas se alterar de determinadas formas e como o tempo de permanência numa área antes de a abandonar deve mudar se a distribuição global da qualidade da área se alterar de determinadas formas. Tem havido muito trabalho experimental sobre a teoria do forrageamento ótimo e a maior parte desse trabalho diz respeito a estes efeitos de segunda ordem - como é que o comportamento se altera quando as condições mudam?

A julgar pela quantidade de interesse no assunto, a teoria do forrageamento ótimo é uma das áreas mais populares da biologia evolutiva moderna.

Os animais procuram, sentem, detectam e alimentam-se. Para os seres humanos, a alimentação está frequentemente associada ao prazer. Sensações semelhantes podem sublinhar o impulso próximo que motiva o comportamento alimentar dos animais. A dada altura da vida de um animal, este pode passar por episódios de fome e uma fome prolongada pode levar à morte. Se os animais sobrevivem e morrem em função da variação nas suas estratégias de procura de alimentos, então a seleção natural seguiu o seu curso. Os animais que sobrevivem são capazes de contribuir com genes para a geração seguinte, enquanto os genes dos animais que morrem são eliminados e, com eles, os comportamentos de forrageamento mal sucedidos. Parece razoável assumir que o ganho de energia por unidade de tempo pode maximizar o recurso que um animal tem para sobreviver e reproduzir-se com sucesso.

Por exemplo, o musaranho comum, Sorexaraneus, enfrenta decisões de procura de alimentos que o mantêm a poucas horas da morte. Para se manter quente, o musaranho tem um metabolismo muito ativo. Devido ao facto de o corpo do musaranho ser extremamente pequeno em comparação com o dos mamíferos maiores, a sua área de superfície é muito grande em relação à sua massa corporal. Devido ao seu elevado metabolismo, o musaranho sacia o seu apetite voraz com insectos ricos em proteínas, um recurso de elevada qualidade. O musaranho tem de se alimentar constantemente e quase não tem tempo para dormir, pois o seu pequeno tamanho corporal não lhe permite o luxo de uma espessa camada de gordura. O musaranho tem muito poucas reservas de energia a bordo e apenas algumas horas sem se alimentar podem levar à morte.

Mesmo que o alimento seja abundante no ambiente e que o musaranho não tenha de tomar decisões de vida ou morte na procura de alimento, tem de ter energia suficiente para se reproduzir. Uma fêmea reprodutora do musaranho tem o gasto energético adicional de amamentar as crias. As fêmeas reprodutoras têm de manter um balanço energético positivo para si próprias e adquirir energia excedentária suficiente para amamentar as crias com leite rico em energia. A eficiência das decisões de procura de alimentos da fêmea de musaranho pode afetar o tamanho das crias ao desmame. Por sua vez, o tamanho ao desmame pode afetar a probabilidade de sobrevivência até à maturidade.

Dada a urgência das "decisões" com que se depara, o musaranho pode nem sequer considerar todos os insectos que encontra como presas válidas.

Optimal foraging theory (OFT)

Cost/benefit analysis
to generate
predictions regarding
behavior

What should an animal eat?
Where should an animal eat?

Prey models

Some general predictions:

Prey hard to find,
easy to catch: ⟶
should generalize

Prey easy to find,
hard to catch: ⟶
should specialize

A teoria do forrageamento ótimo aborda os tipos de decisões com que se deparam os musaranhos e, na verdade, todos os animais. Independentemente do facto de a eficiência da procura de alimentos ter um impacto imediato na vida ou na morte, ou de ter um efeito mais cumulativo ou a longo prazo no sucesso reprodutivo, os animais tomam decisões face a constrangimentos. As limitações temporais são expressas em termos do tempo necessário para encontrar e processar os alimentos. As limitações energéticas são expressas em termos do custo metabólico de cada atividade de procura de alimento (procura, transformação, etc.) por unidade de tempo. Os animais têm de aprender sobre a distribuição dos alimentos no seu ambiente para poderem fazer as escolhas adequadas. Que quantidade de aprendizagem é possível para um animal? Existe um limite para a aprendizagem e a memória e será que essas limitações cognitivas limitam a eficiência da procura de alimentos dos animais?

A primeira questão que devemos abordar antes de considerar as decisões mais complexas com que se deparam os animais com espírito económico, mas talvez com problemas cognitivos, é a escolha da **moeda.** Quais são as unidades monetárias utilizadas pelos animais quando efectuam as suas transacções diárias com o ambiente? Como é que os constrangimentos energéticos e temporais básicos ditam a forma de moeda que os animais utilizam? Uma moeda simples pode ser expressa em termos do valor de um objeto, tendo em conta o custo de aquisição do objeto e o tempo necessário para o adquirir. A seleção natural pode modelar as regras de decisão de modo a que os animais maximizem o ganho líquido de energia (por exemplo, ganho bruto - custos) em função do tempo:

$$\text{Rentabilidade da presa} = \frac{\textit{Energia por item de presa - Custos de aquisição da presa}}{\textit{Tempo necessário para adquirir um objeto de presa}}$$

Uma regra de decisão: O limiar de tamanho da presa

O tamanho da presa é uma das caraterísticas mais evidentes que um predador pode utilizar para distinguir a qualidade da presa. A qualidade da presa, expressa em termos de conteúdo energético, aumenta em proporção direta à massa e corresponde aproximadamente à potência cúbica do comprimento da presa. É mais rentável comer uma presa grande, desde que esta não seja demasiado grande para que o predador se veja confrontado com **limitações de processamento.** Para a maior parte dos animais, a regra "nunca engolir nada maior do que a cabeça" é uma regra simples para se viver. Alguns animais encontram formas de contornar os constrangimentos de processamento através da evolução de adaptações. As cobras podem comer coisas maiores do que a sua cabeça porque têm uma mandíbula articulada com um osso extra que lhes dá grande flexibilidade ao engolir.

A dificuldade em abrir ou subjugar uma presa deve aumentar com o tamanho da presa. De facto, as serpentes egigerantes podem ter dificuldade com um ovo de avestruz. O **tempo de manuseamento**, ou seja, o tempo necessário para apanhar, subjugar e consumir a presa, aumenta com o tamanho e a armadura da presa.

Se é geralmente desejável adquirir presas grandes até um **limiar de tamanho máximo,** a questão crucial é saber qual é o **limiar de tamanho mínimo** para as presas na dieta. Uma presa que se encontra no meio ambiente deve ser consumida se o seu tamanho for superior ao limiar, mas deve ser rejeitada se for inferior a esse limiar. O ponto em que o consumo da presa se torna rentável depende do **tempo de procura** e do **tempo de manuseamento** da presa em função do limiar de tamanho. Se o limiar de tamanho for demasiado grande, o predador vagueará e considerará inaceitável uma grande fração da presa. O menor tamanho de presa que um predador deve tentar comer para maximizar o ganho de energia por unidade de tempo é o nosso primeiro exemplo de uma **regra de decisão opcional,** sujeita, naturalmente, às **restrições** da armadura da presa e ao tempo necessário para a encontrar.

Nem todos os sistemas estudados até à data demonstraram um ajuste tão perfeito aos dados. De facto, quando se observa uma falta de ajuste, pode dar-se o caso de factores não considerados poderem influenciar os animais na natureza. Assume-se invariavelmente que os animais maximizam alguma moeda, no entanto, a maximização desta moeda está sujeita a várias restrições, como tempo e energia.

i) A **moeda** de troca maximizada tanto pelos corvos como pelas ostras é a eficiência energética ou o ganho líquido de energia/unidade de tempo. Nos exemplos apresentados abaixo, a moeda pode ser bastante diferente consoante as necessidades específicas do animal. Por exemplo, um estorninho parental forrageiro não se preocupa apenas em satisfazer as suas próprias necessidades, mas deve também atender às necessidades das suas crias em desenvolvimento. A abelha forrageira pode estar a maximizar a sua própria eficiência enquanto trabalhadora, mas é mais provável que esteja a maximizar a eficiência da sua colónia.

ii) As forrageadoras também trabalham sob **restrições** energéticas e temporais. Os

constrangimentos temporais podem ser fixos, como no caso dos corvos, que têm um tempo constante para encontrar o próximo objeto, independentemente do tamanho da presa.

iii) A **regra de decisão** adequada deve igualmente ser identificada. Um teste de forrageamento ótimo compara o limiar de tamanho observado com o previsto a partir da distribuição do tamanho das presas no ambiente e das restrições de forrageamento. O tamanho do limiar observado para a aceitação das presas dos corvos e das ostras parece corresponder ao tamanho do limiar previsto, o que indica uma boa adequação ao modelo.

Richardson e Verbeek (1986) apenas consideraram um único modelo de forrageamento ótimo. Os animais trabalham sob restrições de tempo e energia que são independentes do tamanho da presa e uma restrição ecológica adicional está relacionada com a raridade das presas maiores e mais rentáveis. O modelo mais simples incluía apenas a rentabilidade em função do comprimento da presa. Um modelo mais complexo teve em conta a dificuldade de abrir presas de vários tamanhos e a atratividade das presas (por exemplo, as cracas tornam os mexilhões mais difíceis de abrir). O modelo de forrageamento mais simples não previu adequadamente o limiar de tamanho de aceitação observado, nem o segundo modelo, mas um modelo mais complexo que incluía o aumento do tempo de manuseamento e a dificuldade de abrir mexilhões de paredes espessas, ajustou-se surpreendentemente bem ao limiar de tamanho observado. Finalmente, o corvo e o ostraceiro enfrentaram os mesmos constrangimentos básicos de procura. A distribuição do tamanho das presas no ambiente era um fator importante que determinava se uma ave aceitava ou rejeitava uma presa. A distribuição do tamanho das presas é um exemplo de como a ecologia das presas condiciona a solução óptima de procura de alimentos adoptada pelas aves.

Variação dos mecanismos de alimentação

Os nossos modelos de corvos e de ostraceiros sugerem que existe uma regra de decisão única que maximiza o consumo de energia por unidade de tempo. No entanto, os animais variam drasticamente nos tipos de comportamentos de procura de alimentos que utilizam na natureza. As diferenças nas técnicas de procura de alimentos podem ter um efeito dramático nas regras de decisão de otimização que vários indivíduos utilizam numa única população.

Cada estilo de forrageamento tem tempos de manuseamento diferentes. Os marteladores dorsais são os que demoram mais tempo a abrir o mexilhão, seguidos dos marteladores ventrais. Os esfaqueadores são os mais rápidos a abrir os mexilhões com o bico. Dado este estilo eficiente, os esfaqueadores devem alimentar-se dos mexilhões maiores. Pelo contrário, os marteladores dorsais devem alimentar-se de mexilhões de tamanho intermédio. Foram feitas observações adicionais sobre as alterações na disponibilidade de mexilhões em função da estação do ano, bem como sobre a variação dos tempos de manuseamento para os três estilos de alimentação. A regra de decisão prevista e a seletividade de tamanho observada dos ostrácodes durante a maior parte do ano foram muito bem ajustadas. A falta de ajuste entre a seletividade observada e a prevista só foi encontrada para os martelos dorsais durante os meses de inverno (5 pontos de tempo), mas ainda assim foi observado um bom ajuste em 5 pontos de tempo. O ajuste foi excelente para os martelos ventrais em 9 dos 9 pontos de tempo considerados.

Determinação da procura individual de alimentos

As diferenças nos estilos de procura de alimentos observadas nos ostraceiros são transmitidas culturalmente. Os pais ensinam as crias a procurar alimento levando-as para a zona intertidal. As crias aprendem o estilo distintivo com os pais e estes, por sua vez, transmitem-no à sua própria descendência. Muitas aves e mamíferos transmitem as suas estratégias de alimentação aos descendentes.

A transmissão cultural de comportamentos de forrageamento contrasta com as diferenças genéticas no comportamento de forrageamento. Os diferentes comportamentos de procura de alimentos são condicionados por diferenças morfológicas entre os indivíduos de uma população. Muitos animais têm diferenças morfológicas discretas dentro de uma única população, como os biscoitos africanos. Estas diferenças de base genética têm um efeito profundo no comportamento de procura de alimentos e podem, em última análise, dar origem a novas espécies. O salvelino do Ártico, Salvelinus alpines, que vive em lagos, desenvolveu repetidamente várias formas morfológicas diferentes com diferenças dramáticas na forma e morfologia do corpo no mesmo lago. As formas morfológicas estão associadas a fortes preferências por presas que se encontram tipicamente em diferentes habitats do lago.

As diferenças discretas no comportamento e na morfologia não precisam de ter uma causa genética rigorosa. O ambiente pode desencadear alterações na morfologia e no comportamento durante o desenvolvimento. As larvas individuais de sapos-pés, Scaphiopuscounchii, no sudoeste do deserto podem transformar-se em omnívoros ou carnívoros, consoante a disponibilidade de camarões. Assim, as diferenças no comportamento de forrageamento são incluídas por uma diferença no ambiente.

Em resumo, o comportamento de procura de alimentos pode mudar no decurso de uma única estação, à medida que os indivíduos ajustam as suas regras de decisão. O comportamento de procura de alimentos pode ser transmitido culturalmente através das gerações, à medida que os pais ensinam aos descendentes as suas próprias predilecções de procura de alimentos. Os efeitos genéticos também podem ditar o comportamento de procura de alimentos. Os animais podem nascer com morfologias que são ditadas pelos genes e a morfologia condiciona o seu comportamento de procura de alimentos durante toda a vida. Em alternativa, a morfologia pode mudar durante o início da vida ou durante a vida adulta, dependendo do tipo de alimento disponível para alimentação, o ambiente de procura de alimentos. Estas alterações podem ser reversíveis, mas na maior parte das vezes as alterações na morfologia são irreversíveis.

Forrageamento ótimo e o teorema do valor marginal

As presas também podem ser encontradas em manchas relativamente discretas. Quando as presas se encontram numa distribuição fragmentada, o predador tem de despender uma energia considerável para se deslocar de uma mancha para outra. A escolha de quando, onde e durante quanto tempo se instalará para se alimentar é outra das regras de decisão básicas para um organismo que procura recursos em manchas muito dispersas. Uma das soluções mais simples em ecologia de forrageamento, o teorema do valor marginal, é fácil de derivar de uma simples análise gráfica.

O teorema do valor marginal especifica o "tempo de desistência" ou o momento em que um organismo deve abandonar uma área que está a explorar. Quando um animal começa a alimentar-se, o seu ganho de energia começa gradualmente a abrandar quando o alimento se torna mais escasso na área de exploração. O valor marginal, ou a quantidade de energia restante na parcela, diminui à medida que a parcela é explorada. A curva que descreve **o ganho de energia** em função do tempo que um predador passa numa mancha, começa com uma inclinação acentuada que gradualmente se reduz à medida que a presa se esgota. Eventualmente, se o predador permanecer na área por tempo suficiente, todo o alimento é consumido e não é possível ganhar mais energia.

Teorema do Valor Marginal

Quando é que o animal deve desistir de uma área e procurar uma nova? O parâmetro crucial que governa esta decisão não é apenas a quantidade de tempo passado na mancha, mas também o tempo de deslocação entre manchas. Um animal não ganha energia enquanto viaja e, de facto, gasta uma quantidade considerável de energia entre as parcelas. Assim, o valor maximizado pelo forrageador deve ser a taxa líquida de ganho de energia, que inclui o tempo durante o qual não se pode alimentar enquanto viaja para uma mancha:

$$\text{Rate of Energy Gain} = \frac{\text{Energy}}{\text{Time}} = \frac{\text{Energy Gain or Load Size}}{(\text{Travel Time to patch} + \text{Foraging Time in Patch})}$$

A taxa de ganho de energia é expressa em calorias ganhas por unidade de tempo, o que no gráfico à direita corresponde ao declive de uma linha reta, a subida sobre a corrida ou ganho de energia/tempo. Uma linha íngreme (ganho/tempo) ou a linha de maior declive que ainda toca a curva maximizará a taxa de ganho de energia. Um animal que sai demasiado cedo ganha menos energia (linha pouco inclinada) relativamente ao ganho líquido máximo possível.

Não há qualquer vantagem em ficar demasiado tempo quando as guloseimas começam a esgotar-se. O animal deve ir para pastos mais verdes. Consequentemente, um animal que parte demasiado tarde também tem uma linha pouco profunda em relação à linha de declive máximo. A linha que dá a taxa máxima de ganho de energia é a linha que atinge a curva de ganho numa tangente (linha vermelha). A tangente é uma linha de declive mais acentuado, que intersecta a curva de ganho num único ponto.

Por último, os animais devem também ser sensíveis ao tempo que demoram a deslocar-se de uma mancha para outra. Quando o tempo de deslocação é curto, os animais devem partir muito mais cedo do que se o tempo de deslocação entre as parcelas for muito longo.

Forrageamento: recompensa arriscada

Há um aspeto do comportamento humano que parece bastante intrigante (pelo menos para muitos de nós) e que é o vício do jogo. Porque é que um apostador haveria de investir quantidades imensas de dinheiro num negócio como um casino que foi concebido para dar lucro? É certo que o casino não vai perder a longo prazo. O dinheiro não é criado por magia nos casinos, pelo que o casino lucra à custa do "Zé Ninguém" que perde a longo prazo. Muitos seres humanos são **avessos ao risco**, evitando a maioria das situações de risco e relativamente poucos de nós jogam regularmente. Tendemos a evitar o "bilhete de lotaria de escolha rápida" para a alta-vida e optamos por uma fonte de rendimento mais estável e discreta.

A maioria dos animais parece ser igualmente conservadora, na medida em que tende a evitar riscos. O tipo de risco mais imediato que os animais enfrentam é o risco de fome. A ideia de que os animais são avessos a recompensas arriscadas surgiu de algumas experiências pioneiras de Caraco e dos seus colegas com juncos de olhos amarelos, Junco phaeonotus, que é uma ave canora comum nas florestas da América do Norte. A experiência é enganadoramente simples. Os investigadores treinaram as aves para se alimentarem em dois tipos de comedouros. Um dos comedouros distribuía uma recompensa constante de 3 sementes a cada visita. O outro comedouro distribuía uma recompensa de 0 sementes em metade das visitas e 6 sementes nas outras visitas. O alimentador de recompensa variável distribuía aleatoriamente 0 ou 6 sementes numa dada visita. Assim, é possível receber como prémio uma série de 0 ou uma série de 6. Se pudessem escolher entre dois tipos de comedouros, que dão em média uma recompensa idêntica de 3 sementes, os juncos optaram pelos comedouros menos arriscados.

O comportamento dos juncos é designado por **aversão ao risco**, na medida em que optam por se alimentar numa estação que fornece uma quantidade constante de alimento e evitam alimentar-se numa estação com uma quantidade variável de alimento. O nível de aversão ao risco dos juncos pode ser "titulado" aumentando gradualmente o valor médio das estações de alimentação variável em relação ao valor das estações de recompensa constante. Ao aumentar a recompensa variável em relação à recompensa constante, pode determinar quanto mais valiosa deve ser a estação de alimentação arriscada para atrair os juncos. A certa altura, a preferência dos juncos pelas estações de recompensa constante desaparecerá e eles optarão pela estação de recompensa constante em vez das estações de recompensa variável antes de as aves começarem a alimentar-se nessas estações com uma frequência igual à da utilização da estação de recompensa constante. À primeira vista, esta escolha a favor de recompensas constantes parece contrariar a razão de um forrageamento ótimo. O paradoxo do seu comportamento é que as aves poderiam fazer muito melhor se optassem por estações de alimentação arriscadas que têm o dobro da recompensa média e, no entanto, continuam a optar pelas estações de recompensa constante aproximadamente metade das vezes.

Ao considerar os mecanismos próximos subjacentes às regras de decisão, torna-se claro que os processos cognitivos podem colocar limites aos tipos de escolhas óptimas que os animais podem fazer. Os processos cognitivos nos animais são definidos em termos de três processos:

1. Perceção - uma unidade de informação do ambiente é recolhida e armazenada na memória,
2. Manipulação de dados - várias unidades de informação, que são armazenadas na memória, são analisadas de acordo com regras computacionais incorporadas no sistema nervoso,
3. Formação de uma representação do ambiente - a partir do processamento de toda a informação, forma-se uma "imagem" completa e o organismo baseia a sua decisão na imagem ou representação do ambiente.

A teoria da procura óptima de alimentos parte do princípio de que os animais dispõem de informações perfeitas sobre o seu ambiente. Não é o caso. Têm de aprender sobre o seu ambiente e têm de processar e recordar informação. Embora os animais possam não ser **omniscientes** ou "omniscientes", utilizam sem dúvida alguma forma de inteligência e de capacidade de resolução de problemas durante os seus esforços de procura de alimentos. As ciências cognitivas têm uma tradição rica no domínio da psicologia animal. Os psicólogos animais têm-se debruçado sobre questões relacionadas com a evolução da inteligência, a capacidade de resolução de problemas, a comunicação e a linguagem. É necessário um conhecimento básico da cognição para compreender a biologia em que se baseiam as regras de decisão em matéria de procura de alimentos. A memória espacial, a cognição e a aprendizagem são tão importantes para a compreensão do comportamento que, em capítulos futuros, analisaremos com mais pormenor os aspectos próximos e últimos destas questões.

Conclusão

O pressuposto da adaptação é fundamental para a teoria do forrageamento ótimo. O princípio da adaptação sustenta que o processo de seleção natural moldou os comportamentos que observamos nos animais. As forrageadoras bem sucedidas são favorecidas pela seleção natural, o que resulta numa espécie imbuída de regras de decisão que maximizam o ganho de energia. O ganho por unidade de tempo é apenas uma moeda possível, e diferentes animais podem usar moedas alternativas. As ostras maximizam a energia por unidade de tempo. Os estorninhos parentais maximizam a eficiência que aumenta o tempo de vida e a utilidade do trabalhador individual para toda a colónia. Presume-se que a seleção natural é um processo tão eficiente que os animais na natureza estarão invariavelmente a procurar alimento segundo uma regra óptima, ou assim somos levados a acreditar. De facto, a seleção natural dos indivíduos que procuram alimento é frequentemente forte (por exemplo, os biscoitos de sementes de Agrican), pelo que a adaptação não pode ser perfeita. Ao longo deste capítulo, adoptámos a abordagem adaptativa, que tem servido como pedra angular da ecologia comportamental há mais de 40 anos.

Os comportamentos tornaram-se mais sensíveis a hipóteses alternativas não adaptativas.

O desenvolvimento de modelos cognitivos de procura de alimentos surgiu da necessidade de integrar os condicionalismos da arquitetura neural nas decisões tomadas pelos animais.
Os constrangimentos cognitivos da memória e os constrangimentos perceptivos inerentes às imagens de pesquisa podem modelar a forma como um sistema nervoso é construído, mas é provavelmente uma simplificação excessiva. A abordagem cognitiva do comportamento pode enriquecer a nossa compreensão das bases biológicas das regras de decisão. Há ainda muito trabalho a fazer sobre a base neural das decisões.
O forrageamento ótimo é um domínio maduro e rico, mas ainda há questões a resolver. O pressuposto do terceiro passo do programa do adaptacionista é fundamental para a teoria do forrageamento ótimo. Assumimos que a maximização ou otimização da energia está de alguma forma relacionada com a maximização da aptidão (por exemplo, estabilizando a seleção na caraterística de interesse). Grande parte da teoria do forrageamento ótimo assenta neste pressuposto e alguns estudos demonstraram com sucesso a ligação entre o forrageamento e a aptidão na natureza. O forrageamento ótimo demonstrado pelos rachadores de sementes fornece-nos um exemplo de fortes ligações entre a eficiência de forrageamento das aves de bico pequeno e grande e a sobrevivência destas aves na natureza. Na mesma linha, os desenvolvimentos em matéria de procura de alimentos sensível ao risco colocam os animais em contextos experimentais muito mais realistas do que os que se verificam na natureza. As experiências de laboratório mostram que a maior parte dos animais tende a evitar o risco. Quando há alimento disponível, não há vantagens em alimentar-se de fontes alimentares de risco. No entanto, quando a probabilidade de morrer de fome é elevada, os animais tornam-se jogadores e alimentam-se de alimentos com uma recompensa variável, na esperança de ficarem ricos e de sobreviverem aos tempos difíceis. A natureza seleciona uma certa dose de jogo na tomada de decisões dos animais. A aplicação destes princípios na natureza é o próximo passo, embora as experiências já indiquem que as abelhas selvagens parecem ser sensíveis ao risco em função das reservas da sua colónia.

5.4 MUTUALISMO

É um tipo de interação interespecífica positiva em que membros de duas espécies diferentes favorecem o crescimento e a sobrevivência um do outro e a sua associação é obrigatória.

Espécie A = (+) e Espécie B = (+)

Nesta interação, os membros têm necessidades muito diferentes e são tão interdependentes que não podem sobreviver separadamente. É um tipo extremo de simbiose em que os simbiontes têm contactos estreitos permanentes e obrigatórios.
Exemplos: Mutualismo entre espécies animais e animais. Cleveland (1926) relatou a presença de um protozoário multi-flagelado Trichonympha campanula como simbionte no intestino da formiga branca. A formiga fornece alimento e abrigo ao protozoário que, por sua vez, segrega enzimas de celulase para digerir a celulose da madeira ingerida pela formiga. A celulose é hidrolisada em açúcares que são utilizados por ambos os parceiros.

Quando o revestimento intestinal da térmita está pronto para a muda, os Trichonympha sofrem encistamento e são eliminados com a muda. Para garantir a infeção, a formiga come a sua muda. As térmitas recém-nascidas lambem o ânus das térmitas mais velhas para ingerir o simbionte. Foram registadas cerca de 11 famílias e 40 de flagelados no intestino das térmitas.

Mutualismo formiga-afídeo

Algumas espécies de formigas apanham pulgões ou ovos de pulgões da superfície das plantas verdes e abrigam-nos nos seus próprios ninhos. As formigas utilizam os resíduos digestivos dos pulgões como alimento, enquanto os pulgões, por sua vez, se alimentam das raízes das plantas que se ramificam através dos ninhos.

6. EOSISTEMA E SEUS COMPONENTES

6.1 INTRODUÇÃO

Um ecossistema é também definido como uma unidade funcional e estrutural da ecologia. O termo ecossistema foi cunhado pela primeira vez por A.G. Tansley em 1935. Anteriormente, foi designado por biogeocoenose por Karl Mobius, 1877, microcorm por Forbes, 1887, holowen por Friedrich, 1930, biosistema por Thenemann' 1939, biogeocoenose por Sukachev, 1944 e holon por Koestler, 1969.

No entanto, o termo ecossistema é o mais preferido, em que 'eco' implica o ambiente e 'sistema' implica um complexo interativo e interdependente. Um ecossistema é constituído pela comunidade biológica e pelos factores físicos e químicos que constituem o seu ambiente não vivo ou abiótico. Um ecossistema é uma integração global de organismos que interagem e do seu ambiente. Estes mesmos tipos de seres vivos são agrupados em populações. A população de diferentes tipos de seres vivos é agrupada em comunidades. As diferentes comunidades formam os ecossistemas, que constituem a biosfera.

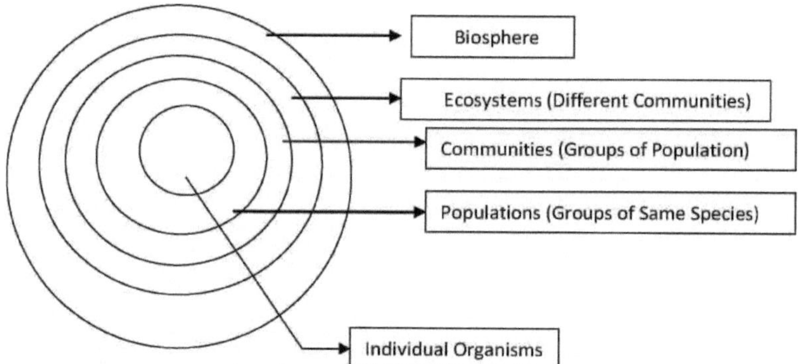

Fig. 6.1: Diagrama de Venn mostrando a formação da Biosfera

O diagrama de Venn seguinte mostra claramente o sistema:

A Terra é um ecossistema gigante onde os componentes bióticos e bióticos interagem com o ambiente físico, de modo que um fluxo de energia leva a uma estrutura trópica claramente definida, à diversidade biótica e à troca de materiais entre os componentes bióticos e bióticos dentro do sistema, conhecido como sistema ecológico ou ecossistema. Assim, a Terra é um ecossistema gigante onde os componentes bióticos e bióticos estão certamente a agir e a reagir uns sobre os outros, provocando mudanças estruturais e funcionais. Como aprendemos anteriormente, a ecologia é geralmente definida como a interação dos organismos entre si e com o ambiente em que se encontram. Podemos estudar a ecologia ao nível do indivíduo, da população, da comunidade e do ecossistema.

De acordo com **Odum 1963,** o ecossistema é a unidade funcional da ecologia na qual

tanto as comunidades bióticas como os ambientes abióticos se intercambiam mutuamente. Os ecossistemas podem ser permanentes e naturais ou temporários e artificiais. Uma vez que o vasto ecossistema, ou seja, a biosfera, é difícil de manusear, para facilitar o estudo da natureza, criamos unidades artificiais de ecossistemas mais pequenos, como um lago, um deserto, um prado ou uma floresta. Um aquário equilibrado é também um exemplo de um ecossistema.
Uma floresta tropical húmida é um exemplo de um ecossistema. Um ecossistema é constituído por um grupo de seres vivos e pelo seu ambiente físico. O ecossistema de uma floresta tropical é constituído por um grupo de seres vivos como o solo, o ar, a água, a luz solar e os nutrientes. As partes vivas e não vivas de um ecossistema funcionam como uma equipa. O ecossistema pode ser pequeno, como uma pequena quantidade de água num prato, ou grande, como um oceano ou uma floresta tropical. Cada ecossistema tem uma estrutura e componentes definidos, e cada parte componente do sistema tem um papel definido a desempenhar no funcionamento do ecossistema, mas funcionalmente, estão ligados uns aos outros. Praticamente não existem fronteiras funcionais entre eles.

6.2 COMPONENTES DO ECOSSISTEMA

Um ecossistema é comparado com os ambientes físico-químicos abióticos e o conjunto biótico de plantas, animais e micróbios. Estes componentes formam coletivamente uma unidade ecológica natural, estável e funcional, designada por ecossistema. A estrutura do ecossistema é caracterizada por
- A composição das comunidades biológicas.
- A quantidade e distribuição de materiais não vivos, como nutrientes, água, etc.
- A gama de condições das existências, como a temperatura, a luz, etc.

[A] Componente biótica do ecossistema

Os organismos vivos (componentes bióticos) de um ecossistema são, de facto, a estrutura trópica de qualquer ecossistema onde os organismos vivos se distinguem com base na sua relação nutricional, ou seja, como obtêm o seu alimento. Dependendo disso, estes são ainda classificados da seguinte forma

Componentes autotróficos

Auto significa auto e trophos significa alimentador, ou seja, o auto alimentador pode fazer nutrientes orgânicos usando compostos inorgânicos simples em seus ambientes, por exemplo, plantas verdes, bactérias fotossintéticas, bactérias cianoback que são capazes de produzir seus alimentos a partir de substâncias inorgânicas simples pelo processo de fotossíntese. Por isso, também são chamadas de produtoras. Podem ser ervas, arbustos, árvores de grande porte ou fitoplâncton microscópico e flutuante.
Os componentes autotróficos constituem a base primária da vida e fornecem alimento, abrigo e oxigénio aos animais. São os mais abundantes e cerca de 99% do manto vivo da Terra é formado por estes produtores.

Componentes heterotróficos

Hetero significa outro e trophos significa alimentador, ou seja, outros alimentadores incluem os organismos que dependem direta ou indiretamente dos alimentos fornecidos pelos produtores. Estes são também designados por consumidores.

Consoante a sua dimensão, dividem-se em duas categorias

(a) Macroconsumidores

Estes incluem os animais, também chamados fagótrofos, que comem ou ingerem os produtos direta ou indiretamente.

Com base na natureza dos alimentos, estes são divididos em quatro categorias

1. Consumidores primários ou herbívoros:

Estes são comedores de plantas e alimentam-se diretamente dos produtores. Na cadeia alimentar, são designados por consumidores primários. São também designados por "animais da indústria chave", como referido por Elton, 1939, porque transformam a matéria vegetal em matéria animal.

2. Consumidores secundários ou carnívoros primários:

São carnívoros e alimentam-se de herbívoros, por exemplo: - raposa, rã, escaravelhos aquáticos, peixes, aves, selvagens, gatos, etc.

3. Consumidores terciários ou carnívoros secundários:

Estes alimentam-se de carnívoros primários, por exemplo, o lobo come a raposa, os peixes comem os escaravelhos aquáticos, etc.

4. Consumidores quaternários ou omnívoros:

Alimentam-se tanto de plantas como de animais, por exemplo, animais, ratos, cucarachas e seres humanos.

(b) Microconsumidores

São também chamados saprotróficos ou decompositores ou redutores, que decompõem os compostos orgânicos complexos dos cadáveres de plantas e animais, absorvem os produtos da decomposição e libertam a maior parte dos compostos inorgânicos no ambiente. Estes compostos inorgânicos são depois utilizados pelos produtores.

Os decompositores são responsáveis pela ciclagem de materiais no ecossistema. "Decompor" significa "quebrar". Estes incluem os organismos microscópicos não verdes, como as bactérias e os fungos. Em suma, o decompositor é um ser vivo que consome resíduos microscópicos e organismos mortos para obter energia. Os decompositores também podem ser chamados de recicladores da natureza.

(ii) Componentes abióticos do ecossistema:

Os componentes abióticos (não vivos) de um ecossistema incluem todos os factores físicos e químicos que influenciam os organismos vivos, como a água, o ar, os solos, as rochas, a temperatura, a precipitação, etc. Assim, inclui substâncias orgânicas e inorgânicas presentes num ecossistema. Os componentes não vivos são essenciais para o mundo vivo. A vida não pode existir sem eles. Os componentes não vivos de um ecossistema incluem

Factores físicos: Luz solar, temperatura, precipitação, natureza do solo, fogo, correntes de água.

Factores químicos: Nutrientes presentes no solo, percentagem de água e ar no solo, salinidade da água, oxigénio dissolvido na água.

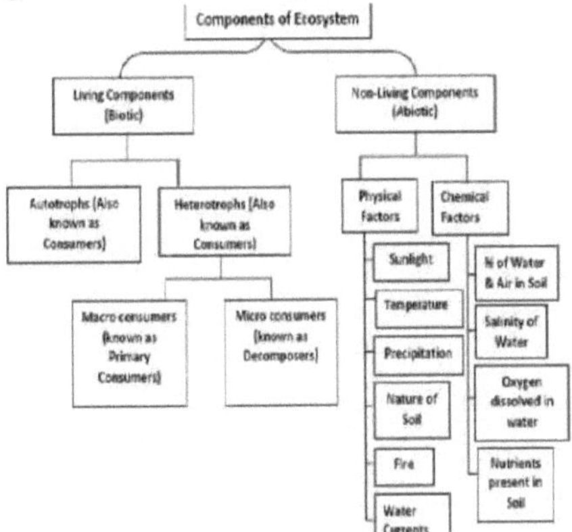

Fig. 6.2: Vários componentes do ecossistema

6.3 BENS E SERVIÇOS ECOSSISTÉMICOS

Trata-se de recursos de que as pessoas dependem diretamente e que são fáceis de quantificar em termos económicos.

Valor de uso consuntivo: O valor não mercantil dos frutos, forragens, lenha, etc., que são utilizados pelas pessoas que os recolhem nos seus arredores.

Valor de *uso produtivo*: O valor comercial da madeira, peixe, plantas medicinais, etc. que as pessoas recolhem para venda.

As utilizações que não são fáceis de quantificar em termos de um preço claramente definível. *Valor de uso não consuntivo:* Investigação científica, observação de aves, ecoturismo, etc. *Valor de opção:* Manutenção de opções para o futuro, de modo a que, ao preservá-las, se possam colher benefícios económicos no futuro.

Valor de existência: Os aspectos éticos e emocionais da existência da vida selvagem e da natureza.

6.4 ECOSSISTEMA: TRANSFORMAÇÃO DE ENERGIA E CICLO DE NUTRIENTES

Os ecossistemas têm um fluxo de energia e, consequentemente, um ciclo de matéria. Estes dois processos estão ligados, mas não são exatamente a mesma coisa. A maior parte dos ecossistemas obtém a sua energia em primeiro lugar da luz solar. A energia existe no sistema biológico quando a energia luminosa ou os fotões são transferidos para energia química em moléculas orgânicas através de processos celulares como a fotossíntese e a respiração.

Em última análise, converte-se em energia térmica. Os seguintes factores são essenciais durante o fluxo de energia num ecossistema

1. A eficiência dos produtos na absorção e conversão da energia solar.
2. A utilização de uma forma de energia convertida (ou seja, energia química) pelos consumidores.
3. Entrada de energia sob a forma de alimentos e sua eficiência de assimilação.

4. Perda de energia através da respiração, excreção ou sob a forma de calor, etc.
5. A produção líquida bruta de energia.
Pode ser compreendido através do diagrama seguinte.

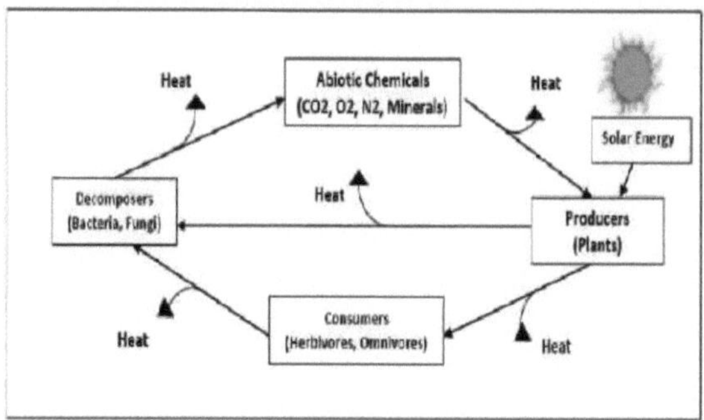

Fig. 6.3: Fluxos de energia num ciclo de materiais

As plantas, os animais e os decompositores são componentes biológicos essenciais do ecossistema. As plantas captam a energia solar no processo de introdução do carbono no ecossistema. Alguns ecossistemas, como as fontes hidrotermais de águas profundas, têm bactérias que retiram energia da oxidação do sulfureto de hidrogénio (H_2 S) para produzir matéria orgânica.

Os micróbios decompositores decompõem a matéria orgânica morta, libertando Co2 para a atmosfera e nutrientes que ficam disponíveis para outros micróbios e plantas. A energia e os materiais transferidos pelos animais influenciam fortemente a quantidade e as actividades das plantas e do solo. Sem a entrada contínua de energia solar, o sistema biológico rapidamente se desligaria. Por conseguinte, a Terra é um sistema aberto no que respeita à energia, enquanto os materiais ou elementos que circulam entre os estados biótico e abiótico no ecossistema não são destruídos ou perdidos. Isto mostra que a Terra é um sistema fechado no que respeita aos elementos.

Esta partilha e reciclagem de nutrientes é conhecida como o ciclo dos nutrientes. Os nutrientes são continuamente reciclados em todos os ecossistemas, mas a energia flui num sentido. Assim, verificamos que o ciclo dos nutrientes é paralelo ao fluxo de energia nos componentes bióticos do ecossistema, mas os dois são diferentes no que respeita à relação com um componente biótico. Enquanto o fluxo de energia é infinito devido ao fornecimento contínuo de energia solar, o ciclo de nutrientes é conservador.

Os nutrientes são os elementos necessários à vida. Eles constroem e renovam o organismo à medida que circulam através das cadeias alimentares.

Num ciclo de nutrientes aquático, a energia e os nutrientes são transferidos através do nível trópico, como mostra o diagrama

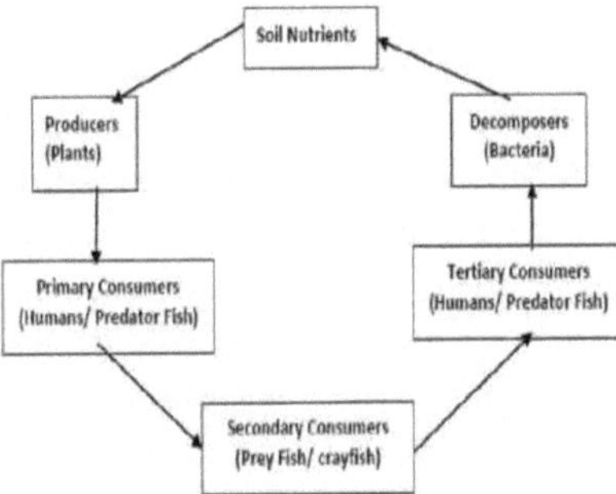

Fig. 6.4: Transferência de energia e nutrientes através dos níveis tróficos num ciclo aquático

Este facto mostra que os elementos químicos são retirados de um conjunto de convites e são em grande parte retidos no ecossistema. Os movimentos dos nutrientes são efectuados através da operação de diferentes ciclos químicos que continuam a passar o material para trás e para a frente entre o organismo e o seu ambiente. Por conseguinte, o ciclo dos nutrientes é conservador por natureza.

Um diagrama em forma de pirâmide é uma boa maneira de mostrar como a energia se move de um nível alimentar para o seguinte numa cadeia alimentar. Neste diagrama, torna-se claro que existe sempre uma diminuição gradual do conteúdo energético nos sucessivos níveis tróficos, desde os produtores até aos vários consumidores.

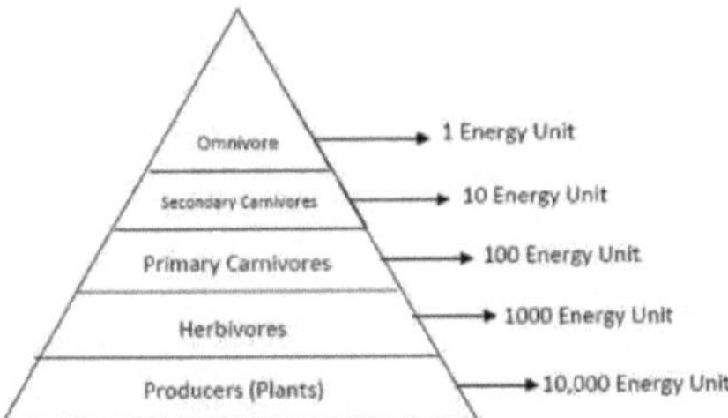

Fig.6.5: Pirâmide energética mostrando o número e os tipos de espécies

Esta pirâmide mostra não só o número e os tipos de espécies, mas também a diversidade das espécies e a dispersão dos indivíduos de cada espécie presentes na comunidade.

6.6 ECOLOGIA DOS ECOSSISTEMAS

A ecologia dos ecossistemas aborda as interações entre os organismos e o seu ambiente como um sistema integrado. Utiliza conceitos desenvolvidos a um nível de resolução mais fino para compreender os mecanismos que regem todo o sistema terrestre. Muitas das primeiras descobertas da biologia foram motivadas pela questão da natureza integrada dos sistemas ecológicos. Muitas linhas de pensamento ecológico contribuíram para o desenvolvimento da ecologia dos ecossistemas (Hager 1992), incluindo ideias relacionadas com a biogeoquímica, ou seja, influências biológicas. O processo químico no ecossistema e as interações tróficas, ou seja, as relações de alimentação entre organismos. Os primeiros trabalhos de investigação sobre a interação trófica salientavam a transferência de energia entre organismos. Elton (1927), zoólogo, descreveu o papel que um animal desempenha no seu nicho em termos daquilo que come e é comido. Considerou cada espécie animal como um elo de uma cadeia alimentar que descreve o movimento da matéria de um organismo para outro.

Já estudámos em pormenor que, num ecossistema, numerosas interações entre organismos resultam num fluxo de energia e num ciclo de matéria. A cadeia alimentar é um exemplo dessas interações. A erva é comida pelo gafanhoto, a rã come o gafanhoto. A rã é comida por uma cobra. Por sua vez, a cobra pode ser comida por um falcão. A sequência de "quem come quem" é designada por cadeia alimentar. Trata-se de uma série de grupos de organismos, também designados por níveis tróficos, em que se repete o ato de comer e ser comido por, de modo a transmitir a energia alimentar. Uma cadeia alimentar mostra como cada membro de um ecossistema obtém o seu alimento. Uma cadeia alimentar simples liga um produtor, um anharbívoro e um carnívoro.

Trata-se de uma sequência de etapas através das quais se efectua o processo de transformação de energia e o ciclo de nutrientes. Sabemos que a energia não pode ser criada nem destruída. Pode ser transformada de uma forma para outra. Pode ser transmitida através de vários canais. Todos os organismos precisam de um fornecimento constante de energia. A energia flui através de um ecossistema numa direção, através de vários canais. Todos os organismos necessitam de um fornecimento contínuo de energia. A energia flui num ecossistema numa só direção através de cadeias alimentares. Uma cadeia alimentar é sempre reta e prossegue em linha reta.

Caraterísticas das cadeias alimentares

1. O comprimento da cadeia alimentar garante o número de consumidores que podem ser sustentados pelos produtores.
2. 80 a 90% da energia potencial perde-se sob a forma de calor em cada nível da cadeia alimentar. Geralmente existem 4 a 5 níveis tróficos numa cadeia alimentar. Baseia-se na segunda lei da termodinâmica, segundo a qual a transformação de energia implica a perda de energia mandável.
3. A cadeia alimentar também segue a primeira lei da termodinâmica, que afirma que a energia não pode ser criada nem destruída, mas pode ser transformada de uma forma para outra.
4. Alguns organismos podem ocupar diferentes posições tróficas em diferentes cadeias alimentares, constituindo assim um elo em mais do que uma cadeia alimentar. Por exemplo: O homem actua como consumidor primário quando come herbívoros como o coelho, a ovelha, a cabra, etc. e como consumidor quartenário quando come os grandes peixes predadores.
5. As plantas e os animais que dependem sucessivamente uns dos outros formam os membros de uma cadeia alimentar.
6. Existe um fluxo unidirecional de energia do Sol para os produtores e depois para uma série de consumidores de vários tipos. Assim, uma cadeia alimentar é sempre rectilínea

e prossegue numa linha reta progressiva.

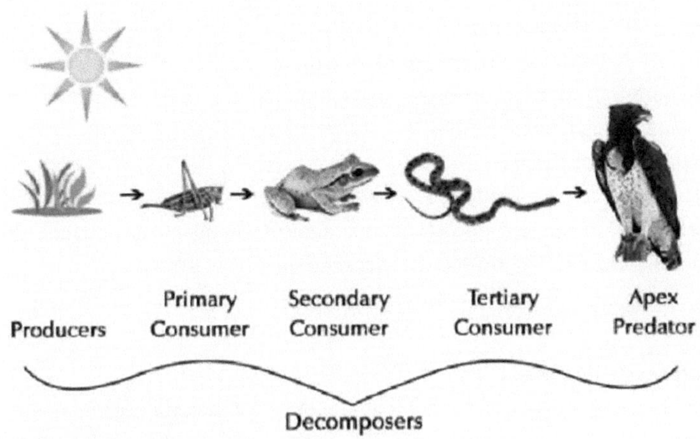

Fig.6.6: Cadeia alimentar.

1. Produz: Erva
2. Consumidores primários: Gafanhoto
3. Consumidores secundários: Rã
4. Consumidores terciários: serpentes
5. Predador de topo.

Tipos de cadeias alimentares:

Na natureza, observamos geralmente dois tipos de cadeias alimentares:

1. **Cadeia alimentar do pastoreio: (i)** Cadeia alimentar predatória (ii) Cadeia alimentar parasitária.
2. **Cadeia alimentar dos detritos.**

1. Cadeia alimentar das pastagens:

Este tipo de cadeia alimentar depende diretamente da radiação solar como fonte primária de energia. Do ponto de vista energético dos produtores, estas cadeias são muito importantes. Trata-se de cadeias alimentares mais longas. As plantas verdes ou os produtores formam a

Alguns exemplos de cadeias alimentares de pastoreio:

Em Grassland Ecosystem:

Grass → Insects→ Frogs→ Snakes→ Predatory birds.
Grass → Rats & Mice → Snakes→ Predatory birds.
Grass → Rabbit → Fox→ Wolf→ Lion

Em Ecossistema de lagoas:

Phytoplankton → Zooplanktons → Small Fishes → Large fishes → Predatory birds.

Ecossistema florestal:

Trees → Phytoplatation insects → Lizards birds, Foxes → Lion, Tiger etc.

(i). Cadeias alimentares predatórias:

Estes começam com os produtores (primeiro nível trófico) e vão dos predadores mais pequenos aos maiores. O número de organismos diminui enquanto o tamanho dos organismos aumenta em cada nível trófico.

(ii). **Cadeia alimentar parasitária:**

Estes também começam com os produtores, mas prosseguem dos organismos maiores para os mais pequenos. O número de organismos aumenta enquanto o tamanho dos organismos diminui em cada nível trófico. Existem muitos níveis tróficos.

Grasses → Mammal → Fleer → Protozoan → Bacteria → Viruses

Cadeias alimentares de detritos:

A principal fonte de energia para estas cadeias alimentares é a matéria orgânica morta, denominada detritos. As principais fontes de matéria orgânica morta são as folhas caídas ou os cadáveres de animais mortos. Os consumidores primários são os detritívoros, que incluem protozoários, bactérias, fungos, etc. Os detritívoros reciclam os elementos inorgânicos no ecossistema. Estas cadeias inorgânicas são geralmente mais curtas do que as cadeias alimentares de pastoreio. **Herald (1969) e W.B. Odum (1970)** estudaram as cadeias alimentares de detritos de folhas de mangue - Rhizophoremanagle caem em águas quentes e pouco profundas. Apenas 5% do material foliar foi removido por insectos em crescimento antes da queda das folhas.

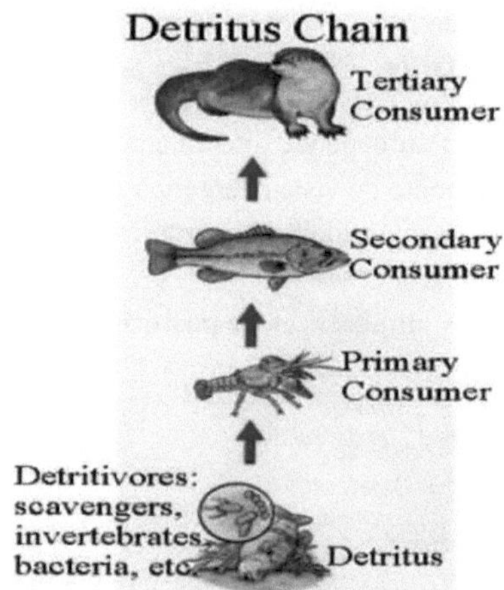

Fig. 6.7: Cadeia alimentar do detrito

As cadeias alimentares do **pastoreio e** do detrito estão interligadas e pertencem ao mesmo ecossistema, uma vez que o detrito, que é a fonte de energia da cadeia alimentar do detrito, provém das folhas mortas das árvores da cadeia alimentar do pastoreio. Os consumidores de uma cadeia alimentar de pastoreio podem comer os consumidores de detritos e, assim, a energia reentra na cadeia alimentar de pastoreio. As larvas de muitas pulgas de escaravelhos, etc., são consumidores de detritos, enquanto os adultos pertencem aos níveis tróficos das cadeias alimentares de pastoreio.

As cadeias alimentares ilustram a forma como a energia flui através de uma sequência de organismos e como os nutrientes são transferidos de um organismo para outro. As cadeias alimentares são normalmente constituídas por produtores, consumidores e decompositores. Se uma cadeia alimentar tem mais do que um nível de consumo, os seus consumidores são definidos como consumidores primários, secundários ou terciários. Os consumidores primários comem plantas, os consumidores secundários comem consumidores primários e os consumidores terciários comem consumidores secundários e primários.

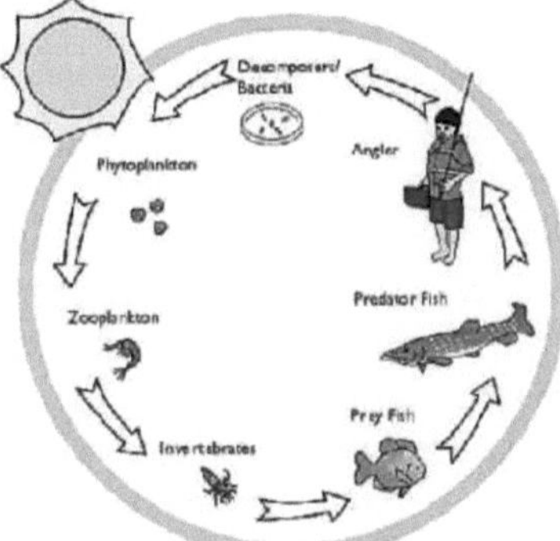

Fig. 6.8: Uma cadeia alimentar ilustra o movimento de energia num ecossistema.

Partes de uma cadeia alimentar

Uma cadeia alimentar inclui o sol, as plantas, os consumidores primários, os consumidores secundários e os decompositores. O sol fornece energia luminosa (radiação), a fonte de energia final para todas as cadeias alimentares aquáticas de água doce, e as plantas são o elo seguinte numa cadeia alimentar. O plâncton é um dos organismos vivos mais pequenos das lagoas, lagos, rios e riachos. Este grupo inclui pequenas plantas flutuantes, animais e algumas formas de bactérias. O seu tamanho varia desde bactérias microscópicas e organismos unicelulares até larvas e invertebrados suficientemente grandes para serem visíveis a olho nu. Com pouca ou nenhuma capacidade de natação, a maior parte do plâncton flutua livremente com as correntes em águas abertas.

O fitoplâncton são plantas e bactérias microscópicas flutuantes suspensas na água que, tal como as outras plantas, produzem energia alimentar diretamente a partir da energia luminosa do sol. As plantas (incluindo o fitoplâncton) são chamadas produtoras porque podem produzir nutrientes simples e açúcares (energia alimentar) diretamente a partir da energia luminosa do sol através do processo de fotossíntese. Sendo a base das cadeias alimentares, as populações de fitoplâncton são indicadores da saúde aquática. A energia alimentar produzida pelo fitoplâncton sustenta grande parte da outra vida na água. Se pudéssemos pesar todas estas plantas microscópicas, elas pesariam mais do que as plantas macroscópicas.As plantas contêm o pigmento verde clorofila e outros pigmentos conhecidos como carotenóides. Estes pigmentos captam a energia luminosa do sol, que as plantas convertem em energia química (hidratos de carbono ou açúcar) através do processo de fotossíntese. Outros organismos consomem as plantas para obter a energia química que alimenta os processos vitais, incluindo a respiração, o movimento, o crescimento e a reprodução. As plantas obtêm substâncias adicionais necessárias para a fotossíntese (dióxido de carbono e hidrogénio) do ar, da água e do solo. O oxigénio é um subproduto da fotossíntese. Os produtores são o primeiro elo de cada cadeia alimentar e sustentam todas as formas de vida animal, incluindo as pessoas.

A descrição química da fotossíntese é:

$$\text{ENERGIA LUMINOSA} + 6CO2 + 6H20 = C6H1206 + 602$$

6.8 WEB ALIMENTAR

Trata-se de um grupo de cadeias alimentares que se sobrepõem num ecossistema. O conceito de cadeia alimentar é uma generalização. Os ecossistemas são dinâmicos e mais complicados do que uma única cadeia alimentar. Tal como os seres humanos, a maioria dos organismos aquáticos consome mais do que um tipo de alimento. A maioria dos animais faz parte de mais do que uma cadeia alimentar. Comem mais do que um tipo de alimento para obter energia e nutrientes suficientes. Podemos ligar várias cadeias alimentares para formar uma teia alimentar. Por exemplo: - Na cadeia alimentar do pastoreio de uma terra verde, na ausência do coelho, a erva também pode ser consumida pelo rato. Não é necessário que o rato seja comido primeiro pela cobra e depois a cobra seja comida pelo falcão. O rato, por sua vez, pode ser comido diretamente pelo falcão. Assim, podem existir alternativas que, no seu conjunto, constituem a mesma parte do padrão de interligação, ou seja, a teia alimentar.

Uma teia alimentar é geralmente formada por três tipos de cadeias alimentares

1. Cadeias predadoras 2. Cadeias parárticas 3. Cadeias saprófitas. *As cadeias predadoras* partem das plantas e o tamanho dos organismos aumenta.

A complexidade de qualquer teia alimentar depende da diversidade de organismos num ecossistema que, por sua vez, depende da via alternativa de disponibilidade de alimentos. É por isso que nas profundezas do oceano, nos mares, etc., as teias alimentares são mais complexas devido à maior variedade de organismos. Uma teia alimentar também funciona de acordo com o gosto e as preferências alimentares do organismo em cada nível trófico. A disponibilidade de alimentos é também muito importante. Por exemplo, em Sunderbans, o tigre come peixe e caranguejo na ausência das suas presas naturais.

Definição: Uma teia alimentar é uma rede de cadeias alimentares que se interligam a vários níveis tróficos de modo a formar uma série de ligações alimentares entre diferentes organismos de uma comunidade biótica.

Tipos de teias alimentares:

1. Teias alimentares territoriais.

2. Teia alimentar aquática.

1. Teias Alimentares Terrestres: O entrelaçamento de várias cadeias alimentares numa teia alimentar terrestre é mostrado na figura seguinte.

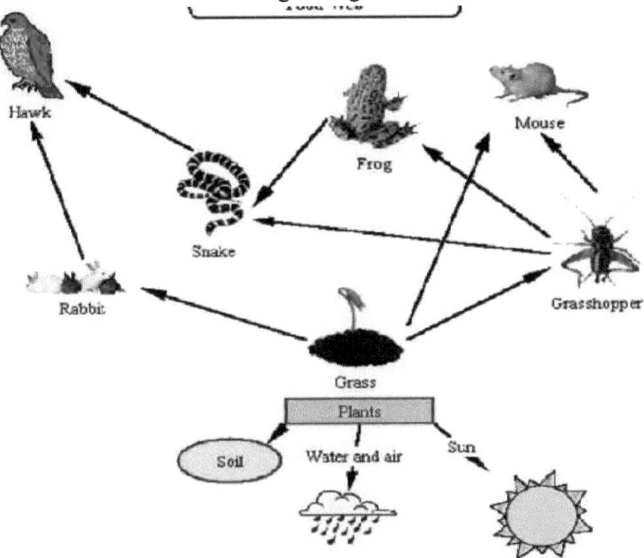

Fig. 6.9: Teia alimentar terrestre

Neste ecossistema de pastagem, a erva pode ser comida por ratos quando os coelhos estão ausentes. O rato, por sua vez, pode ser comido diretamente.

Estas são cinco cadeias alimentares lineares

1. Grass → Grasshopper → Hawk
2. Grass → Grasshopper → Lizard →Hawk
3. Grass → Rabbit → Hawk
4. Grass → Mouse → Hawk
5. Grass → Mouse → Snake →Hawk

Neste ecossistema, outros consumidores, como a raposa, o homem e a cultura, podem também estar presentes e torná-lo ainda mais complexo.

2. Teia Alimentar Aquática:

A teia alimentar de um lago é formada pela interligação de várias cadeias

i. Diatoms, Desmides, Algae → Small water insects → Water beetles → Large fish.
ii. Paramecia → Water fleas → Small water insects → Water beetles → Large fish.
iii. Paramecia → Water fleas → Water beetles → Large fish.
iv. Paramecia → Water fleas → Shrimps → Large fish.
v. Paramecia → Water fleas → Shrimps → Small fish → Large fish.
vi. Prawns → Small fish → Large fish.
vii. Prawns → Large fish.

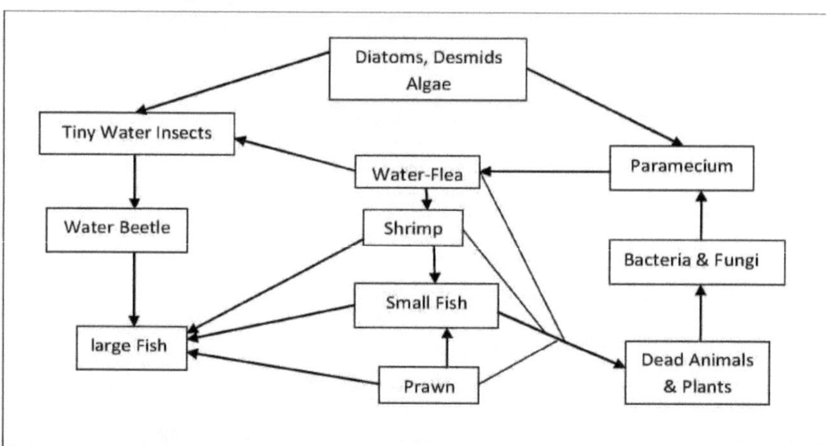

Fig. 6.10: Teia alimentar aquática

Importância das teias alimentares:

1. Estabilidade do ecossistema:

As teias alimentares são muito importantes para manter a estabilidade de um ecossistema na natureza, porque as teias alimentares fornecem as vias alternativas de disponibilidade de alimentos. Por exemplo: - Se uma determinada cultura for destruída devido à mesma doença, as ceifeiras dessa zona não perecem, pois podem pastar noutro tipo de cultura ou ervas. Do mesmo modo, a diminuição da população de coelhos provocaria naturalmente um aumento da população de consumidores, ou seja, de carnívoros que preferem comer coelho. Desta forma, as alternativas mantêm a estabilidade do ecossistema.

2. As teias alimentares ajudam no desenvolvimento dos ecossistemas:

As cadeias alimentares são relativamente simples e claras nas fases iniciais de desenvolvimento do ecossistema. Nas fases naturais, as cadeias alimentares formam teias alimentares complexas e a maior parte do fluxo de energia biológica ocorre através da cadeia de detritos. Estes e outros mecanismos mantêm, por sua vez, o equilíbrio do sistema.

6.9 BIOMASSA

As teias alimentares são definidas pela sua biomassa. A biomassa é a energia existente nos organismos vivos. Os autótrofos, os produtores numa teia alimentar, convertem a energia do sol em biomassa. A biomassa diminui com cada nível trófico. Existe sempre mais biomassa nos níveis tróficos inferiores do que nos superiores. Como a biomassa diminui com cada nível trófico, há sempre mais autótrofos do que herbívoros numa teia alimentar saudável. Há mais herbívoros do que carnívoros. Um ecossistema não pode suportar um grande número de omnívoros sem suportar um número ainda maior de herbívoros e um número ainda maior de autótrofos.

Uma teia alimentar saudável tem uma abundância de autótrofos, muitos herbívoros e poucos carnívoros e omnívoros. Este equilíbrio ajuda o ecossistema a manter e reciclar a biomassa. Além disso, os animais mais pequenos são mais numerosos do que os maiores. Os tigres e as formigas são ambos consumidores numa teia alimentar tropical. No entanto, é necessária muito mais biomassa para sustentar uma população de tigres do que uma colónia de formigas. Os tigres consomem mais alimentos e ocupam um espaço muito maior. Há muito mais formigas do que tigres na teia alimentar de um ecossistema tropical.

Cada elo de uma teia alimentar está ligado a pelo menos dois outros. A biomassa de um ecossistema depende do equilíbrio e da ligação da sua teia alimentar. Quando um elo da teia alimentar é ameaçado, alguns ou todos os elos ficam enfraquecidos ou sob tensão. A biomassa do ecossistema diminui. A perda de vida vegetal conduz geralmente a um declínio da população de herbívoros, por exemplo. A vida vegetal pode diminuir devido à seca, a doenças ou à atividade humana. As florestas são cortadas para fornecer madeira para construção. Os prados são pavimentados para dar lugar a centros comerciais ou parques de estacionamento.

À medida que o número de plantas e outros autótrofos é reduzido, o resto da teia alimentar é forçado a adaptar-se ou a morrer. Os veados têm menos plantas para comer. As borboletas e as abelhas têm menos flores para polinizar. Por sua vez, os predadores, como os leões da montanha, têm menos veados para consumir. As aves, como os guarda-rios, têm menos insectos para comer. A perda de biomassa no segundo ou terceiro nível trófico também pode desequilibrar uma teia alimentar. A perda de organismos em níveis tróficos superiores, como os carnívoros, também pode perturbar uma cadeia alimentar. A atividade humana pode reduzir o número de predadores.

7. ECOLOGIA DO HABITAT

7.1 INTRODUÇÃO

O Habitat é um local onde um organismo vive ou pode ser encontrado. Um habitat é sempre considerado do ponto de vista de um organismo individual. Um ecossistema, no contexto, refere-se ao fluxo de energia e nutrientes através de um sistema ecológico. Tanto o ecossistema como o habitat têm caraterísticas abióticas e bióticas. O habitat é a caraterística do tipo de ambiente em que um organismo vive normalmente, por exemplo, um riacho pedregoso, uma floresta temperada de folha caduca, tapetes de cerveja da Baviera, etc. A abordagem do habitat à natureza é muito importante porque estuda o organismo e os factores não vivos que nele operam. Por conseguinte, conhecemos bem os organismos quando crescem em diferentes tipos de habitats na natureza. A abordagem do habitat é descritiva, pois descreve as condições ambientais e os organismos presentes em diferentes tipos de habitat.

A Habitat Ecology é uma empresa de consultoria ambiental que evoluiu após 35 anos de trabalho nos domínios da gestão de recursos naturais e da horticultura. A Habitat Ecology pode apoiar pedidos de desenvolvimento - através de uma avaliação rigorosa da flora e da fauna dos locais, de negociações com organizações governamentais estatais e locais, da abordagem das condições ambientais das licenças de planeamento e de contributos para os processos de planeamento do desenvolvimento. O conceito de habitat é diferente do conceito de ecossistema, uma vez que é sempre considerado do ponto de vista de um organismo individual.

O termo microhabitat é frequentemente utilizado para descrever as exigências físicas em pequena escala de um determinado organismo ou população. Um microhabitat é frequentemente um habitat mais pequeno dentro de um habitat maior. Por exemplo, um tronco caído no interior de uma floresta pode constituir um microhabitat para insectos que não se encontram no habitat florestal mais vasto fora desses troncos. O microambiente é a envolvente imediata e outros factores físicos de uma planta ou animal no seu habitat. O habitat humano é o ambiente em que os seres humanos existem e interagem. Por exemplo, uma casa é um habitat humano, onde os seres humanos dormem e comem.

7.2 ECOLOGIA DA ÁGUA DOCE

O estudo dos aspectos físicos, químicos, biológicos e geológicos da água doce é designado por limnologia. A ecologia da água doce é uma subcategoria especializada no estudo global do organismo e do ambiente. A ecologia enfatiza o estudo não só dos organismos, mas também da forma como estes reagem e são afectados pelo ambiente circundante. É possível descobrir informações vitais sobre a saúde e as necessidades das plantas e dos animais numa massa de água, ou seja, num sistema de água doce. A ecologia da água doce é o estudo das inter-relações entre os organismos de água doce e o seu ambiente natural e cultural.

Habitats:

Na ecologia de água doce, os habitats são clarificados em terras altas e terras baixas. Os habitats de terras altas são rios límpidos, frios, roliços e de caudal rápido nas zonas montanhosas, enquanto os habitats de terras baixas são rios quentes e de caudal lento, com água recentemente colorida por sedimentos e matéria orgânica. Os habitats de água doce ocupam uma porção relativamente pequena da superfície terrestre e são objeto de ensaios em comparação com os habitats.

Constituintes do ecossistema de água doce:

1. Plantas: As plantas são atróficas por natureza ou chamadas produtoras. Sintetizam os alimentos retirando energia dos compostos orgânicos através do processo de fotossíntese. As plantas e algumas bactérias também são chamadas de produtores primários.

2. Elementos e compostos: São absorvidos pelos organismos como fontes de alimento ou para a respiração. Muitos deles são também necessários para as plantas e são transmitidos ao longo do nível trófico das cadeias alimentares.

3. Consumidores: O organismo que se alimenta de outros organismos como fonte de alimento.

4. DecompositoresEstes organismos decompõem a matéria orgânica morta, conhecida como detritos, e retiram energia. Durante o processo, também libertam certos elementos e compostos necessários às plantas.

Factores abióticos e bióticos da ecologia de água doce:

1. Factores abióticos:

Estes são componentes não vivos que afectam os organismos vivos da comunidade de água doce. Quando um ecossistema está desocupado e estéril, os novos organismos que colonizam o ambiente dependem de condições ambientais favoráveis na área para lhes permitir viver e reproduzir-se. Estes factores ambientais são factores abióticos. Muitos factores abióticos podem desempenhar um papel na determinação do produto final.

A luz solar necessária para a fotossíntese

- A temperatura de um ambiente de água doce afecta a densidade das substâncias.
- As condições da água também têm inevitavelmente um efeito sobre a vida no ecossistema de água doce.

2. Factores bióticos:

Quando uma variedade de espécies está presente num ecossistema de água doce, as acções consequentes destas espécies podem afetar a vida de outras espécies na área; estes factores são chamados factores bióticos.

Classificação ecológica do organismo

1. Com base nos seus hábitos de vida:

Bentos significa fundos, perifíton, ou seja, agarrado a outras plantas, plâncton, ou seja, flutuante, nekton, ou seja, nadando, e Newton, ou seja, descansando ou nadando à superfície.

2. Com base nos nichos:

Os autótrofos, ou seja, os produtores, os fagótrofos, ou seja, os macroconsumidores e os saprotróficos, ou seja, os descompressores ou microconsumidores.

3. Com base na região específica onde crescem:

Zona litorânea, ou seja, região de águas pouco profundas, zona limnética, ou seja, zona de águas abertas, zona profunda, ou seja, zona de fundo e águas profundas.

Comunidades de água doce e águas lênticas:

Água lêntica significa água parada ou parada, como lagoa, pântano, pântano, etc. O aspeto das comunidades lênticas pode variar muito, desde uma pequena poça temporária até um grande lago.

- Animais de água parada:

- Os animais que vivem num meio aquático são diversificados para ocuparem os nichos ecológicos disponíveis no ecossistema. Os diferentes organismos encontram-se distribuídos em zonas distintas

1. **A Zona Profunda:** Uma área de água parada que não recebe luz solar e, portanto, não possui criaturas autotróficas. Nesta zona, os animais dependem da matéria orgânica para se alimentarem.
2. **A Zona Pelágica:** Encontra-se abaixo da superfície da água e é definida pela luz que está disponível para ela. Esta zona não inclui áreas perto da costa ou do fundo do mar.
3. **A Zona Bentónica:** É capaz de albergar um grande volume de organismos, uma vez que os sedimentos ricos em nutrientes e minerais estão disponíveis como fonte de alimento.

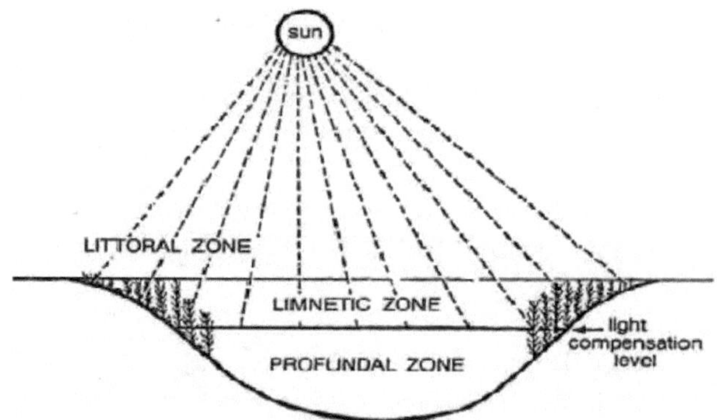

Fig. 7.1: As três zonas principais de uma massa de água doce como um lago

O epineuston (acima da superfície da água) e o hipo Neuston (abaixo da superfície da água) são outro nicho distinto da comunidade animal. Os animais do epineuston alimentam-se da vegetação hidrostática circundante. Aqui, pequenos animais caem na água a partir de

vegetação e comidos por animais epineus. Um coletivo de animais chamado Nekton vive nas regiões pelágicas e profundas, subindo à região pelágica para se alimentar destes animais epineústicos.

Plantas de água doce e nutrientes

As plantas precisam de vários nutrientes encontrados no solo rico em nutrientes e na água circundante para manter uma concentração de água adequada nas células vegetais. As plantas necessitam de uma série de microelementos como Mg, N, P e K, juntamente com C, H2O e O para a fotossíntese. Alguns destes elementos estão disponíveis na atmosfera, enquanto o CO2 é produzido a partir da decomposição de matéria orgânica. Alguns elementos são facilmente encontrados no solo, com nutrientes disponíveis a partir da matéria em decomposição, aumentando a fertilidade do solo.

Comunidades lóticas

As comunidades de água doce corrente são também conhecidas como comunidades lóticas. Estas comunidades são formadas a partir de várias fontes.

1. **Lençol freático:** É um lençol subterrâneo profundo que também pode fornecer água para a comunidade de água corrente.
2. **Água subterrânea:** A água absorvida pelo solo também pode entrar.
3. **Água de superfície subterrânea:** Água derivada da queda de chuva e que entra na comunidade de água corrente.
4. **Precipitação:** Uma parte da água na comunidade de água corrente presente como resultado da precipitação diretamente inteira nela.

Diferença entre lêntico e lótico:-.

1. A água move-se a uma determinada velocidade nas comunidades lóticas. Esta velocidade tem uma grande influência sobre os organismos que ocupam o ecossistema e sobre o nicho ecológico em que podem existir.
2. Nos cursos de água, o intercâmbio terra-água é relativamente mais extenso, o que resulta num ecossistema mais "aberto" e num tipo de metabolismo comunitário heterotrófico. Assim, os cursos de água formam um ecossistema aberto que está integrado nos sistemas terrestres e lênticos.
3. Nos cursos de água, existe geralmente uma maior uniformidade na tensão de oxigénio e pouca ou nenhuma estratificação térmica ou química.

Comunidades lóticas e algas:

A diversidade de espécies vegetais numa comunidade lótica é pequena em comparação com a de uma comunidade de águas paradas, apesar de pequenas partes da comunidade lótica apresentarem condições semelhantes às de uma comunidade lótica. As algas podem crescer em todo o tipo de locais e superfícies diferentes e, por conseguinte, são um constituinte bem sucedido com uma valiosa fonte de alimento. As algas aproveitam a nova energia do sol para o ecossistema, ou seja, as algas são um processo primário que fornece aos consumidores primários uma valiosa fonte de alimento.

Comunidades lóticas e animais:

O ambiente lótico oferece muitos microhabitats que simulam condições para muitos tipos de animais. Tal como as plantas, os animais deste ecossistema também sofreram uma adaptação evolutiva contínua. Alguns destes animais estão fixos num local e são geralmente pequenos; por exemplo, os protozoários e algumas esponjas de água doce.

Estes animais permanecem agarrados à água ou à rocha ou ao homem da planta. Obtêm o seu alimento através de tentáculos limpos que se ramificam na água corrente, formando uma área de captação que pode apanhar organismos microscópicos que flutuam a jusante, por exemplo, o plâncton.

Comunidades e plantações de água doce

Os plânctons são uma parte muito importante da comunidade de água doce que vive suspensa no meio aquático. Devido ao seu pequeno tamanho e simplicidade, são capazes de ocupar grandes extensões de água e de se multiplicar a um ritmo exponencial. É por isso que em quase todos os habitats dos ecossistemas de água doce se encontram milhares destes organismos.

Plânctons: 1. Fitoplâncton, **2.** Zooplânctons

I. Os fitoplânctons são plantas microscópicas que obtêm a sua energia da luz solar através da fotossíntese e, por conseguinte, fazem parte da comunidade de produtores de alimentos primários e contribuem para a reciclagem de elementos como o carbono e o enxofre.

II. Os zooplânctons são relativamente maiores do que os fitoplânctons. São constituídos principalmente por crustáceos e rotíferos e são relativamente pouco especializados, uma vez que o seu ambiente não resiste a grandes populações que possam existir no seu meio. Podem ficar suspensos na água devido a muitas adaptações evolutivas que impedem a sua morte.

Poluição no ecossistema de água doce:

As actividades dos seres humanos na sociedade têm um efeito no modo de vida de uma comunidade de água doce.

- Os produtos químicos tóxicos e nocivos provenientes da indústria ou os pesticidas das terras agrícolas, quando descarregados na água, podem afetar consideravelmente a comunidade de água doce. Uma concentração mais elevada de determinados produtos químicos tóxicos implica uma concentração mais baixa de produtos químicos essenciais (tóxicos) exigidos pelo organismo do ecossistema. Neste caso, o organismo não pode realizar a respiração e funcionar ao nível ótimo, reduzindo assim a biomassa global do ecossistema.
- Em muitas indústrias, a água quente é utilizada para arrefecer a maquinaria, que é removida através de um tubo de descarga para o rio. O aumento da temperatura pode afetar o nível de oxigénio que, por sua vez, afecta a respiração e, consequentemente, a vida. Devido à alteração da temperatura, a vida no ecossistema é afetada.
- A remoção da folhagem junto ao ecossistema de água doce permite que a água corrente atinja toda a sua capacidade. As chuvas intensas fazem com que o nível da água flutue muito, o que, por sua vez, também pode afetar consideravelmente a temperatura da água.
- A utilização recreativa das massas de água, como a canoagem, também tem o seu efeito. O lixo destas pessoas acumula-se na superfície da água e bloqueia a luz solar necessária aos produtos primários, o que, por sua vez, afecta todos os organismos que deles dependem.

7.3 ECOLOGIA MARINHA OU OCEANOGRAFIA

O oceano é o maior bioma da biosfera. É o primeiro local onde a vida evoluiu pela primeira vez. O ecossistema oceânico contém uma maior diversidade de formas de vida do que o ecossistema terrestre. Mesmo o número de espécies marinhas é quase 100 vezes superior ao da terra e a descoberta de novas formas de vida é um processo contínuo. A fotossíntese marinha restringe-se à camada superior do oceano, enquanto a maior parte do oceano é ocupada por um ecossistema escuro. Os oceanos são chamados o berço da vida, onde o organismo se desenvolveu mais cedo.

Como ecossistema, o oceano tem uma configuração tridimensional distinta, quando comparado com a terra, para suportar a vida num ecossistema; o habitat disponível é 300 vezes maior do que o disponível para suportar a vida em terra. A descoberta da vida é um processo ainda em curso e o oceano ainda esconde descobertas que ainda estão por fazer. As descobertas serão feitas no interior do organismo mais pequeno, mas também em algumas camadas, incluindo organismos gigantes que nunca foram observados vivos. Por conseguinte, podemos dizer que a descoberta de diversas formas de vida e espécies em terra. Este facto leva a uma compreensão insuficiente dos padrões de biodiversidade nos oceanos.

O mar não é um ambiente único. Está subdividido em ecossistemas distritais, tanto na sua composição abiótica como biótica. A salinidade aumenta nas zonas mais quentes do oceano, enquanto diminui perto das zonas polares. Os factores determinantes mais importantes dos ecossistemas marinhos são: a profundidade da água, a distância da costa e a drenagem dos glaciares e dos rios.

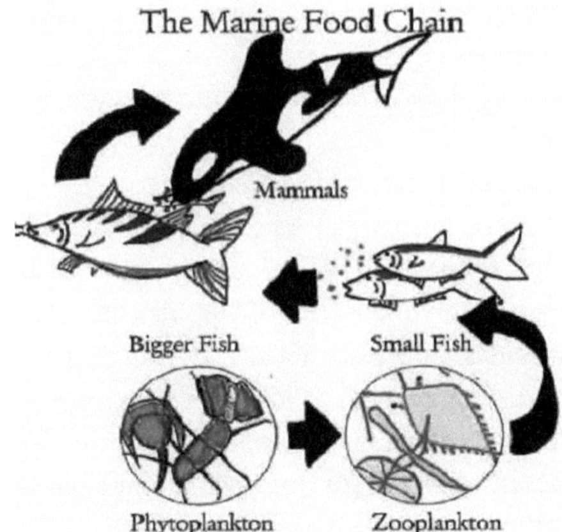

As caraterísticas ecológicas do ecossistema marinho são:

1) Devido à tensão do vento criada pelas diferenças de temperatura do ar entre os pólos e o equador, o mar está em circulação contínua.
2) Todos os oceanos estão ligados entre si e o mar é profundo, contínuo, não separado como a terra e a água doce. A temperatura, a salinidade e a profundidade são as principais barreiras à livre circulação dos organismos marinhos.

3) O mar é grande e cobre quase **70%** da superfície terrestre. É dominado por vários tipos de ondas e marés produzidas pela atração da lua e do sol.
4) Uma vez que os nutrientes dissolvidos se encontram em baixa concentração, existe um problema na determinação do tamanho da população marinha.
5) Os principais sais presentes no mar são os cloretos, sulfatos, bicarbonatos, carbonatos e brometos de sódio, magnésio, cálcio e potássio. Destes, o cloreto de sódio está presente em quantidade máxima.

Habitat marinho ou zonas no mar:

Tal como nas lagoas e nos lagos, o mar também apresenta uma zona distrital. A principal divisão de habitat no ecossistema marinho é entre o ecossistema bentónico e o pelágico. Bentónico significa associado ao fundo do mar e pelágico significa suspenso na coluna de água. Consoante a profundidade, tanto o habitat bentónico como o pelágico podem ser divididos numa série de camadas.

Zona Nerítica: A zona de águas pouco profundas na plataforma continental na zona nerítica ou próxima da costa.

Zona intertidal: É também conhecida como zona litoral. A zona entre a maré alta e a maré baixa é designada por zona intertidal.

Região oceânica: A região do mar aberto para além da plataforma continental é designada por região oceânica.

1. Compreende a região do talude continental e da elevação (como mostra a figura), conhecida como zona batóloga.
2. Área das "profundezas" do oceano conhecida como região abissal.
3. A zona de compensação de luz que separa uma zona eufótica superior de uma zona afótica muito mais espessa.

   Podem ocorrer zonas secundárias afóticas, tanto horizontais como verticais, dentro destas zonas primárias.

Comunidades marinhas ou biodiversidade marinha

Os organismos da comunidade marinha apresentam uma grande diversidade na sua forma. A diversidade das formas de vida animal é particularmente grande no oceano. Aqui estão presentes trinta e quatro dos trinta e sete filos animais. O número de espécies animais marinhas conhecidas parece ser apenas **2%** do número de espécies terrestres, apesar do maior espaço disponível para a vida no oceano.

Alguns organismos como celenterados, esponjas, equinodermes, anelídeos, etc., ausentes ou pouco representados na água doce, são muito importantes na água marinha. Os crustáceos, as molucas, a variedade de algas e os peixes são mais numerosos nas águas marinhas. Os insectos não estão geralmente presentes e os crustáceos constituem a chamada inspeção do mar, com exceção da zostera, a erva marinha, as plantas com sementes têm pouco valor no mar. Os produtores do ecossistema marinho são principalmente as diatomáceas e os dinoflagelados fitopatogénicos. As algas verdes, castanhas e vermelhas são produtos vitais, dos quais as algas castanhas e vermelhas são consumidores.

Os consumidores do ecossistema marinho são:- Zooplâncton, Newton bentónico e News ton & active.

1. **Os zooplânctons** são de vários tipos, mas apenas o haloplâncton permanece durante todo o ciclo de vida. Os exemplos são a prototipagem de ênfase em barbatanas de gelatina flutuante livre prochalte warm tec.
2. **Os bentos** são em grande número e são animais essenciais ou relativamente activos na região. Por exemplo: - tigre, escaravelho. Caranguejos Barnala, mexilhões, conchas de clãs, anémonas do mar, etc. Encontram-se nas zonas supratidais intertidais legendadas.
3. **Newton e News ton**: Estes são animais nadadores que incluem peixes, tartarugas e aves marinhas, mamíferos como Whalen, sementes, etc.
4. **Bactérias**: Estão presentes em dez quantidades principalmente nos sedimentos. Figura e éster não são muito importantes neste tipo de habitat.

Os ecossistemas marinhos em torno da Índia peninsular são constituídos pelo Oceano Índico, o Mar Arábico e a Baía de Bengala. Na zona costeira, o mar é pouco profundo, ao passo que, mais longe, é profundo. Os produtores deste ecossistema variam de algas microscópicas a grandes algas marinhas. Existem milhões de zooplâncton e uma grande variedade de invertebrados de que se alimentam os peixes, as tartarugas e os mamíferos marinhos. As zonas pouco profundas perto de Kutch e em redor das ilhas Andaman e Nicobar são alguns dos recifes de coral mais incríveis do mundo. Os recifes de coral só perdem para as florestas tropicais sempre verdes em termos de riqueza de espécies. Peixes, medusas, crustáceos, estrelas-do-mar e os pólipos que depositam os corais são apenas algumas das milhares de espécies que formam este incrível mundo sob os mares pouco profundos. Existem muitos tipos diferentes de ecossistemas costeiros, que são altamente dependentes da maré. O ecossistema marinho é utilizado pelos pescadores costeiros para a pesca, que é o seu meio de subsistência. No passado, a pesca era efectuada a um nível sustentável e o ecossistema marinho continuava a manter a sua abundante oferta de peixe ao longo de muitas gerações. Atualmente, com o crescimento da pesca intensiva através da utilização de redes gigantes e barcos mecanizados, as capturas de peixe no Oceano Índico diminuíram significativamente.

7.4 ECOLOGIA ESTUARINA

Um estuário é um lugar fascinante, desde as maiores caraterísticas da paisagem até ao mais pequeno organismo macroscópico. Onde há estuários, os rios encontram-se com o mar, tanto o oceano como a terra contribuem para o encontro com o mar, tanto o oceano como a terra contribuem para um ecossistema único de plantas e animais especializados que apresentam uma beleza única.

Um estuário é um corpo de água costeiro semi-fechado que tem uma ligação livre com o mar, fortemente afetado pela ação das marés, e com o qual a água do mar é misturada com água doce proveniente de descargas terrestres.

Por conseguinte, os estuários podem ser considerados zonas de transição ou ecossistemas entre a água doce e o habitat marinho. Os estuários mudam com as marés.

A água que entra parece trazer de volta à vida os organismos que se abrigaram da sua ênfase temporária no mundo não aquático. Estes estuários são sistemas ecológicos influenciados pelas marés, onde o rio se encontra com o mar e a água doce se mistura com a água salgada.

Esclarecimento sobre os estuários:-

1. Com base na geomorfologia, os estuários são:
   i. Vales de rios afogados.
   ii. Estuários do tipo Ford.
   iii. Estuários construídos em barras.
   iv. Estuários produzidos por processos tectónicos.
   v. O rio detém os estuários.
2. Com base na circulação e estratificação da água:
   i. Estuários altamente estratificados ou em cunha salina.
   ii. Particularmente misto ou moderadamente estratificado certo.
   iii. Estuários completamente mistos ou verticalmente homogéneos.
   iv. Estuários hiper-vivos.
3. Com base no ecossistema energético:
   i. Sistema fisicamente stressado de grande amplitude latitudinal.
   ii. Ecossistema acético natural com corrente de gelo.
   iii. Ecossistema costeiro temperado natural com programação sazonal.
   iv. Ecossistema costeiro natural tópico de grande diversidade.
   v. Novo sistema emergente associado aos homens.

Categorias de estuários baseadas em critérios ecológicos muito importantes:

1. **Estuários da planície costeira:** São vales fluviais inundados que se formam à medida que o nível do mar invade os vales fluviais existentes.
2. **Estuários construídos por barras:** São formados pela formação de uma barra acústica em frente à foz do rio. São separados do oceano por praias-barreira que se encontram junto à costa
3. **Delta:** Os deltas formam-se quando os sedimentos são depositados na foz pelo rio.
4. **Estuários Tectónicos:** Formam-se quando a falha geológica ou a dobragem resultam num aprofundamento.
5. **Fiordes:** São vales murados e adormecidos, escavados por falácias que avançam e por retiros mais escamosos.

- Termos de importância dos estuários
- **Habitat:** Milhares de aves, mamíferos, peixes e outros animais selvagens dependem dos estuários. Por conseguinte, constituem o seu habitat.
- **Viveiro:** Muitos organismos marinhos, a dada altura do seu desenvolvimento, encontram-se nos estuários, incluindo a maioria das espécies de peixes com valor comercial.
- **Produtividade:** Os estuários são mais quentes do que o oceano circundante durante o verão. Um estuário saudável e não cuidado produz de baixo a 10 vezes o peso da

matéria orgânica produzida por um campo de cultivo do mesmo tamanho. Por conseguinte, são produzidos níveis elevados de nutrientes. Uma vez que existem marés pouco profundas, a produção primária é, por conseguinte, muito rica em rolos.

- **Filtragem da água:** Uma carga de sedimentos e nutrientes é expulsa pela água que sai das terras altas. À medida que a água flui através da turfa salgada e dos derivados, a malha de puré cresceu em Bladen, grande parte da carga de sedimentos e nutrientes é eliminada. A este processo de filtração chama-se limpeza e água límpida.
- **Controlo das inundações:** O solo de malha salina e as gramíneas absorvem a água das cheias e as tempestades desesperadas. Os estuários dominados pela malha salina constituem um tampão natural entre a terra e o oceano.
- A sobrevivência do organismo é influenciada por dois factores importantes: factores vivos (bióticos) e factores não vivos (bióticos).
- **Factores abióticos:** Afectam o processo de vida de um organismo e, por conseguinte, limitam a sua distribuição e abundância. No ecossistema dos estuários, estes factores são os seguintes
- **Luz:** As plantas utilizam a energia da luz solar para converter a água e o CO2 em deltas cruzados e o2 através de uma série de reacções químicas denominadas fotossíntese.
- **Oxigénio e água:-O oxigénio** é necessário para a respiração e nenhum organismo permanece biológico por ação da água. A respiração liberta a energia química armazenada para alimentar o processo de vida do organismo.
- **Nutrientes:** São necessários para o bom funcionamento de um organismo. Os principais nutrientes, como o azoto e o fósforo, são necessários em quantidades iguais.

SALINIDADE: Num estuário, o teor de sal da água flutua continuamente ao longo do ciclo das marés. No mundo natural, as substâncias sólidas, como o sal, encontram-se frequentemente dissolvidas na água. A salinidade varia radicalmente nas salinas devido à evaporação e à precipitação e diminui drasticamente no curso superior dos rios estuarinos, onde a influência das marés é menor. Os organismos que passam toda a sua vida em estuários precisam de ser capazes de responder a grandes variações rápidas de salinidade.

ESPAÇO: O espaço é um recurso precioso explorado pelos seres vivos porque muitos animais necessitam de uma certa quantidade e tipo de espaço para satisfazer as suas necessidades. Apesar da simples ligação física, os animais precisam de espaço para nidificar, recolher alimentos, passar o inverno e esconder-se dos predadores.

TEMPERATURA: Uma vez que a temperatura influencia as taxas metabólicas das plantas e dos animais e afecta as suas taxas de crescimento e reprodução, tem um grande impacto sobre eles. As áreas geográficas dos animais são frequentemente definidas pela temperatura, e muitas espécies respondem às mudanças sazonais de temperatura aclimatando-se às mudanças ou afastando-se delas.

Factores bióticos: Trata-se de interações entre os seres vivos que afectam a sobrevivência das espécies. Uma complexa rede de factores bióticos controla a abundância e a distribuição dos organismos.

PREDAÇÃO: É uma força selectiva importante na evolução animal. Na predação, um organismo mata e consome outro. A predação fornece energia para prolongar a vida e promover a reprodução do organismo que mata, o predador, em detrimento do organismo que está a ser consumido, a presa. Por exemplo, os herbívoros comem plantas, sementes e/ou frutos. Os carnívoros comem animais.

COMPETIÇÃO: ocorre entre organismos que utilizam um recurso que é finito e pode ocorrer entre membros de espécies diferentes ou da mesma espécie. Os organismos competem por alimentos, luz, nutrientes, água ou mesmo polinizadores.

PARASITISMO: No parasitismo, um organismo individual, o parasita, consome nutrientes de outro organismo, o seu hospedeiro, resultando numa diminuição da aptidão do hospedeiro. Em casos graves, os parasitas podem causar doenças no organismo hospedeiro; nestas situações. Chamamos-lhes agentes patogénicos.

Habitats e comunidades estuarinas:

Existem vários habitats diferentes no ecossistema estuarino, como o rio, a planície de maré, o sapal e a salina. Um rio pode ser a força vital de um estuário. Os pântanos salgados altos e baixos são pontilhados por poças de água salgada, de forma e tamanho irregulares, que desempenham um papel importante na ecologia do pântano. Cada um destes habitats estuarinos tem uma comunidade única associada, mas todos os habitats e comunidades estão interligados.

A. A comunidade fluvial

1. Salinidade:

Os cientistas classificam os sistemas aquáticos de acordo com a salinidade porque diferentes Biotas, ou conjuntos de seres vivos, estão associados a diferentes níveis de salinidade. Em todos os estuários, a salinidade aumenta em direção ao oceano, mas também pode variar com a profundidade em qualquer ponto ao longo do rio. A água salgada, que contém sólidos dissolvidos, é mais densa do que a água doce. Assim, quando a água salgada e a água doce se encontram, como num estuário, a água doce flutua frequentemente em cima da água salgada, formando uma "cunha salina". Muitos rios mais pequenos, no entanto, não apresentam o efeito de cunha devido à sua estreiteza, pouca profundidade.

2. Detritos:

A maior parte das plantas dos sapais morre sem ser consumida e os seus restos em decomposição tornam-se o principal componente dos materiais orgânicos que constituem os detritos. Quando um rio inunda as suas margens na preia-mar, apanha estas pequenas partículas de plantas e animais em decomposição, que ficam suspensas na coluna de água e fornecem os nutrientes básicos para a teia alimentar estuarina.

3. Organismos aquáticos

Os organismos aquáticos, plantas e animais que vivem na água, podem ser divididos em dois grupos gerais: o nekton e o plâncton. O nekton são todos os animais aquáticos que podem nadar através da água contra as correntes, como os mamíferos marinhos, peixes, lulas e alguns crustáceos. O plâncton, por outro lado, são todos os organismos aquáticos que não podem nadar através da coluna de água, mas são transportados de um lugar para outro pelas correntes.Pode ser dividido em dois grupos: fitoplâncton, que são plantas; e zooplâncton, que são animais.Se imaginarmos o rio como um campo, então o fitoplâncton é a grama e alguns tipos de zooplâncton são as ovelhas. Estes zooplânctons "ovelhas" são herbívoros, enquanto outros são carnívoros que comem outros zooplânctons.Os copépodes (um tipo de crustáceo) são um dos zooplânctons herbívoros mais comuns.Os cladóceros são carnívoros que comem outros zooplânctons.As medusas são um dos tipos mais familiares de zooplânctons carnívoros.Na teia alimentar aquática estuarina, os peixes e os mamíferos marinhos ocupam a maioria dos níveis tróficos acima do plâncton.

A zona intertidal: Lodaçais e areais

Num estuário que tem um rio a desaguar nele, esse rio tem frequentemente um fundo que se desloca e se esboroa. Ao atravessá-lo, os pés escorregam na areia ou afundam-se na lama. Ao longo do rio há manchas de lodo, areia, lama ou talvez paralelepípedos. Estes sedimentos foram erodidos das terras altas ou arrastados pelo mar. Estão constantemente a ser retrabalhados em novas barras e canais no leito do rio. Não há como confundir a maré baixa num estuário. O seu nariz alerta-o assim que sente o cheiro a plantas apodrecidas dos lodaçais intertidais, dos bancos de areia e dos pântanos expostos. À primeira vista, um lodaçal exposto pode parecer estéril e desprovido de vida. Mas se olhar mais de perto, verá inúmeros buracos, rastos e conchas, prova de todos os animais escavadores que habitam as planícies.

A primeira camada encontra-se à superfície, onde as diatomáceas e as algas marinhas recebem a luz necessária para as reacções fotossintéticas. A segunda camada de produtividade primária situa-se abaixo da superfície, onde as bactérias vivem nos sedimentos anóxicos (sem oxigénio). Algumas destas bactérias são capazes de fazer quimiossíntese, um processo equivalente à fotossíntese na medida em que produz matéria orgânica, mas diferente na medida em que requer certos compostos químicos em vez de luz.

C. Pântano salgado

Os sapais são um tipo comum de zona húmida de extrema importância para o equilíbrio de certos ecossistemas estuarinos, dominados por importantes gramíneas que fornecem alimento e abrigo aos organismos marinhos residentes permanentes e transitórios do estuário. Os sapais dividem-se em duas zonas básicas: o sapal alto e o sapal baixo, que são definidas por diferenças de inundação e de salinidade do solo. As gramíneas dos sapais são consideradas de baixo valor nutritivo e contêm compostos tóxicos; assim, mesmo com todos estes consumidores, pouca vegetação é consumida. Em vez disso, a maior parte das plantas morre e é depositada no solo, transformando-se em turfa. Alguns pedaços das plantas são depois arrastados para a água e transformam-se em detritos, partículas em decomposição revestidas de bactérias, que servem de base nutritiva para a teia alimentar estuarina. Os detritos são consumidos por filtradores, como as amêijoas, detritívoros, como os mumichogs, e depositadores, como os vermes poliquetas. Em geral, os estuários são conhecidos por albergarem uma grande quantidade de animais aquáticos e aviários, em vez de animais terrestres.

D. Pannes de sal

Os pannes salgados, poças de água que pontilham a superfície do pântano, são uma caraterística importante de alguns estuários. Acredita-se que a criação de pannes começa quando algo mata uma área de erva, quer sejam blocos de gelo durante o inverno, que retiram manchas de vegetação da superfície do pântano, quer sejam tapetes de detritos que protegem as plantas da luz solar. O que fica para trás é uma área de turfa não vegetada exposta ao sol, que evapora a água do solo. Esta zona torna-se extremamente salina e inóspita à descolonização pelas plantas. A turfa afunda-se e forma-se uma depressão cheia de água, ou panne. A erva-de-vidro e a erva-espiga são duas espécies de plantas que se adaptaram às condições inóspitas das manchas nuas do pântano. A erva-de-vidro tolera facilmente as salinidades mais elevadas do solo. A erva-espiga evita a salinidade e a secura recebendo água através de corredores subterrâneos de plantas individuais que vivem fora da mancha nua. Quando a erva-de-vidro e a erva-espiga colonizam uma mancha nua, sombreiam o solo, reduzindo a evaporação e a salinidade. Outras plantas - geralmente a erva-de-são-joão, Spartinaalterniflora, ou a erva-sal, Spartina patens - podem então invadir, impedindo a formação de panne.

Ecossistemas circundantes do estuário

Uma vez que os ecossistemas estão intimamente associados à saúde e à produtividade dos estuários, é importante compreender os ecossistemas que rodeiam o estuário Um estuário é um corpo de água semi-fechado, sensivelmente diluído pela água doce que nele flui. Um estuário termina geralmente na foz de um rio. O oceano não faz parte de um estuário. Os litorais rochosos, as praias-barreira, as terras altas e outras zonas circundantes têm grande influência no ecossistema estuarino. As terras altas, que formam a extremidade superior de uma bacia hidrográfica estuarina, têm uma grande influência na sua saúde.

1. Águas abertas

Durante a troca de águas das marés, ocorrem interações entre as águas abertas e os estuários que ladeiam a costa. Quando as espécies estuarinas se aventuram em águas abertas para se alimentarem ou desovarem, ocorrem interações biológicas. Inversamente, muitos organismos de águas abertas entram nos estuários pelas mesmas razões, e as larvas destas espécies dependem dos estuários como viveiros. A sobrevivência de numerosas espécies de águas abertas, incluindo muitas espécies de peixes comerciais, é afetada quando os estuários são degradados por influências humanas como a poluição e o desenvolvimento. **2. Praias-barreira**

As praias-barreira desempenham um papel importante na criação e sobrevivência de alguns estuários. Protegem o estuário e as terras altas das ondas e da erosão, quebrando o impacto das ondas do mar, facilitando a formação de pântanos e tornando o estuário um refúgio calmo para os animais. As praias-barreira são constantemente deslocadas para terra pela subida do mar. Ondas e correntes poderosas retrabalham persistentemente as areias. À medida que o nível do mar sobe, as ilhas-barreira e as enseadas fluviais migram e são continuamente remodeladas. As pessoas ficam muitas vezes angustiadas quando isto acontece, porque pode significar a destruição de imóveis caros à beira-mar. As pessoas tentam contrariar este fenómeno construindo elaborados quebra-mares e molhes. No entanto, os seus esforços são inevitavelmente inúteis e, muitas vezes, criam uma erosão mais grave ao redirecionar a energia das ondas. A erosão e a deposição de praias-barreira são uma parte fundamental e muito poderosa do sistema natural. Uma série de praias-barreira alinha-se em grande parte da costa atlântica dos Estados Unidos. Estas caraterísticas únicas são fitas de areia que se encontram a uma curta distância da costa, muitas vezes separadas da terra por estuários cheios de pântanos. Podem estar ligadas ao continente num ou mais pontos, ou podem ser ilhas. Os organismos da costa rochosa estão estratificados em zonas que reflectem as adaptações das espécies a factores abióticos e bióticos.

O litoral, ou face da praia, é a parte mais agreste do habitat. Os factores abióticos dominantes são a ação das ondas e um substrato móvel, a areia. Para poderem viver na praia, os organismos devem ser capazes de tolerar estas condições.

Os animais que sobrevivem na zona de arrebentação, a zona intertidal entre a maré alta e a maré baixa, estão adaptados para se enterrarem profundamente na areia ou para voltarem a enterrar-se rapidamente depois de terem sido expostos por uma onda. Mais acima na praia, encontra-se a linha de algas, madeira e conchas lançadas à terra pelas ondas. Os isópodes e os anfípodes (pequenos crustáceos) podem ocupar esta região, tirando partido do alimento e da sombra oferecidos pela linha de algas. Atrás da linha da frente das espécies pioneiras, plantas com elevada tolerância ao sal que colonizam uma área, encontram-se normalmente as espécies dunares frontais e as espécies construtoras de dunas. Estas plantas constroem dunas quebrando o fluxo do vento, de modo a que a areia se deposite no solo à sua volta. Estas espécies estão adaptadas à acumulação de areia.

4. Manguezais

Os mangais crescem ao longo das margens de muitos estuários e, nalguns locais, formam extensas florestas. Os riachos ladeados por mangais são habitats importantes para peixes, caranguejos, aves e outros animais. As árvores dos mangais fornecem grandes quantidades de matéria orgânica, que é consumida por muitos pequenos animais aquáticos. Por sua vez, estes animais fornecem alimento para peixes maiores e outros animais. Os mangais também ajudam a manter a qualidade da água, filtrando o lodo do escoamento e reciclando nutrientes. Os mangais também desempenham um papel vital na proteção das costas contra tempestades, ciclones, tsunamis e condições de vento e ondas. Uma costa de mangue é uma espécie de pântano salgado tropical, fornecendo um habitat costeiro produtivo onde os peixes juvenis procuram segurança antes de atingirem a maturidade e onde um grande número de outros organismos marinhos fazem as suas casas. Os mangais também servem como escudos valiosos contra as violentas tempestades que frequentam a região. A intrincada conglomeração das raízes dos mangais ajuda a filtrar os poluentes que fluem para as águas costeiras e a evitar a erosão excessiva, através da estabilização dos sedimentos. Surpreendentemente, os mangais reabastecem e constroem a massa terrestre, estabilizando a lama e outros sedimentos que, de outra forma, se perderiam na água através da sedimentação.

5. Terras altas

O oceano não tem qualquer efeito direto sobre as terras altas que se encontram acima das marés mais altas, exceto talvez através de inundações ou do sal soprado pelo vento em tempestades fortes ocasionais. Os solos firmes e relativamente secos suportam árvores, arbustos e ervas, que por sua vez fornecem abrigo e alimento aos animais. Embora as terras altas não façam parte do estuário, influenciam-no. Antes de chegarem ao estuário, as águas subterrâneas e as águas de escoamento fluem através e sobre os solos das terras altas. Os pesticidas, fertilizantes e poluentes presentes nas terras altas acabam por ser transportados para o estuário. Os animais das terras altas aventuram-se frequentemente no estuário para se alimentarem, o que constitui um exemplo de interligação de habitats. As terras altas são fisicamente muito mais estáveis do que o pântano, e há mais variedade na paisagem, pelo que há mais espécies capazes de aí sobreviver.

O passado dos nossos estuários

Os primeiros habitantes humanos da maioria dos habitats estuarinos dos Estados Unidos foram os nativos americanos. O estilo de vida de caça e pesca dos nativos americanos harmonizava-se com o mundo natural, uma vez que eles tiravam e davam à terra dentro dos limites de um ciclo sustentável. No entanto, com a chegada dos europeus, os novos conceitos de propriedade privada da terra e o desmatamento generalizado para construção e agricultura representaram sérias ameaças aos estuários, que se tornaram um ponto focal de atividade. As explorações agrícolas utilizavam frequentemente o feno salgado dos pântanos como forragem para o seu gado. Para limitar a ação das marés e desenvolver vastas áreas de pastagens frescas, as barragens e as comportas de maré tornaram-se instrumentos frequentemente utilizados.

Em meados deste século, cinquenta por cento de todos os estuários da costa atlântica tinham sido alterados de alguma forma pelas actividades humanas. No final dos anos 60, começou a surgir uma visão diferente dos estuários. O declínio de importantes unidades populacionais de peixes e uma nova suspeita dos impactos dos poluentes no ambiente criaram a necessidade de compreender melhor não só os ecossistemas estuarinos, mas também os ecossistemas e a ecologia em geral. Um grande número de programas federais, estatais e privados responderam a esta preocupação desde então, com leis que ditam uma utilização mais responsável das áreas estuarinas

Impactos actuais

A poluição é um problema generalizado e em grande parte invisível nos estuários. Sem dúvida que foram tomadas medidas positivas para reduzir os impactos humanos nestas zonas costeiras, mas mesmo assim os ecossistemas estuarinos continuam a ser afectados por problemas de poluição altamente prejudiciais. O lixo marinho, como as bactérias coliformes, o excesso de nutrientes provenientes dos fertilizantes, os metais pesados, o cloro, os derivados do petróleo, os biocidas (pesticidas e herbicidas), os compostos sintéticos, os sedimentos e as alterações de temperatura provocadas pela descarga das águas de arrefecimento das centrais eléctricas. Os poluentes são introduzidos nos estuários a partir de entradas localizadas, como canalizações, instalações industriais, sistemas de esgotos, derrames de petróleo de navios-tanque e empreendimentos de aquicultura, ou a partir de entradas indistintas que não têm uma fonte claramente definida, como o escoamento de produtos petrolíferos das estradas ou de pesticidas das terras agrícolas. São mais difíceis de detetar e controlar. Os esforços governamentais para dissuadir estes poluidores são dificultados pelo seu elevado número. A poluição pode ser reduzida através de esforços individuais ou colectivos para evitar ou eliminar práticas insensíveis ao ambiente.

7. 5 ECOLOGIA TERRESTRE

Está ligado ao estudo dos organismos que crescem na terra, que é muito variável tanto em termos de tempo como de geografia. Os ecossistemas terrestres no seu estado natural encontram-se em diferentes tipos de florestas, pradarias, zonas semi-áridas, desertos e costas marítimas. Nos locais onde a terra é intensivamente utilizada, estes foram gradualmente modificados ao longo de vários milhares de anos para regiões agrícolas e pastoris.

Seguem-se as condições ambientais do habitat terrestre em comparação com a água:

- No ar, as variações de temperatura e os extremos são mais pronunciados do que na água.
- Os processos como a evaporação e a transpiração são de grande importância na vida das plantas terrestres porque a humidade se torna o principal fator limitante.
- A rápida circulação do ar em todo o globo resulta numa mistura pronta e em teores mais ou menos constantes dos principais gases, o oxigénio e o dióxido de carbono.
- Não há continuidade no terreno.
- O solo é a fonte de nutrientes altamente variáveis, como nitratos, fosfatos, etc., mais do que o ar. Assim, podemos concluir que o clima (temperatura, humidade, luz, etc.) e o substrato (fisiografia, solo, etc.) são grupos de factores importantes na natureza das comunidades e ecossistemas terrestres.

As comunidades

Produtores

Os produtores são principalmente as grandes plantas verdes enraizadas, com várias formas de vida, tanto herbáceas como lenhosas. Trata-se de gramíneas, arbustos e árvores. Os produtores têm sido designados de várias formas, como por exemplo outros termos populares são hidrófito (húmido), mesófito (húmido), xerófito (seco) e halófito (salgado).

Consumidores

Os macroconsumidores são pequenos organismos como insectos e outros artrópodes, bem como herbívoros de maiores dimensões como mamíferos, aves, etc. Os microconsumidores são principalmente bactérias, fungos, actinomicetos e protozoários do solo. Assim, os decompositores estão bem desenvolvidos nos ambientes terrestres, tanto no ar como no solo. Para o estudo dos subsistemas de vegetação dos habitats terrestres, foram desenvolvidos vários métodos fitossociológicos. Os permeados dos ambientes terrestres, que incluem as aves, os mamíferos e os insectos voadores que se deslocam livremente entre estratos e subsistemas, correspondem ao nekton dos habitats aquáticos.

As comunidades terrestres são geralmente reconhecidas como unidades maiores, ou seja, biomas. De seguida, apresentam-se os principais biomas do mundo:

1. Tundra
2. Biomas da Floresta de Coníferas do Norte
3. Biomas de florestas de coníferas temperadas húmidas
4. Biomas de floresta decídua temperada
5. Biomas de florestas subtropicais de folha larga sempre verdes
6. Biomas de pradarias temperadas
7. Biomas de savana tropical
8. Biomas do deserto
9. Biomas de Chaparral
10. Biomas das florestas tropicais
11. Biomas tropicais de zimbro
12. Biomas de matagal tropical e floresta decídua

No passado recente, foram rapidamente convertidos em ecossistemas agrícolas de regadio intensivo ou em centros urbanos e industriais. Embora isso tenha aumentado a produção de alimentos e forneça a matéria-prima para os bens de "consumo" que utilizamos, a utilização excessiva e incorrecta da terra e dos ecossistemas naturais conduziu a uma grave degradação do nosso ambiente. A utilização insustentável do solo, da água, da lenha, da madeira das florestas, das gramíneas e das ervas dos prados para pastagem e a queima repetida da erva degradam estes ecossistemas naturais. Do mesmo modo, a utilização incorrecta dos recursos pode destruir os serviços que os ecossistemas naturais prestam. Estes processos da natureza - como a fotossíntese, o controlo do clima, a prevenção da erosão do solo - são perturbados por muitas actividades humanas. Quando a população humana era pequena, a maioria dos ecossistemas podia suprir todas as nossas necessidades. Os recursos eram assim utilizados de forma sustentável". Como o "desenvolvimento" industrial levou a um aumento muito grande do consumo de recursos, os ganhos económicos a curto prazo para as pessoas tornaram-se um indicador de progresso, em vez dos benefícios ecológicos a longo prazo. O resultado foi uma "utilização não sustentável" dos recursos naturais. Assim, as florestas desaparecem, os rios secam, os desertos começam a espalhar-se e o ar, a água e o solo tornam-se cada vez mais poluídos como subprodutos do desenvolvimento. O próprio bem-estar humano é assim gravemente afetado.

Tipos de ecossistemas terrestres

1. Ecossistema de pastagem
2. Ecossistema florestal
3. Ecossistema do deserto

Com base nestes ecossistemas, vamos agora discutir a Ecologia dos Prados, a Ecologia das Florestas e a Ecologia dos Desertos.

7.6 ECOLOGIA DOS PRADOS

Os prados ocupam uma área comparativamente menor, cerca de 19% da superfície terrestre. Os prados cobrem áreas onde a precipitação é geralmente baixa e/ou a profundidade e a qualidade do solo são fracas. A baixa pluviosidade impede o crescimento de um grande número de árvores e arbustos, mas é suficiente para suportar o crescimento da cobertura vegetal durante a monção. Muitas das gramíneas e outras ervas pequenas secam e a parte acima do solo morre durante os meses de verão.

Ecossistemas de pastagem

Uma vasta gama de paisagens, em que a vegetação é predominantemente constituída por gramíneas e pequenas plantas anuais, está especificamente adaptada às várias condições climáticas da Índia. Estas formam uma variedade de ecossistemas de prados com as suas plantas e animais específicos. Uma variedade de gramíneas, ervas e várias espécies de insectos, aves e mamíferos evoluíram de forma a estarem adaptados a estas áreas cobertas de erva. Estes animais são capazes de viver em condições em que o alimento é abundante após as chuvas, de modo a poderem armazená-lo como gordura que utilizam durante o período seco, quando há muito pouco para comer. O homem começou a utilizar estes prados como pastagens para alimentar os animais vivos quando os animais foram domesticados e, assim, tornou-se um pastor nos tempos antigos.

Componente abiótico

Estes são os nutrientes presentes no solo e no ambiente aéreo. Assim, os elementos como C, H, 0, N, P, S, etc. são fornecidos pelo dióxido de carbono, água, nitratos, fosfatos e sulfatos, etc., presentes no ar e no solo da zona. Além disso, para além dos elementos acima referidos, alguns oligoelementos estão também presentes no solo.

Componente biótico

Produtores : São principalmente gramíneas, como espécies de Dichanthium, Cynodon, Desmodium, Digitaria, Dactyloctenium, Brachiaria, Setaria, Sporobolus etc. Para além destas, algumas forbes e arbustos também contribuem para a produção primária.

Consumidores: Estes ocorrem na seguinte sequência: Os consumidores primários são os herbívoros que se alimentam de gramíneas, principalmente animais de pasto como vacas, búfalos, veados, ovelhas, coelhos, ratos, etc. Além deles, estão também presentes alguns insectos como Leptocorisa, Dysdercus, Oxyrhachis, Cicincella, Coccinella, algumas térmitas e milípedes, etc., que se alimentam das folhas das gramíneas. Os consumidores secundários são os carnívoros que se alimentam de herbívoros. Estes incluem animais como a raposa, os chacais, as cobras, as rãs, os lagartos, as aves, etc.

Por vezes, os falcões alimentam-se dos consumidores secundários, ocupando assim o nível dos consumidores terciários na cadeia alimentar.

Decompositores Os micróbios activos na decomposição da matéria orgânica morta de diferentes formas de vida superior são os fungos, como as espécies de Mucor, Aspergillus, Penicillium, Cladosporium, Rhizopus, Fusarium, etc., e algumas bactérias e actinomicetos. São eles que devolvem os minerais ao solo, tornando-os assim disponíveis para os produtores.

Tipos de prados na Índia: Os prados formam uma variedade de ecossistemas localizados em diferentes condições climáticas, desde condições quase desérticas até manchas de prados shola que ocorrem nas encostas das colinas, ao lado de florestas sempre verdes extremamente húmidas no sul da Índia. Nas montanhas dos Himalaias, existem as pastagens altas e frias dos Himalaias. Existem extensões de capim-elefante alto na faixa baixa do terai, a sul do sopé dos Himalaias. Existem também prados semi-áridos na Índia Ocidental, em partes da Índia Central e no Planalto do Decão.

Se os nossos prados forem destruídos, perderemos um ecossistema altamente especializado, no qual as plantas e os animais se adaptaram a estas condições específicas de habitat ao longo de milhões de anos. Para além disso, as populações locais não poderão sustentar os seus rebanhos de gado. A extinção de espécies é uma grande perda para a humanidade. Os genes das gramíneas selvagens são extremamente úteis para o desenvolvimento de novas variedades de culturas. É possível que se descubram novos medicamentos a partir de plantas silvestres dos prados. É possível que os genes dos herbívoros selvagens, como as ovelhas, cabras e antílopes selvagens, possam ser utilizados para desenvolver novas estirpes de animais domésticos. Todas estas possibilidades perder-se-ão juntamente com os prados.

Os prados não devem ser sobrepastoreados e algumas áreas dos prados devem ser fechadas para pastoreio. É preferível recolher erva para alimentar o gado em estábulo. Uma parte dos prados de uma zona deve ser fechada todos os anos, de modo a estabelecer um padrão de pastoreio rotativo. Os incêndios devem ser evitados e rapidamente controlados. Nas zonas montanhosas, a gestão do solo e da água em cada microbacia ajudará a pastagem a regressar a um ecossistema natural e altamente produtivo. Para proteger os ecossistemas de pastagem mais naturais e não perturbados, devem ser criados santuários e parques nacionais. A sua gestão deve centrar-se na preservação de todas as suas espécies únicas de plantas e animais. Por conseguinte, não devem ser convertidos em plantações de árvores. Os prados abertos são o habitat da sua fauna especializada. A plantação de árvores nestas áreas reduz as caraterísticas naturais deste ecossistema, resultando na destruição deste habitat único para a vida selvagem.

Conservação dos prados

Há uma necessidade premente de preservar as poucas áreas de prados naturais que ainda sobrevivem, criando parques nacionais e santuários de vida selvagem em todos os diferentes tipos de prados. Animais como o lobo, o pato-negro, a chinkara e aves como as abetardas e os floricans tornaram-se agora raros em todo o país. Devem ser

cuidadosamente protegidos nos poucos parques nacionais e santuários de vida selvagem que possuem habitats naturais de pradarias, bem como fora destas AP. É necessário sensibilizar as pessoas para o facto de os prados serem de grande valor. Se todos nos preocuparmos com o desaparecimento dos nossos prados e da sua maravilhosa vida selvagem, o Governo sentir-se-á motivado a protegê-los.
A manutenção dos prados vivos deve ser uma prioridade nacional.

7.7 ECOLOGIA FLORESTAL

As florestas são segmentos locais ou regionais de paisagens em que as condições e os processos biológicos e ecológicos são dominados pela presença de árvores de grande porte, geralmente longas

As árvores são plantas vivas e perenes caracterizadas por um caule lenhoso de grandes dimensões e um sistema radicular lenhoso de grandes dimensões. O tamanho e a longevidade das árvores conferem-lhes a capacidade de dominar outros tipos de plantas, expropriando a luz e os recursos do solo.

As florestas são formadas por uma comunidade de plantas, que é predominantemente definida estruturalmente pelas suas árvores, arbustos, trepadeiras e cobertura do solo. A vegetação natural tem um aspeto e é muito diferente de um grupo de árvores plantadas em filas ordenadas. As florestas mais "naturais" e não perturbadas estão localizadas principalmente nos nossos parques nacionais e santuários de vida selvagem.

Ecossistema florestal

Um ecossistema florestal é uma área da paisagem, de dimensões variáveis, desde um povoamento local (alguns hectares ou menos) até um continente inteiro, em que a estrutura, a função, a complexidade, as interações e os padrões de mudança ao longo do tempo são dominados por árvores. A ecologia florestal é o estudo destas unidades de paisagem dominadas por árvores. Os ecossistemas florestais ao nível do povoamento são ecossistemas terrestres, mas os ecossistemas florestais ao nível da paisagem incluem frequentemente ribeiros, rios e lagos, bem como áreas de ecossistemas terrestres não florestais. No entanto, o carácter geral destes outros tipos de ecossistemas é fortemente influenciado pela sua localização numa paisagem dominada por árvores.

Aspectos abióticos

O tipo de floresta depende das condições abióticas do local. As florestas nas montanhas e colinas diferem das florestas ao longo dos vales dos rios. A vegetação é específica da quantidade de precipitação e da temperatura local, que variam consoante a latitude, a altitude e o tipo de solo.

Aspectos bióticos

As plantas e os animais formam comunidades que são específicas de cada tipo de floresta. Por exemplo, as árvores coníferas ocorrem nos Himalaias; as árvores dos mangais ocorrem nos deltas dos rios; as árvores espinhosas crescem em zonas áridas. O leopardo-das-neves vive nos Himalaias, enquanto o leopardo e o tigre vivem nas florestas do resto da Índia. As ovelhas e cabras selvagens vivem no alto dos Himalaias e muitas das aves das florestas dos Himalaias são diferentes das do resto da Índia. As florestas sempre verdes dos Ghats Ocidentais e do Nordeste da Índia têm a mais rica diversidade de espécies vegetais e animais.

A componente biótica inclui tanto as plantas e animais de grande porte (macrófitas) como os microscópicos. As plantas incluem as árvores, os arbustos, as trepadeiras, as gramíneas e as ervas da floresta. Estas incluem espécies que florescem (angiospérmicas) e espécies que não florescem (gimnospérmicas), tais como fetos, briófitas, fungos e algas. As formas de vida incluem musgos, hepáticas e líquenes; gramíneas e ervas não herbáceas (forbes); arbustos e trepadeiras; e árvores de vários tipos (caducifólias e perenes, coníferas (gimnospérmicas) e de folha larga (angiospérmicas), de vida curta e de vida longa, baixas e altas, exigentes em termos de luz e tolerantes à sombra, exigentes em termos de nutrientes ou tolerantes a uma nutrição deficiente, etc.).

Os animais incluem espécies de mamíferos, aves, répteis, anfíbios, peixes, insectos e outros invertebrados e uma variedade de animais microscópicos. Uma vez que as espécies vegetais e animais estão intimamente dependentes umas das outras, formam em conjunto diferentes tipos de comunidades florestais. O homem faz parte destes ecossistemas florestais e a população local depende diretamente da floresta para obter vários recursos naturais que funcionam como sistemas de suporte de vida. As pessoas que não vivem na floresta compram produtos florestais, como a madeira e o papel, que foram extraídos da floresta. Assim, utilizam indiretamente os produtos florestais provenientes do mercado.

Tipos de florestas na Índia

O tipo de floresta depende de factores abióticos, como o clima e as caraterísticas do solo de uma região. As florestas da Índia podem ser divididas, em termos gerais, em florestas de coníferas e florestas de folhosas. Podem também ser classificadas de acordo com a natureza das suas espécies arbóreas, sempre-verdes, caducifólias, xerófitas ou espinhosas, mangais, etc. Podem ainda ser classificadas de acordo com as espécies de árvores mais abundantes, como as florestas de sal ou de teca. Em muitos casos, uma floresta recebe o nome das três ou quatro primeiras espécies de árvores mais abundantes. As florestas de coníferas crescem na região montanhosa dos Himalaias, onde as temperaturas são baixas. Estas florestas têm árvores altas e imponentes com folhas em forma de agulha e ramos inclinados para baixo, para que a neve possa escorregar dos ramos. Têm cones em vez de sementes e são designadas por gimnospérmicas. A floresta tropical húmida, a floresta tropical sazonal, a floresta tropical seca, a floresta subtropical, a savana, as pradarias, a floresta de folha perene quente e a floresta de folha perene fria, a floresta de folha caduca temperada, a floresta boreal, os arbustos e a tundra são os principais tipos de vegetação, cada um dos quais está associado a um clima específico que determina a vegetação potencial que se pode desenvolver e as comunidades animais e microbianas associadas.

Papel da ecologia florestal na sociedade

O objetivo é descrever e compreender as diferenças entre os ecossistemas florestais em diferentes locais e as alterações ocorridas numa floresta ao longo do tempo. Esta compreensão define a gama de possíveis valores sociais e ecológicos e as condições ambientais que um determinado ecossistema pode proporcionar, bem como os regimes de perturbação e recuperação do ecossistema que são adequados para a manutenção de um fornecimento desejado de valores e serviços específicos ao longo do tempo.

A diversidade biológica tornou-se um tema de grande preocupação em todo o mundo, uma vez que é a "apólice de seguro" da natureza que assegura a resiliência dos ecossistemas face às alterações climáticas e às perturbações. Fornece uma vasta riqueza de recursos económicos e relacionados com a saúde humana e é uma parte essencial dos valores estéticos, intelectuais e espirituais da floresta que a sociedade humana possui. A maioria das pessoas considera que a biodiversidade das florestas deve ser "protegida" e "preservada" através da minimização da perturbação do ecossistema. Os produtos florestais que são recolhidos pelas pessoas incluem alimentos como frutos, raízes, ervas e plantas medicinais. As pessoas dependem da lenha para cozinhar os alimentos, recolher forragem para os animais domésticos e cortar material de construção para as habitações; recolhem plantas medicinais que são conhecidas há gerações para tratar várias doenças; e utilizam uma variedade de PFNL, como a fibra, a cana e a goma, para fazer artigos domésticos. As madeiras de diferentes espécies de árvores são utilizadas para uma variedade de usos.

Os tipos tradicionais de agricultura necessitam de materiais florestais, como ramos e folhas, que são queimados para formar cinza de madeira, que actua como fertilizante para culturas como o arroz. As populações urbanas utilizam estes recursos florestais indiretamente, uma vez que todos os seus alimentos e outros bens provêm de zonas agrícolas que dependem das florestas vizinhas. As florestas também evitam a erosão do solo. Uma vez perdido pela erosão, o solo pode demorar milhares de anos a reconstituir-se. As florestas também regulam a temperatura local. É mais fresco e húmido à sombra das árvores da floresta.

Mais importante ainda, as florestas absorvem o dióxido de carbono e libertam o oxigénio que respiramos. Novos produtos industriais estão a ser produzidos a partir das plantas selvagens da floresta. Muitos dos nossos novos medicamentos provêm de plantas silvestres.

Ameaças ao ecossistema florestal e à conservação

As florestas mudam ao longo de períodos de tempo de milénios ou mais devido às alterações climáticas. As florestas mudam mais frequentemente - talvez de um em um ou de alguns em alguns séculos - devido a factores físicos externos (como o fogo, o vento, a neve e os deslizamentos de terras, designados por factores alogénicos) ou a factores biológicos "externos" (epidemias de insectos e doenças, designados por factores biogénicos). Em algumas florestas, estas perturbações alogénicas ou biogénicas externas podem ocorrer de décadas a décadas. As florestas também mudam devido a alterações no solo e no microclima e nas espécies vegetais, animais e microbianas causadas por processos ecológicos no interior do ecossistema ao nível das populações e das comunidades bióticas.

Como as florestas crescem muito lentamente, não podemos utilizar mais recursos do que aqueles que podem produzir durante um período de crescimento. Se a madeira for cortada para além de um determinado limite, a floresta não pode regenerar-se. As lacunas na floresta alteram a qualidade do habitat para os seus animais, e as espécies mais sensíveis não conseguem sobreviver nestas condições alteradas. A sobre-utilização dos recursos florestais é uma forma insustentável de utilizar os nossos limitados recursos florestais. Atualmente, estamos a criar cada vez mais bens que são fabricados a partir de matérias-primas derivadas da floresta. Isto leva à degradação da floresta e, finalmente, transforma o ecossistema num terreno baldio. A madeira está a ser extraída ilegalmente de muitas florestas, dando origem a um ecossistema altamente perturbado. As actividades de desenvolvimento, como o rápido crescimento da população, juntamente com a urbanização, a industrialização e a utilização crescente de bens de consumo, conduzem à sobreutilização dos produtos florestais. As florestas estão a diminuir rapidamente à medida que aumenta a nossa necessidade de terras agrícolas. Estima-se que o coberto florestal da Índia tenha diminuído de cerca de 33% para
11% no último século. A utilização crescente de madeira para a produção de madeira, de pasta de madeira para o fabrico de papel e a utilização extensiva de lenha resultam numa perda contínua de florestas. As florestas também se perdem devido à exploração mineira e à construção de barragens. À medida que os recursos florestais são explorados, o dossel da floresta é aberto, o ecossistema é degradado e a sua vida selvagem é gravemente ameaçada. À medida que a floresta se fragmenta em pequenas manchas, as suas espécies de plantas e animais selvagens extinguem-se. E estas nunca mais poderão ser recuperadas.

Quando as florestas são cortadas, as populações tribais que dependem diretamente delas para obter alimentos, lenha e outros produtos têm grande dificuldade em sobreviver. As populações agrícolas não obtêm lenha, pequenas madeiras, etc., suficientes para construir casas e utensílios agrícolas. As populações urbanas dependem dos alimentos das zonas agrícolas, que, por sua vez, dependem dos ecossistemas florestais vizinhos, e têm de pagar preços mais elevados pelos alimentos à medida que a população humana aumenta.

A conservação da biodiversidade está assim relacionada com tipos, frequências, severidades e escalas apropriadas de perturbação "natural" e causada pelo homem (os seres humanos também são naturais, tal como a perturbação que causam), interagindo com a diversidade ecológica existente. Os objectivos da biodiversidade só serão alcançados se os planos de conservação da biodiversidade se basearem no conhecimento de como e porquê os ecossistemas florestais variam de um lugar para outro, e como e porquê mudam ao longo do tempo.

7.8 ECOLOGIA DO DESERTO

Para além das florestas, o deserto ocupa também uma grande parte das terras da Índia. Apresentaremos aqui pormenores sobre o interesse ecológico deste habitat no contexto indiano. As terras desérticas e semi-áridas são ecossistemas extremamente especializados e sensíveis que são facilmente destruídos pelas actividades humanas. As espécies destas zonas secas só podem viver neste habitat especializado. Os desertos e as zonas semi-áridas situam-se principalmente na Índia Ocidental e no Planalto do Decão. O clima nestas vastas extensões é extremamente seco. Existem também desertos frios, como o de Ladakh, que se situa nos planaltos dos Himalaias. A paisagem desértica mais típica que se pode observar no deserto do Rajastão e no deserto de Thar. Este deserto tem dunas de areia; tem também zonas semi-áridas cobertas por gramíneas esparsas e alguns arbustos, ecossistemas que crescem quando chove. Na maior parte das zonas do Thar, a precipitação é escassa e esporádica. Nalgumas zonas, pode chover apenas uma vez em cada poucos anos. Na zona semi-árida adjacente, a vegetação é constituída por alguns arbustos e árvores espinhosas, como o kher e o babul. O Grande e o Pequeno Rann de Kutch são ecossistemas áridos extraordinariamente especializados. No verão, assemelham-se a uma paisagem desértica. No entanto, como são zonas baixas perto do mar, convertem-se em pântanos salgados durante as monções. Durante este período, atraem um enorme número de aves aquáticas, como patos e gansos,

Além disso, o deserto de Thar foi também identificado como uma das 13 zonas de reserva da biosfera do nosso país, a fim de preservar a diversidade biológica desta zona única. O Grande Deserto do Índico (Thardesert) é uma zona em que o coberto vegetal é escasso e a superfície do solo está, portanto, exposta à atmosfera e às forças físicas associadas_ A precipitação é escassa, pouco frequente e irregular. O deserto é a secção oriental do deserto do Sara-árabe e é também conhecido por Thardesert (anteriormente deserto de Tharparkar; Tod-Rajasthan). O deserto de Thardes estende-se por 1,3 milhões de km2 (Índia-Paquistão); é metade do deserto da Arábia (2,6 milhões de km2) e 1/7 do deserto do Sara (9,1 milhões de km2). Na Índia, o deserto de Thar estende-se por 2 85 680 km2 (Rajasthan 1 96 150; Gujarat 62 180; Punjab e Haryana -27 350 km2) e situa-se entre 22° 30' N e 32° 05' N e entre 68° 05' E e 75° 45' E. O clima caracteriza-se por temperaturas extremas, secas severas acompanhadas de ventos de alta velocidade, baixa humidade relativa, evaporação muito superior à precipitação e precipitação demasiado escassa para suportar qualquer vegetação apreciável. **Ameaças aos ecossistemas do deserto**

Vários tipos de estratégias de desenvolvimento, bem como o crescimento da população humana, começaram a afetar o ecossistema natural das terras desérticas e semi-áridas. A extração excessiva de água subterrânea dos poços tubulares faz baixar o nível do lençol freático, criando um ambiente ainda mais seco. Assim, as actividades humanas estão a destruir a autenticidade deste ecossistema único. As espécies especiais que aqui evoluíram ao longo de milhões de anos poderão em breve extinguir-se. A água do canal evapora-se rapidamente, trazendo os sais para a superfície. A região torna-se altamente improdutiva à medida que se torna salina.

Conservação dos ecossistemas do deserto

A conversão destas terras através de sistemas de irrigação extensivos alterou várias das caraterísticas naturais desta região. Os ecossistemas desérticos são extremamente sensíveis. O seu equilíbrio ecológico, que constitui o habitat das suas plantas e animais, é facilmente perturbado. As populações do deserto têm tradicionalmente protegido os seus escassos recursos hídricos.

Há uma necessidade premente de proteger as manchas residuais deste ecossistema nos parques nacionais e nos santuários de vida selvagem nas zonas desérticas e semi-áridas. O Canal Indira Gandhi, no Rajastão, está a destruir este importante ecossistema natural árido, uma vez que irá converter a região em agricultura intensiva. Em Kutch, as zonas do pequeno Rann, que é o único habitat do burro selvagem, serão destruídas pela expansão das salinas. Os projectos de desenvolvimento alteram a paisagem desértica e árida. Verifica-se uma redução acentuada do habitat disponível para as suas espécies notáveis, levando-as à beira da extinção. Precisamos de uma forma de desenvolvimento sustentável que tenha em conta as necessidades especiais do deserto.

8. ZOOGEOGRAFIA ECOLÓGICA

8.1 INTRODUÇÃO

A zoogeografia ecológica ocupa-se da distribuição dos animais, que pode ser considerada tanto no espaço como no tempo. Este capítulo apresenta alguns dos principais tópicos abrangidos pela zoogeografia ecológica, que envolve a análise da ecologia específica dos organismos em escalas espaciais e temporais relativamente pequenas. Em seguida, salienta que a compreensão da distribuição observada das espécies animais é uma tarefa fundamental para os zoogeógrafos. A zoogeografia não é apenas intelectualmente excitante; tem também importantes aplicações no domínio da conservação, uma vez que é vital compreender a distribuição das espécies para a gestão da biodiversidade. Para além de registar a distribuição das espécies, as técnicas de modelização mais avançadas podem ajudar a prever a sua distribuição, mesmo quando existe pouca informação observacional disponível, contribuindo assim para a gestão e conservação das espécies. Começa-se por examinar alguns dos padrões zoogeográficos mais intrigantes relativos ao tamanho do corpo dos animais, para os quais Bergmann e Allen formularam duas famosas "regras ecogeográficas" que, apesar de muito criticadas, estão agora a ser reavaliadas; e aborda-se também a regra de Rapoport, segundo a qual a distribuição latitudinal das espécies é geralmente mais pequena nas latitudes mais baixas do que nas mais altas.

Distribuição dos animais no espaço:

(i) Distribuição geográfica, ou seja, distribuição horizontal ou superficial, e

(ii) Distribuição batimétrica, ou seja, distribuição vertical ou altitudinal.

Distribuição dos animais em função do tempo:

(iii) A distribuição geológica, também designada por distribuição temporal. A biogeografia estuda os padrões de distribuição dos sistemas, processos ou caraterísticas biológicas a várias escalas espaciais e temporais. As escalas espaciais em análise abrangem um vasto leque, incluindo genes, organismos ou grupos de organismos e ecossistemas ou biomas.

Os fenómenos de grande escala, como as derivas continentais, hoje explicadas pela moderna tectónica de placas, tiveram, sem dúvida, um enorme efeito nos padrões de biodiversidade e na distribuição das espécies, tanto as observadas atualmente como as ocorridas no passado e inferidas a partir dos fósseis. Classicamente, a biogeografia divide-se em dois ramos principais, a biogeografia histórica e a biogeografia ecológica (Cox e Moore, 2010). A biogeografia ecológica analisa a forma como as forças abióticas e bióticas podem moldar ou influenciar a distribuição de uma espécie, a substituição de espécies ao longo de gradientes altitudinais ou latitudinais, a riqueza de espécies em diferentes habitats, etc. A biogeografia histórica examina os processos a longo prazo, que ocorrem ao longo de períodos evolutivos ou geológicos, frequentemente em grandes áreas geográficas, relativas a grandes grupos taxonómicos ou a taxa já extintos.

As forças, os acontecimentos e os processos que, no seu conjunto, determinam as mudanças micro e macroevolutivas são tidos em conta tanto pela biogeografia histórica como pela biogeografia ecológica. Por isso, podemos dizer que a biogeografia é a disciplina que analisa o efeito do espaço nos processos evolutivos. Os factores históricos que levaram à distribuição atual de um determinado táxon, a sua história de radiação e colonização, a identificação dos parentes mais próximos do táxon e a análise da sua ocorrência são aspectos analisados pelos biogeógrafos históricos.

A zoogeografia é o ramo da biogeografia que se ocupa dos padrões de distribuição dos animais. As plantas são estáticas e os seus traços de vida estão mais explicitamente ligados às caraterísticas ecológicas do local onde vivem, um facto que ajuda as análises ecológicas - Cox e Moore (2010). Enquanto as plantas deixam fósseis mais raramente do que os animais, porque estes últimos possuem frequentemente ossos (vertebrados), exoesqueletos ou outras partes duras (desde foraminíferos a moluscos, crustáceos, insectos, equinodermes, etc.) que são mais susceptíveis de fossilizar. A análise dos fósseis tem sido uma abordagem importante para o estudo da biogeografia histórica.

8.2 HISTÓRIA DA ZOOGEOGRAFIA

Inclui os mais proeminentes académicos e cientistas dos últimos dois ou três séculos, que deram um imenso contributo para a biologia e ecologia modernas. É importante lembrar ao leitor que a zoogeografia moderna se baseia no trabalho notável de pessoas como Alexander von Humboldt, George Simpson, Charles Darwin, Philip Sclater e Philip Darlington. É Alfred Russel Wallace, que merece ser considerado o "pai" da zoogeografia, o autor em 1876 de "The Geographical Distribution of Animals, With a Study of the Relations of Living and Extinct Faunas As Elucidating the Past Changes of the Earth's Surface". Vamos centrar-nos primeiro na Zoogeografia Ecológica, depois discutir as barreiras nos padrões de distribuição dos animais e, por último, as regiões zoogeográficas do mundo.

Em primeiro lugar, estamos a examinar três das "regras eco-geográficas" mais conhecidas. Em particular, os dois primeiros casos que abordaremos brevemente são de especial interesse para o zoogeógrafo ecológico, porque analisam as relações entre o tamanho de um animal e o local onde ocorre, ou seja, os condicionalismos climáticos que enfrenta. A recorrência de padrões relativos à distribuição ou morfologia dos animais, que podem estar ligados a factores como a latitude, a altitude ou o clima, é um dos aspectos mais intrigantes da biogeografia. O facto de tais padrões serem encontrados numa série de organismos diferentes tem sido frequentemente interpretado como uma lei geral, levando à formulação de "regras". No entanto, quando essas regras foram propostas pela primeira vez, baseavam-se em poucas provas empíricas. Ao longo do tempo, foram questionadas, corrigidas ou revistas à luz de conjuntos de dados quantitativos mais robustos e de abordagens analíticas mais eficazes. Duas das que ainda atraem a atenção de muitos investigadores dizem respeito à relação entre o clima e o tamanho do corpo, ou o tamanho de certas partes do corpo dos animais, respetivamente as regras de Bergmann e de Allen. A regra de Rapoport também será discutida porque teve o mérito de estimular muita investigação sobre os padrões de distribuição das espécies.

8.3 REGRA DE BERGMANN

Regra de Bergmann, em zoologia, princípio que correlaciona a temperatura exterior e a relação entre a superfície corporal e o peso em animais de sangue quente. Observou-se que as aves e os mamíferos de regiões frias são mais volumosos do que os indivíduos da mesma espécie em regiões quentes. O princípio foi proposto por Carl Bergmann, um biólogo alemão do século XIX, para explicar um mecanismo de adaptação para conservar ou irradiar o calor do corpo, consoante o clima.

A Regra de Bergmann é uma teoria que afirma que os animais tendem a ser maiores em latitudes mais elevadas do que no equador, correlacionando as temperaturas médias com o tamanho do corpo. Este princípio faz parte de uma família de "regras ecogeográficas", teorias propostas por biólogos para explicar fenómenos naturais com base na ecologia e na localização geográfica. Esta regra não é isenta de controvérsia, sobretudo porque existem algumas excepções notáveis que parecem refutar a regra, como o elefante africano, reconhecidamente enorme.

De acordo com a Regra de Bergmann, as populações da mesma espécie de animal devem apresentar tamanhos diferentes, consoante a latitude, e as espécies estreitamente relacionadas devem também apresentar variações de tamanho que podem ser correlacionadas com o seu habitat natural. Os animais equatoriais devem ser mais pequenos, enquanto os animais do Ártico devem ser correspondentemente maiores, como regra geral. A formulação original referia-se a conjuntos de espécies e limitava-se aos endotérmicos. Os estudos sobre ectodermes não registaram frequentemente este padrão. Outras reformulações rapidamente deslocaram a escala de interesse desta regra da variação interespecífica para a variação intra-específica, de modo que existem agora mais provas dos padrões de variação de tamanho observados nas espécies, mas também existem estudos que verificam a sua validade para grupos de espécies (por exemplo, aves, mamíferos).

A ideia subjacente à regra de Bergmann é a de que quanto menor for o rácio entre a massa corporal e a área de superfície, menor será a perda de calor sofrida pelo animal. Quanto maior for o rácio, maior será a perda de calor. Em regiões como o Ártico, os animais querem naturalmente reduzir a quantidade de calor que perdem, de modo a não ficarem hipotérmicos e morrerem. Nas regiões equatoriais, por outro lado, os animais querem perder calor, para não se tornarem hiper-térmicos e sofrerem as complicações de saúde associadas. Os lobos cinzentos que habitam latitudes setentrionais, por exemplo, como as populações da tundra árctica, são claramente maiores do que os encontrados em latitudes mais baixas, por exemplo no México ou no Mediterrâneo.

Investigações mais recentes mostraram a existência de relações não lineares entre o tamanho do corpo e a temperatura. Por exemplo, nos mamíferos, os gradientes de tamanho do corpo são mais influenciados pela temperatura em climas mais frios do que em climas mais quentes, porque a pressão selectiva exercida pela conservação do calor só é significativa nos primeiros. Nas áreas mais quentes do sul do Neárctico e dos

Neotrópicos, os padrões de variação local e em larga escala do tamanho corporal dos mamíferos são influenciados por gradientes climáticos que ocorrem em áreas montanhosas, possivelmente porque a extensão do habitat nas montanhas é limitada e impede a ocorrência de espécies de maior tamanho (Rodriguez et al. 2008).

8.4 REGRA DE ALLEN

Joel Asaph Allen observou em 1877 que o comprimento dos apêndices (braços, pernas, etc.) em animais de sangue quente também corresponde à latitude e à temperatura ambiente. Os indivíduos de populações da mesma espécie localizadas em climas quentes perto do equador tendem a ter membros mais compridos do que os indivíduos de populações localizadas em climas mais frios, mais afastados do equador. Por exemplo, o povo Inuit, que vive e caça em climas nórdicos, tende a ter um corpo mais atarracado com apêndices mais curtos do que o povo Masai do Quénia e do Norte da Tanzânia, que tem um corpo mais alto e esguio, com membros mais longos. Esta regra, designada por regra de Allen, é considerada um corolário da regra de Bergmann e é atribuída ao mesmo fator de conservação do calor. Ou seja, os apêndices mais compridos oferecem mais superfície e, portanto, maior oportunidade de dissipar o calor, enquanto os apêndices mais curtos oferecem menos superfície e são mais eficazes na manutenção do calor corporal.

Mais uma vez, a regra é frequentemente estendida aosectodermos, sem qualquer prova significativa, que, em habitats termicamente heterogéneos, beneficiariam ao abrandar as alterações da temperatura corporal, melhorando assim o seu desempenho. Os membros e as orelhas dos mamíferos podem ser mais compridos quando a temperatura ambiente é mais elevada, como se verifica nos ratos em condições laboratoriais, porque esta última provocaria a proliferação da cartilagem. Isto poderia explicar os padrões de Allen em termos de plasticidade fenotípica, em vez de defender um controlo genético rigoroso para o desenvolvimento de apêndices em diferentes climas, mas é necessária prudência antes de tirar conclusões de um único estudo de caso.

8.5 REGRA DE RAPOPORT

A regra de Rapoport, ou seja, a diminuição da extensão latitudinal da área de distribuição das espécies em direção ao equador. De acordo com esta teoria, as espécies podem ter tolerâncias mais estreitas em climas mais estáveis, o que conduz a áreas de distribuição mais pequenas e permite a coexistência de mais espécies. Segundo esta teoria, os organismos que vivem em latitudes mais baixas apresentam faixas latitudinais mais estreitas do que os que vivem em latitudes mais elevadas. A regra também se aplicaria à altitude (os organismos que vivem em altitudes mais elevadas teriam faixas altitudinais mais estreitas). A regra foi enunciada pela primeira vez por Stevens (1989) e tem o nome de E.H. Rapoport, que forneceu as primeiras provas do fenómeno.

Não existe grande consenso quanto à validade da regra - de facto, os estudos que a contestam são mais numerosos do que os que a apoiam. É claro que as espécies que evoluíram recentemente nos trópicos podem apresentar áreas de distribuição mais estreitas porque ainda não tiveram tempo de se espalhar, e vice-versa para as espécies com uma história evolutiva mais longa (Rohde, 1998).

Na presença de barreiras geográficas que limitam as actuais áreas de distribuição das espécies, a regra de Rapoport surge se a tendência latitudinal nas extensões das áreas de distribuição potenciais (definidas pela tolerância climática) for oposta à postulada ou se a variabilidade nas extensões das áreas de distribuição potenciais diminuir em direção aos pólos. Um forte gradiente de diversidade latitudinal implícito (i.e., maior concentração de pontos médios das áreas de distribuição potencial das espécies nos trópicos), no entanto, produz ambos os padrões macroecológicos observados sem a contribuição de quaisquer tendências latitudinais nas tolerâncias climáticas das espécies ou nos tamanhos das áreas de distribuição potencial.

8.6 DISPERSÃO

A dispersão é um dos processos fundamentais da biogeografia, crucial para compreender a distribuição dos organismos. A distinção mais básica entre os diferentes tipos de dispersão é entre os organismos que se dispersam utilizando a sua própria energia e os que utilizam a energia do ambiente. A dispersão pode conduzir a dois padrões principais de expansão da área de distribuição. Uma população pode expandir-se lentamente a partir das margens da sua área de distribuição geográfica ou um pequeno número de indivíduos pode dispersar-se para um novo local a alguma distância do limite atual da área de distribuição da espécie, ou pode ocorrer uma combinação de ambos os processos.

Em primeiro lugar, devemos ter uma ideia dos vários tipos de barreiras à dispersão de animais e plantas, bem como dos principais meios para a sua dispersão. Barreiras à dispersão Diferentes partes do mundo têm a sua própria flora e fauna, que é caraterística das condições ambientais prevalecentes na área em causa. Assim, verificamos que a flora e a fauna de diferentes partes do mundo não apresentam um padrão uniforme de distribuição. Esta diferença no padrão de distribuição pode, em certa medida, ser atribuída à presença de algumas barreiras que são responsáveis por esta distribuição desigual não só da vida animal mas também das plantas. Os diferentes tipos de barreiras são os seguintes:

1. Barreiras físicas. Barreiras como as montanhas, os desertos, os rios e os oceanos impedem fisicamente os animais de invadir novas áreas, mesmo quando o ambiente é propício à sua sobrevivência. Para os animais terrestres, a água constitui uma barreira e, para os animais aquáticos, a terra. Os peixes de água doce e os anfíbios não podem atravessar os mares, mas os répteis anfíbios, como as tartarugas, os lagartos e as cobras, devido à sua pele espessa e impermeável, atravessaram os mares para chegar a ilhas distantes do continente.

   Por exemplo, a grande cordilheira dos Himalaias funciona como uma barreira física entre as planícies de África e da Europa, presentes nos seus lados sul e norte, respetivamente. A sul, onde se situa a planície húmida e quente de África, a flora e a fauna são diferentes das do norte.
2. Barreiras climáticas. Os animais estão adaptados a uma combinação de temperatura

e humidade que é afetada pela precipitação. As temperaturas mais baixas impedem a maioria dos répteis de migrar para norte, para as zonas temperadas. O urso polar, os pinguins e um grande número de espécies que habitam as montanhas estão adaptados ao clima frio e não podem descer para as regiões tropicais e subtropicais. Os anfíbios necessitam de muita humidade, não só para a sua sobrevivência, mas também para a sua reprodução, pelo que não podem aventurar-se em zonas de baixa pluviosidade. A maioria dos animais não pode atravessar ou sobreviver nos desertos devido à humidade extremamente baixa e às temperaturas elevadas.

3. A vegetação como barreira. Tal como os animais, as plantas também são sensíveis à temperatura e à precipitação e afectam a dispersão dos animais, uma vez que estes dependem da vegetação para se alimentarem. As zonas tropicais suportam florestas densas de folhas largas, enquanto nas zonas temperadas apenas as coníferas tolerantes ao frio podem sobreviver, cada tipo alberga a sua fauna distinta. O clima desértico pode suportar poucas plantas e, por conseguinte, poucos animais. Alguns animais podem alimentar-se de muitos tipos de vegetação e, por isso, podem espalhar-se por áreas maiores, mas outros são exigentes e não aceitam nada que não seja a sua dieta especializada. Por exemplo, o panda gigante alimenta-se de rebentos de bambu na China e o coala só pode viver de folhas de eucalipto na Austrália. Estes animais não conseguem sobreviver fora dos seus habitats.
4. Extensas massas de água. Estes servem de barreiras físicas efectivas à distribuição de animais como os anfíbios, os répteis e os mamíferos. Assim, os peixes de água doce são incapazes de atravessar grandes massas de água salgada. As serpentes são incapazes de atravessar massas de água semelhantes. Alguns lagartos não conseguem passar por um harrier oceânico.
5. Massas terrestres. Tal como as massas de água extensas, as massas de terra tornam-se também barreiras físicas efectivas à dispersão da vida marinha.
6. Outros animais. Diferentes animais em diferentes níveis tróficos formam cadeias alimentares que se entrelaçam numa complexa teia alimentar. Estas interações entre animais limitam frequentemente a migração de uma determinada espécie para outras áreas.

A interação entre predador e presa, parasita e hospedeiro e entre comensais e concorrentes coloca problemas complexos num ecossistema e qualquer espécie exótica imigrante pode perturbar o equilíbrio da população nativa. Os cães dingo, os gatos placentários e as raposas correm o risco de exterminar os carnívoros nativos da Austrália. Quando duas espécies têm exigências ecológicas semelhantes, tornam-se concorrentes e uma das espécies é geralmente exterminada e restringida a uma área muito pequena.

Meios de dispersão

Apesar das barreiras eficazes acima referidas, os animais e as plantas seguem um grande número de rotas migratórias de longa distância para a sua dispersão. Os meios comuns de dispersão são:

1. Pontes terrestres. As pontes terrestres, como as do Suez e do Panamá, constituem um bom meio de intercâmbio de populações animais e vegetais. No passado, as Américas do Norte e do Sul tinham ligações terrestres entre si, que mais tarde se separaram. No entanto, a reforma da ponte terrestre entre os dois continentes, permitiu a migração de animais e plantas de um continente para o outro.
2. Ventos favoráveis. Os ventos favoráveis dispersam os néctons aéreos como os insectos, as aves, os morcegos, etc. As aves são conhecidas por efectuarem rotas migratórias de longa distância.
3. Jangadas naturais e madeira à deriva. Alguns animais fazem longas viagens em materiais à deriva como o gelo, etc. Além disso, as jangadas naturais de vegetação nas águas marinhas são também meios de dispersão eficazes. Estas jangadas desenvolvem-se devido à acumulação de madeira ao longo dos rios durante o desmoronamento das margens no exterior dos leitos de marfim que são arrastados para o mar pela corrente. Estas jangadas transportam animais como macacos, gatos, tigres, esquilos, répteis e moluscos, etc.
4. Migração. Tanto o movimento permanente (racial) como as migrações sazonais dos animais são importantes em relação à sua dispersão.

Benefícios da dispersão

Quando a dispersão ocorre, é porque é mais benéfico fazê-lo do que permanecer no mesmo local. A razão mais importante pela qual os indivíduos se dispersam é o facto de a dispersão aumentar a área de distribuição da espécie e permitir que esta exista onde antes não estava presente. Quando uma espécie aumenta a sua área de distribuição, a população tem a oportunidade de aumentar de tamanho. Os indivíduos podem também dispersar-se para diminuir a competição pelos recursos do meio ambiente. A mudança para uma nova área pode permitir que alguns indivíduos tenham acesso a recursos, como alimentos, água e abrigo, que de outra forma não estariam disponíveis.

Os factores abióticos (factores não vivos do ambiente) também podem incentivar a dispersão. Se a temperatura ou as condições climáticas forem desfavoráveis, pode ser benéfico para os indivíduos deslocarem-se para um novo local para escapar a essas condições.

8.7 REGIÕES ZOOGEOGRÁFICAS DO MUNDO

Na geografia vegetal, estuda-se a distribuição geográfica das plantas e encontram-se diferentes regiões fitogeográficas do mundo. Do mesmo modo, a zoogeografia trata da distribuição dos animais no espaço e divide-se a fauna mundial num certo número de regiões zoogeográficas. De acordo com Wallace (1876), as várias regiões zoogeográficas do mundo são as seguintes

O mapa das regiões zoogeográficas do mundo de Alfred Russel Wallace (1876) foi um marco da biogeografia do século XIX. Baseada nas distribuições e relações taxonómicas das famílias de mamíferos, a classificação de Wallace tornou-se a base da biogeografia moderna. Um grupo internacional de biogeógrafos, incluindo Gary Graves (Divisão de Aves), publicou recentemente um mapa de nova geração das regiões zoogeográficas de

Wallace, incorporando dados filogenéticos e de distribuição de mais de 20 000 espécies de vertebrados terrestres.

1. Região Paleártica

A região paleártica é a maior região zoogeográfica. Inclui as regiões terrestres da Europa, Ásia - a norte dos Himalaias, Norte de África e as partes norte e central da Península Arábica. Subdivide-se em sub-regiões europeias, mediterrânicas, siberianas e manchurianas. A fauna é representada por 135 famílias de vertebrados terrestres (33 de mamíferos, 68 de aves, 24 de répteis, 10 de anfíbios e peixes).

2. Região da Etiópia:

A região da Etiópia inclui a África a sul do Sara e a extremidade sudoeste da Península Arábica. A fauna é muito variada, representada por cerca de 161 famílias de vertebrados terrestres, das quais 30 são endémicas desta região, incluindo mamíferos como o aye-aye, toupeiras douradas, toupeiras, lebres saltadoras, esquilos voadores africanos, girafas, etc. Esta região está dividida nas sub-regiões da África Oriental, da África Ocidental, da África do Sul e de Madagáscar.

3. Região Oriental :

A região oriental estende-se desde o Paquistão, passando pelo subcontinente indiano, até ao sudeste asiático, entre o centro da China, a norte, e Java, Bali e Bornéu, a sul. Inclui também as Filipinas, Taiwan e as ilhas Ryukyu. As condições climáticas desta região são muito variadas, sendo desérticas no norte da sub-região indiana, tropicais na parte sul da Índia e no Sri Lanka, e temperadas no Butão e no Yang-tse-kiang. A maior parte da região é ocupada por uma vegetação florestal luxuriante. Os vertebrados terrestres estão representados por cerca de 153 famílias, das quais 10 são específicas da região, incluindo quatro mamíferos, uma ave e cinco répteis.

(a) *Peixes:* Os peixes de água doce são mais comuns, representados por cerca de 13 famílias, incluindo notopterídeos, silurídeos, anabantídeos, ciprinídeos, nandídeos, etc.

(b) *Anfíbios:* Os anfíbios estão representados por nove famílias, das quais as mais interessantes são os cecilianos, os rhocofóides (rãs das árvores), as rãs verdadeiras e algumas salamandras.

(c) *Répteis:* Os répteis são representados por 35 famílias, das quais as mais importantes são as víboras verdadeiras, as víboras-das-areias, as cobras marinhas, as tartarugas, as cobras de água doce, as cobras arbóreas, as pitonídeas, os crocodilos, os gaviais, os lagartos de água, as osgas, algumas iguanas, etc.

(d) *Ayes:* As Ayes estão representadas por 71 famílias, das quais as mais importantes são os tagarelas, os pássaros do sol, os corvos-reais, os passeriformes, os pica-paus, os barbudos, os cucos, os guarda-rios, os pombos, as pombas, as aves, os pavões, etc.

(e) *Mamíferos:* São representados por 35 famílias, entre as quais se destacam os ouriços-cacheiros, musaranhos, lémures voadores, macacos do velho mundo, gatos, ursos, cães, elefantes, rinocerontes, roedores, orangotangos, etc. Os gibões, os társios e os musaranhos são peculiares a esta região.

A região oriental está dividida nas quatro sub-regiões seguintes:

1. Sub-região da Índia: Inclui toda a Índia, desde as encostas dos Himalaias até ao Cabo Comorin. A fauna é caracterizada por 123 famílias de vertebrados terrestres. A família Elachistodontidac, com uma única espécie de serpente colubrina, é peculiar. As formas de mamíferos como o antílope de quatro chifres, o urso-indiano ou urso-preguiça e a cauda de escudo são caraterísticas desta região.

2. Sub-região do Ceilão: Compreende a ilha do Sri Lanka, cujas caraterísticas físicas são mais ou menos semelhantes às das montanhas do sul da Índia. A fauna caraterística inclui o rabo-de-cavalo, o ião, o rato espinhoso, o inseto das folhas, a kalima e as borboletas miméticas.

3. Sub-região Indo-Chinesa: Inclui a China, o sul do continente paleártico, a Birmânia, a Tailândia e as ilhas de Andamans, Formosa e Hainan. Esta região é comparativamente mais rica e variada do que as sub-regiões da Índia e da Ceilândia. Existem cerca de 138 famílias de animais, entre as quais se destacam os ailurus, budocras, hapalomys, toupeiras, gibões, lémures voadores, antas e rinocerontes, salamandras e rãs de língua de disco.

4. Sub-região Indo-Malaia: Inclui a Península Malaia e as ilhas do Arquipélago Malaio, ou seja, Bornéu, Java, Sumatra, Nicobar, etc. A fauna está representada por 132 famílias, das quais as mais importantes são o orangotango, o macaco probóscide, o texugo malaio, a musaranho-das-árvores, o gibão, o bico-grosso, etc.

4. Região da Austrália

Inclui toda a Austrália, Nova Zelândia, Nova Guiné e ilhas adjacentes, particularmente as do Oceano Pacífico. As regiões oriental e australiana estão separadas entre si por uma linha imaginária, a linha de Wallace, que se supõe correr entre as ilhas de Bali e Lombok. Em várias partes, o clima é tanto de tipo temperado como tropical.

A fauna é representada por 134 famílias de vertebrados terrestres, das quais 30 são específicas da região, incluindo 8 famílias de mamíferos, 17 de aves, 3 de répteis e 2 de anfíbios. Entre os mamíferos, todos pertencem a Monotremata e marsupialia, estando os placentários completamente ausentes. Os marsupiais incluem os cangurus e formas afins. Entre as aves, os géneros mais peculiares são os kiwis, as emas, os casuares, as aves do paraíso e os pombos de bico dentado. Os géneros de répteis incluem formas como o esfenodonte, ou tuatara e lagartos de patas escamadas, tartarugas de rio voador e cobras elapídicas.

5. Região Neotropical

Inclui a América do Sul, a América Central e as ilhas das Caraíbas. É uma região tropical com florestas luxuriantes. A fauna está representada por 155 famílias de vertebrados terrestres, das quais 39 são exclusivas da região. Estas incluem 10 matinídeos, 23 aves, 2 répteis e 4 anfíbios. Esta região está dividida nas sub-regiões Chilena, Brasileira, Mexicana e Artiliana.

6. Região Neoárctica

A região Neoárctica é a maior parte da América do Norte, incluindo a Gronelândia e as montanhas do México. No oeste, existem muitos lagos grandes e anaislatruseas. Os vertebrados terrestres são cerca de 120, dos quais 26 são mamíferos, 59 aves, 21 répteis e 14 anfíbios. Destes, 5 são peculiares, como os Haplodontidae, entre os mamíferos, os prong-buck, entre as aves, os Anillidae, entre os répteis, e os Siredidae, entre os anfíbios. Esta região está dividida em sub-regiões californianas, das Montanhas Rochosas, de Alleghany e canadianas.

Distribuição batimétrica

Trata-se da distribuição vertical ou altitudinal dos animais no espaço. Geralmente, a distribuição vertical da vida nos habitats aquáticos é designada por distribuição batimétrica, enquanto a distribuição vertical nas zonas terrestres é designada por distribuição altitudinal. A distribuição batimétrica dos animais em diferentes tipos de águas foi discutida em certa medida no capítulo sobre Ecologia do Habitat, onde foi explicado como as várias condições ambientais em diferentes profundidades de água e tipos de água, etc., influenciam a distribuição dos animais.

8.8 DISTRIBUIÇÃO GEOLÓGICA

O tempo geológico é a história de 4,6 mil milhões de anos da Terra, desde a sua origem até ao presente, tal como se deduz do registo rochoso, tanto na Terra como na Lua, e da composição geoquímica destes dois corpos. O tempo geológico é por vezes designado por "tempo profundo". O tempo geológico está dividido numa hierarquia de quatro níveis de intervalos de tempo: **EONS:** A primeira e maior divisão do tempo geológico. **ERAS:** A segunda divisão do tempo geológico; cada era tem pelo menos dois períodos. **PERÍODOS:** A terceira divisão do tempo geológico. Os períodos são designados em função da localização ou das caraterísticas das formações rochosas que os definem. *Localização,* a região onde as rochas caraterísticas do período foram estudadas pela primeira vez. *Caraterísticas,* a natureza do sistema único de rochas e formações rochosas que definem o período. **EPOCHS:** A quarta divisão do tempo geológico; representa as subdivisões de um período.

O momento da transição de um intervalo de tempo geológico para o seguinte é normalmente marcado por uma mudança relativamente abrupta nos tipos e números de fósseis.

A Distribuição Geológica é a distribuição dos animais (e também das plantas) no tempo e é muito importante para compreender o processo de evolução.

Em geologia, o estudo de rochas com evidências de mudanças nas condições ambientais, torna conveniente dividir a história passada da Terra num número de divisões principais chamadas eras. Cada era, por sua vez, é dividida em períodos - e os períodos em épocas. A história passada da Terra está dividida em várias eras. Estas eras, juntamente com a sua fauna caraterística, são as seguintes

[I] **Era Proterozóica e Arqueozóica**

Nesta época, as evidências de vida são muito escassas, e as formas dominantes de vida vegetal e animal são consideradas formas unicelulares fósseis como os protozoários e os protofitos.

[II] **Era Paleozóica**:

570 milhões de anos a 245 milhões de anos. Este período divide-se nas seguintes subdivisões: - *Período Cambriano:* 570 milhões de anos a 505 milhões de anos, Início marcado pelo aparecimento dos primeiros moluscos e corais; por vezes designado por "idade dos invertebrados marinhos". Aparecem pela primeira vez no registo rochoso fósseis abundantes, Fim do Cambriano marcado pelo aparecimento dos peixes

Período Ordovícico: 505 milhões de anos a 438 milhões de anos, entre 510M e 505 MYA - Os peixes aparecem pela primeira vez no registo fóssil; são os primeiros vertebrados *Período Siluriano:* 438 milhões a 408 milhões de anos, aparecimento das primeiras plantas terrestres; construção de montanhas na Europa

Período Devoniano : 408 a 360 milhões de anos ,Os primeiros insectos e os primeiros anfíbios/tetrápodes; "idade dos peixes"; primeiras florestas abundantes em terra

Período Mississipiano : 360 a 320 Milhões de anos ,Abundância de anfíbios e aparecimento dos primeiros répteis

Período Pennsylvanian: 320 a 286 milhões de anos, 305 MYA - Os primeiros répteis semelhantes a mamíferos

Período Permiano: 286 a 245 milhões de anos

No Cambriano predominam as trilobites, os primeiros animais marinhos conhecidos. No ordovícico, surgem os peixes blindados e os nautilídeos. Diz-se que o cambriano e o ordoviciano são a idade dos invertebrados superiores (com concha). No siluriano, surgiram os peixes pulmonados e os escorpiões, enquanto no devoniano surgiram os anfíbios, os primeiros animais terrestres conhecidos. Por isso, diz-se que o siluriano e o devoniano são a idade dos peixes. No Mississipiano, surgiram os antigos tubarões e equinodermes, enquanto no Pensilvaniano surgiram os répteis primitivos e os insectos. No Permiano, surgiram os insectos modernos, as amonites e os vertebrados terrestres. Diz-se que o Carbonífero é a época dos anfíbios.

[iii] Era Mesozóica:

Este divide-se em três períodos :

Período Triássico: 245 a 208 milhões de anos, primeiro aparecimento de dinossauros no registo fóssil

Período Jurássico: 208 a 145 milhões de anos, primeiro aparecimento de mamíferos (cerca de 222 milhões de anos); domínio dos dinossauros; construção de montanhas na América do Norte, 150 milhões de anos - primeiras aves

Período Cretáceo: 145 a 65 milhões de anos, As plantas com flores aparecem e espalham-se rapidamente; aumento contínuo dos dinossauros, Clima mais quente do que o atual, com o nível do mar mais elevado. Este período (e também a Era Mesozóica) termina abruptamente com a morte dos dinossauros.

[iv] Era Cenozóica :

65 milhões de anos até ao presente, a era dos mamíferos.

Período Terciário: 65 milhões a 1,6 milhões de anos atrás, Época Paleocénica - 65 milhões a 58 milhões de anos atrás, começou com a extinção dos dinossauros, construção de montanhas na Europa e na Ásia

Época Eocénica: 58 milhões a 37 milhões de anos atrás, Cavalos (cerca de 53 MYA), baleias e macacos aparecem pela primeira vez no registo fóssil

Época Oligocénica: 37 milhões a 24 milhões de anos atrás, os elefantes e os macacos aparecem pela primeira vez no registo fóssil

Época Miocénica: 24 milhões a 5 milhões de anos atrás, os hominídeos aparecem pela primeira vez no registo fóssil

Época Pilocénica: 5 milhões a 1,6 milhões de anos atrás, 2 MYA - Primeiros animais de aparência humana

Período Quaternário: 1,6 milhões de anos até ao presente, com um único período, o pleistoceno, durante o qual houve glaciação periódica e os grandes mamíferos se extinguiram. Assim, diz-se que a era cenozóica é a era dos mamíferos.

[V] Era Psicozóica

Trata-se do período pós-glaciar recente, que se diz ser a idade do homem, no qual se verificou a ascensão da civilização e um grande desenvolvimento da vida mental.

Na Índia, existem cerca de 75.000 espécies conhecidas. Existem cerca de 2000 espécies de peixes em águas doces e marinhas. Há cerca de 1200 espécies de aves e, além disso, há anfíbios, répteis, mamíferos, pequenos insectos e vermes. Entre os mamíferos, o elefante é encontrado nas florestas equatoriais densas e húmidas de Assam, Kerala e Karnataka, onde chove muito. O camelo e o burro selvagem encontram-se em desertos quentes e áridos. Os camelos são comuns no Thardesert e os burros selvagens estão confinados às zonas áridas do Rann de Kachch. O rinoceronte de um corno vive nas terras pantanosas de Assam e do Norte de Bengala. Existe também um grupo interessante - o bisonte indiano, o búfalo indiano e o Nilgai. O chousingha (antílope de quatro chifres), o black buck (antílope indiano), o gazel e o veado são um grupo único de animais indianos. As espécies de veado incluem o veado de Caxemira, o veado do pântano, o veado malhado, o veado almiscarado e o veado-rato. O leão indiano é o animal mais distinto, que só se encontra na Índia e no continente africano. Ocorre nas florestas de Gir, em Saurashtra, Gujarat. O tigre, a espécie mais poderosa da floresta, também se encontra na Índia. O tigre de Bengala encontra-se em Sunderbans. Outros animais da família dos felinos são os leopardos, os leopardos-das-nuvens e os leopardos-das-neves. Estes últimos estão confinados às zonas altas dos Himalaias. Nas cordilheiras dos Himalaias vivem vários animais interessantes. As principais espécies incluem as ovelhas selvagens, as cabras da montanha, o íbex, o musaranho e a anta.

Conclusões de A.R. Wallace (1876):

Os diferentes organismos não se distribuem ao acaso, mas:

1. As regiões continentais apresentavam biotas mais ou menos uniformes, mas com grandes descontinuidades.
2. As biotas de algumas partes do mundo eram muito mais invulgares em comparação com outras partes.
3. Os elementos das biotas de certos continentes estavam mais intimamente relacionados entre si do que com os elementos das biotas de outros continentes.

8.9 REGIÕES FLORÍSTICAS DA ÍNDIA

A Índia é rica em flora. Os dados disponíveis colocam a Índia no décimo lugar do mundo e no quarto lugar da Ásia em termos de diversidade vegetal. O Botanical Survey of India (BSI), em Calcutá, descreveu 47 000 espécies de plantas de cerca de 70% da área geográfica estudada até à data. A flora vascular, que constitui a cobertura vegetal mais visível, inclui 15 000 espécies. Destas, mais de 35 por cento são endémicas e, até à data, não foram descritas em nenhuma outra parte do mundo. A flora do país está a ser estudada pelo BSI e pelos seus nove escritórios circulares/campo localizados em todo o país, juntamente com algumas universidades e instituições de investigação. O BSI efectuou um estudo científico dessas plantas. Foram efectuadas várias explorações etno-botânicas detalhadas em diferentes zonas tribais do país. Mais de 800 espécies de plantas de interesse etno-botânico foram recolhidas e identificadas em diferentes centros.

O mérito de destacar as caraterísticas regionais da vegetação natural do país cabe a Hooker e Thomson em 1855. Mais tarde, C.B. Clarke (1898) dividiu esta parte da Ásia em 6 regiões florísticas: (1) região dos Himalaias - (a) Himalaias orientais e (b) Himalaias ocidentais, (2) região árida, (3) região de Malabar, (4) região de Coromandel, (5) Gangaplain e (6) região de Assam. Em 1907, J.D. Hooker identificou 8 regiões florísticas na Índia Britânica. Estas incluem: (1) Himalaias orientais, (2) Himalaias ocidentais, (3) planície do Indo, (4) planície do Ganges, (5) região de Malabar, (6) região de Deccan, (7) Maldivas e Sri Lanka e (8) Birmânia (não na Índia).

Em 1937, C.C. Calder identificou 6 regiões florísticas no país: (1) Himalaia do Noroeste, (2) Himalaia do Leste, (3) Planície do Indo, (4) Planície do Ganges, (5) Região do Decão e (6) Região do Malabar. D. Chatterji (1939), com base em certas espécies de plantas indígenas em diferentes partes do país, dividiu a Índia em 8 regiões florísticas principais

[I] Himalaias ocidentais:

Esta região, que abrange Uttaranchal, Himachal Pradesh, Jammu e Caxemira, regista menos precipitação e temperatura do que a sua homóloga oriental, mas a queda de neve é mais intensa. Também aqui se observam tipos de vegetação subtropical (até 1524 m), temperada (1524 m a 3657 m) e alpina (3657 m a 4572 m) à medida que a altura aumenta ao longo das encostas. Na região submontana, até à altura do Sal, observa-se vegetação do tipo semul e savana. Entre a vegetação temperada, são importantes o chirr, o carvalho, o deodar, o amieiro, a bétula e as coníferas. Da mesma forma, a vegetação alpina entre as zonas de altitude de 3657 a 4572 m é dominada por zimbro, prata, abeto, bétula, etc. Em termos de atitude, existem três zonas de vegetação que correspondem a três cinturas climáticas.

1. Região submontana ou baixa (tropical e subtropical)

Encontra-se a cerca de 1.000 a 5.000 pés acima do nível do mar nas regiões de Siwaliks e áreas adjacentes. A floresta é dominada por árvores de madeira de Shorearobusta. Nas regiões ribeirinhas dominam as árvores de Dalbergiasissoo, enquanto nos solos mais húmidos dominam Cedrelatoona, Ficusglonzerata e Eugenia jambolana. Em manchas isoladas de gramíneas, estão presentes árvores de Acacia catechu e Buteanzonospertna.

Nas faixas secas em direção a oeste, a Shorearobusta é substituída por xerófitos como Zizyphus, Carissa, Acacia, etc., com eufórbias suculentas e espinhosas nas encostas. O Pinusroxburghii começa a aparecer entre os 3.000 e os 5.000 pés. A vegetação rasteira é pobre.

2. Zona Temperada ou Montana

A cerca de 5.500 pés. Pinuslongifolia é geralmente substituída por P. excelsa. Entre os 5.500 pés e os 6.000 pés. Cedrusdeodara é bastante abundante, formando povoamentos florestais puros. Nestas altitudes, a Quercusincana também cresce em manchas separadas. No interior dos Himalaias, em Caxemira, Betula (bétula), Salix (cana) e Populus (choupo) são abundantes em certos tipos de solo. Em altitudes mais elevadas, Aesculusindica (castanheiro-da-índia), Quercussemecarpifolia, Q. dilatata, juntamente com as coníferas como Abiespindrow, Piceamorinda, Cupressustorulosa, Taxusbaccata, etc., são os componentes mais comuns da vegetação. O rododendro (Rhododendron companulatutn) cresce a altitudes mais elevadas. Nos vales interiores das montanhas secas, também se encontra Pinusgerardiana. Nas zonas secas do Punjab, cultiva-se trigo e cevada, enquanto no vale húmido de Caxemira, o arroz é a cultura comum. Outras plantas comuns cultivadas em Caxemira são o afron (Croccussativus), as maçãs, os pêssegos, as nozes, as amêndoas, etc.

3. Zona Alpina

É o limite do crescimento das árvores a cerca de 12.000 pés, conhecido como linha de madeira ou linha de árvores, onde a altura das plantas é consideravelmente reduzida. As plantas são maioritariamente arbustos e gramíneas anãs e em forma de almofada. A cerca de 15.000 pés e acima da linha de neve, o crescimento das plantas é quase nulo. Nos níveis mais baixos desta zona, estão presentes alguns Ihododendrons, Betulautilis e pequenos zimbros. Acima desta zona estão presentes muitos tipos de ervas, com um curto período de crescimento vegetativo e floração. Estas incluem Primula, Potentilla, Polygonum, Geranium, Saxifraga, ster etc.

[II] Himalaias Orientais

Esta região inclui as áreas montanhosas de Bengala Ocidental, Sikkim e Arunachal Pradesh, que se caracterizam por uma forte precipitação, pouca queda de neve, temperatura e humidade elevadas. Esta área de topografia ondulada alberga cerca de 4 000 espécies de plantas, que variam de tropicais a temperadas e alpinas com o aumento da altitude. Entre as florestas subtropicais que se estendem desde as planícies do Tarai até uma altura de 1524 m, o sal, o carvalho e o castanheiro são as principais árvores. Entre 1524 m e 3657 m, dominam as árvores temperadas de folha larga, como Quercuslamellosa Smith, QuercusLineata Bl., QuercuspachyphyllaKurz, Castanopsis, Magnolia, Pyrus e SymplousMeliosmia. Entre os 743 m e os 3657 m, encontra-se uma faixa de floresta cónica com árvores como AbiesWebbiana, PiceaSymplocos, Eurya, etc. Para além dos 3657 m de altitude, encontra-se uma zona de florestas alpinas com árvores principais como a prata, o abeto, o zimbro, o pinheiro, a bétula e os rododendros. A diversidade de espécies e a densidade da vegetação são maiores a leste. Esta região também está dividida em três zonas.

1. Zona submontana de árvores de folha caduca como Sterospermum, Cedrelatoona, Bauhinia, Anthocephaluscadamba, Lagerstroemia pavriflora são predominantes. As árvores altas como Albizziaprocera, Salmalia, Artocarpuschaplasha, bambu (Dendrocalamus) são importantes.

2. Zona temperada

A sua altitude varia entre os 6.000 e os 12.000 pés acima do nível do mar. A região baixa tem várias espécies de carvalhos, como Quercuslemellosa e Q. lineata, Michelia, Cedrela e Eugenia. A região superior, mais fresca, tem coníferas como Juniperus, Cryptomeria, Picea, Abies e Tsuga. Um bambu, Arundinaria sp. é também comum. Alguns rododendros também são comuns em altitudes mais elevadas.

3. Zona Alpina

É acima de 12.000 pés que a vegetação é desprovida de árvores. O crescimento arbustivo de Juniperus e Rhododendron é encontrado em áreas de relva.

[III] Desertos das Índias Ocidentais (planície do Indo)

Esta região florística engloba as planícies de Haryana, Punjab, Rajastão (a oeste do Aravallis-Kachchh e partes do norte de Gujarat. Neste reino de escassa pluviosidade (menos de 75 cm anuais) predominam os arbustos e as árvores de casca grossa.

As árvores importantes incluem acácias, eufórbias, cactos, palmeiras (phoenix sylvestris), Khejra, Kanju e Pal, etc. Durante as chuvas, surgem também gramíneas curtas.

As plantas são maioritariamente xerófitas, tais como Acacia nelotica, Prosopisspicifera, P. juliflora, Salvadoraoleoides, S. persica, Tecomella, Capparisaphylla, Tamarixdioica e Zizyphusnummularia. A vegetação rasteira é maioritariamente representada por pequenas Calotropis sp., Panicumantidotale, Eleusine sp., Tribulusterrestris, etc. Algumas espécies comuns utilizadas nas plantações são Saccharutnmunja, Panicumantidotale, Cenchrusciliaris, Capparisaphylla, Tamarixarticulata, Prosopisspicifera, P. juliflora, Acacia leucophloea e A. Senegal.

[IV] Planície do Ganges

Sendo uma unidade fisiográfica distinta do país, a região tem caraterísticas florísticas típicas próprias. O tipo de vegetação varia entre arbustos semi-áridos (a região de Aravalli) e mangais sempre verdes (o delta do Ganges). Embora a vegetação natural da região tenha sido aniquilada devido ao aumento da população e das actividades agrícolas e económicas, as evidências históricas mostram uma cobertura vegetal densa com uma vida selvagem rica. O Sal e o Aij (Terminaliatomentosa e Terminaliabelerica) são as espécies representativas da vegetação primordial.

A vegetação do Uttar Pradesh pertence ao tipo caducifólia, que muda para o tipo caducifólia húmida no leste de Bihar e em Bengala Ocidental e para o tipo de bosque rasgado no delta do Ganges. Além disso, existem diferentes tipos de gramíneas em toda a região, consoante as condições físicas locais. Os principais factores climáticos, a temperatura e a precipitação, são responsáveis pelos diferentes tipos de vegetação. A precipitação é inferior a 70 cm na zona ocidental. UP, sendo superior a 150 cm em Bengala. A vegetação é principalmente de tipo tropical-maciço e de floresta caducifólia seca. No noroeste da UP, perto do sopé dos Himalaias, a Dalbergiasissoo e a Acacia nelotica são mais comuns. No sudoeste da U.P., existem zonas desérticas, onde as espécies caraterísticas são Capparisaphylla, Saccharummunja, Acacia nelotica, etc. No leste da U.P., Buteamonosperma (dhak), Madhucaindica (mahua), Terminaliaarjuna (arjun), Buchananialanzan (chiraunji), Dio-spyrosrnelanoxylon' (tendu), Cordiamyxa (lisora), Sterculiaurens, Boswelliaserrata (salai), Acacia catechu (Khair), Azadirachiaindica (neem), Mangiferaindica (mango), Ficusbengalensis (bargad), F. religiosa (pipal) são as mais dominantes.

Na região do delta do Ganges é comum uma vegetação extremamente pantanosa e halófita, onde as espécies dominantes são Rhizophoramucronata, R. conjugata, Acanthus ilicifolius, Kandeliarheedii, Bruguieragymnorhiza, Ceriopsroxburghiana, etc.

[V] Assam

Esta região inclui todo o nordeste, incluindo Assam, Meghalaya, Nagaland, Manipur, Tripura e Mizoram. A vegetação desta região é caracterizada pelo impacto do sudeste asiático, que mantém a heterogeneidade dos Himalaias, com exceção da vegetação alpina. A região é rica em vários tipos de bambus e palmeiras, com prados de tipo Nilgiri a altitudes mais elevadas.

Recebe a precipitação mais intensa, com Cherrapunji a atingir mais de 1000 cm. A temperatura e a humidade são muito elevadas, o que é responsável por densas florestas tropicais de folha persistente. Algumas das árvores importantes são Dipterocar-pus macrocarpus, Mesuaferrea, Micheliachampaca, Shorearobusta, Artocarpuschaplasha, Alstoniascholaris, Sterculiaalata, Lagerstroemia flos-regina, Ficuselastica, etc. Estão também presentes alguns bambus, como Bambusapallida, Dendrocalamushamiltonii, Calarnus sp. gramíneas como Imperatacylindrica, Saccharumarundinaceum, Themeda sp., Phragmites sp. e plantas insectívoras como Nepenthes sp. Nas regiões mais frias do norte, encontram-se também Alnusnepalensis, Rhododendron arboreurn, Betula sp. Nas zonas montanhosas, estão também presentes algumas coníferas como Pinuskhasiya e P. insularis.

[VI] Índia Central

Abrange Madhya Pradesh, partes de Orissa e Gujarat. Consoante a quantidade de precipitação, as florestas desenvolveram-se em espinhosas, mistas, de folha caduca e de sal. A vegetação florestal é constituída principalmente por Tectonagrandis, Diospyrosmelanoxylon, Butearnonosperma, Terminaliatomentosa e Dalber-gialatifolia. A vegetação espinhosa é constituída por Carissa spinarum, Zizyphusrotundifolia, Acacia leucophloea, A. catechu, Buteafrondosa, etc.

[VII] Malabar

Esta região estende-se ao longo de toda a costa do Golfo de Cambay até ao Cabo Camorin. Aqui, o tipo de vegetação varia entre o tropical húmido perene e o misto de folhas largas e o decíduo de monção. As colinas de Nilgiri apresentam florestas temperadas. A região também contém várias espécies de plantas de origem malaia.

Esta região abrange a costa ocidental da Índia, estendendo-se de Gujarat, a norte, até ao Cabo Camorin, a sul. A pluviosidade é elevada. A vegetação é de quatro tipos: florestas tropicais húmidas de folha perene, florestas mistas de folha caduca, florestas subtropicais ou temperadas de folha perene e florestas de mangue. As florestas tropicais húmidas de sempre-verdes são muito luxuriantes e de vários andares, com árvores altas como Dipterocarpusindicus, Sterculiaalata, Cedrelatoona, Tectonagrandis e Dalbergialatifolia, Bambus, como Dendrocalamusstrictus e Bambusaarundinacea também estão presentes. Nas colinas de Nilgiri, existem florestas temperadas sempre verdes de árvores como Eurya japonica, Michelianilagirica e Gordoniaobtusa, conhecidas como sholas.

[VIII] O Decão

Esta região cobre a maior parte da Índia peninsular. Aqui, as principais espécies de palmeiras são a camamusvininalies e a camam rotary. As zonas caracterizadas por granitos e gneisses suportam teca e árvores de sal, enquanto as zonas semi-áridas contêm arbustos espinhosos. Anderson (1863) e Mukerji (1935) realizaram os respectivos estudos. Nas colinas de Parasnath e Mahendrag tentaram descobrir a semelhança entre a vegetação desta região e a dos Himalaias.

Esta região é mais seca, com uma precipitação de cerca de 10 cm. Inclui Andhra Pradesh, Tamilnadu e Karnataka. Tem um planalto central montanhoso com florestas de Boswellia, errata, Tectonagrandis e Hardwickiapinnata, e a costa baixa e seca de Coromandal, a leste, com florestas tropicais secas de Santalum album (chandan), Cedrelatoona e plantas como Capparis, Phyllanthus, Euphorbia sp.

[IX] Andamans

A vegetação desta região foi muito influenciada pelo impacto malaio e birmanês. É principalmente de tipo tropical perene, com diferentes variedades de palmeiras, canas, etc. Nas ilhas Lakshadweep, a vegetação é dominada por diferentes variedades de arbustos e coqueiros. A vegetação costeira é muito diversificada, como mangais, florestas de faias e, no interior, florestas sempre verdes de árvores altas.

9. RISCOS AMBIENTAIS

9.1 INTRODUÇÃO

O risco ambiental é o estado de acontecimentos que têm o potencial de ameaçar o ambiente natural circundante e afetar negativamente a saúde das pessoas. Este termo inclui temas como a poluição e as catástrofes naturais, como tempestades e terramotos. Os perigos podem ser classificados em cinco tipos:

1. Biológica
2. Produtos químicos
3. Físico
4. Mecânica
5. Psicossocial

Os perigos biológicos incluem bactérias, vírus ou parasitas nocivos (por exemplo, salmonelas, hepatite A e triquinas). Estes perigos podem provir das matérias-primas ou das etapas de transformação dos alimentos utilizadas para fabricar o produto final. As pessoas podem entrar em contacto com milhares de tipos de leveduras, bolores, bactérias, vírus e protozoários diariamente, sem que isso lhes cause qualquer efeito nocivo. Por conseguinte, quando os alimentos são processados e conservados, os processadores de alimentos e as entidades reguladoras apenas têm de se preocupar com alguns microrganismos, especialmente os patogénicos. Os perigos químicos incluem compostos que podem causar doenças ou lesões devido a uma exposição imediata ou prolongada. Os perigos físicos incluem objectos estranhos nos alimentos que podem causar danos quando ingeridos, tais como fragmentos de vidro ou de metal. Os perigos físicos são as queixas mais frequentemente comunicadas pelos consumidores, porque a lesão ocorre imediatamente ou logo após a ingestão, e a fonte do perigo é frequentemente fácil de identificar.

Os perigos são definidos como fenómenos que representam uma ameaça para as pessoas, as estruturas, os recursos ambientais e os bens económicos e que podem causar uma catástrofe.

A catástrofe é definida como "... uma perturbação grave do funcionamento de uma sociedade, causando perdas humanas, materiais ou ambientais generalizadas que excedem a capacidade da sociedade afetada de fazer face à situação utilizando os seus próprios recursos". As Nações Unidas definem catástrofe como "... a ocorrência de um infortúnio súbito ou grave que perturba o tecido básico e o funcionamento normal de uma sociedade (ou comunidade). Trata-se de um acontecimento ou de uma série de acontecimentos que provocam vítimas e/ou perda de bens, infra-estruturas, serviços essenciais ou meios de subsistência a uma escala que ultrapassa a capacidade normal das comunidades afectadas para enfrentarem sem ajuda. Por vezes, a catástrofe é também utilizada para descrever uma "situação catastrófica em que os padrões normais de vida (ou ecossistemas) foram perturbados e são necessárias intervenções de emergência extraordinárias para salvar e preservar vidas humanas e/ou o ambiente".

O subcontinente indiano tem uma gama muito diversificada de caraterísticas naturais. Os Himalaias, que são as jovens montanhas dobradas e onde o fenómeno da libertação de tensões é muito comum, juntamente com os ventos incertos das monções, tornam a região altamente propensa a catástrofes naturais. O facto de a região ser a mais populosa do mundo contribui ainda mais para os danos causados pelas catástrofes naturais.

O termo risco ambiental tem a vantagem de incluir uma grande variedade de tipos de risco, desde acontecimentos "naturais" (geofísicos), passando por acontecimentos "tecnológicos" (criados pelo homem) até acontecimentos "sociais" (comportamento humano). A medida em que os perigos são voluntários ou involuntários é particularmente importante. O grau de responsabilidade humana individual por uma catástrofe aumenta muito, desde os riscos geofísicos acidentais, como terramotos, tsunamis, etc., até aos riscos sociais, em grande parte auto-induzidos, como o alpinismo fumador, etc

As catástrofes são classificadas de várias formas

1. Catástrofes naturais e catástrofes provocadas pelo homem
2. Catástrofes súbitas e catástrofes de início lento

As catástrofes provocadas pelo homem ou induzidas pelo homem são, em grande parte, físicas, químicas ou biológicas; a maior parte delas faz parte das catástrofes ambientais, como a poluição, a desflorestação e a construção de estradas que conduzem a deslizamentos de terras, à desertificação, e outra forma de catástrofe ambiental é a infeção por pragas. As epidemias são causadas por más condições de vida, quer por doenças transmitidas pela água, quer por pragas causadas por roedores, etc. Os acidentes industriais constituem uma grande parte das catástrofes provocadas pelo homem, quer se trate da tragédia do gás de Bhopal na Índia ou do desastre nuclear de Chernobyl na Rússia.

Embora os peritos possam diferir nas suas definições de catástrofe, muitos profissionais de saúde pública caracterizariam uma catástrofe como uma "calamidade ou catástrofe súbita e extraordinária, que afecta ou ameaça a saúde".

As catástrofes incluem

Tornados
Incêndios
Furacões,
Inundações / marés vivas / tsunamis
Tempestades de neve,
Terramotos,
Deslizamentos de terra,
Acidentes nucleares,
Distúrbios civis,
Contaminação da água e
Carências alimentares actuais ou previstas.

Mitigação de catástrofes naturais

As medidas de atenuação das catástrofes são as que eliminam ou reduzem os impactos e os riscos dos perigos através de medidas proactivas tomadas antes da ocorrência de uma emergência ou catástrofe.

As medidas de atenuação das catástrofes podem ser estruturais (por exemplo, diques de inundação) ou não estruturais (por exemplo, zonagem do uso do solo). As actividades de atenuação devem incorporar a medição e a avaliação do ambiente de risco em evolução. As actividades podem incluir a criação de ferramentas abrangentes e pró-activas que ajudem a decidir onde concentrar o financiamento e os esforços na redução dos riscos.

Outros exemplos de medidas de atenuação incluem:

Cartografia dos perigos

Adoção e aplicação de práticas de ordenamento e utilização dos solos

Implementar e fazer cumprir os códigos de construção

Cartografia das planícies aluviais

Salas de segurança reforçadas contra tornados

Enterramento de cabos eléctricos para evitar a acumulação de gelo

Elevação de casas em zonas sujeitas a inundações

Programas de sensibilização do público para a atenuação de catástrofes

Programas de seguros

O subcontinente indiano tem uma gama muito diversificada de caraterísticas naturais. Os Himalaias, que são as jovens montanhas dobradas e onde o fenómeno da libertação de tensões é muito comum, juntamente com os ventos incertos das monções, tornam a região altamente propensa a catástrofes naturais. O facto de a região ser a mais popular do mundo contribui ainda mais para os danos causados pelas catástrofes naturais.

Ao longo da história, as catástrofes tiveram um impacto significativo nos números, no estado de saúde e no estilo de vida das populações.

Alguns dos principais danos observados diretamente são os seguintes

Mortes

Ferimentos graves, que exigem tratamentos extensos

Aumento do risco de doenças transmissíveis

Danos nas instalações de saúde

Danos nos sistemas de água

Escassez de alimentos

Movimentos da população

Problemas de saúde comuns a todas as catástrofes

Reacções sociais

Abastecimento de água e saneamento

Doenças transmissíveis

Deslocações da população

Exposição climática

Alimentação e nutrição

Danos nas infra-estruturas sanitárias

9.2 RISCOS AMBIENTAIS NA ÍNDIA

O subcontinente indiano está sujeito a vários riscos ambientais, sejam eles terramotos, deslizamentos de terras, ciclones, tsunamis, inundações e secas, etc. Curiosamente, muitas zonas são propensas a vários riscos, como as colinas do nordeste que sofrem terramotos, deslizamentos de terras e inundações; os Himalaias setentrionais e ocidentais sofrem deslizamentos de terras, terramotos, explosões de nuvens que provocam inundações repentinas e avalanches. As zonas costeiras são afectadas por ciclones, inundações e tsunamis e, adjacentes às zonas costeiras de Andhra Pradesh, existem zonas de secas graves na região de Rayalseema e Telengana.

A história da Índia repleta de desastres

Cerca de 60% da massa terrestre da Índia é propensa a terramotos

Mais de 40 milhões de hectares estão sujeitos a inundações

Quase 3 lakh km2 estão em risco de ciclones

O terramoto em Bhuj matou 14.000 pessoas

O ciclone em Orissa ceifou 10.000 vidas.

Entre 1990 e 2000, uma média de cerca de 3400 pessoas perderam a vida anualmente.

Cerca de 3 milhões de pessoas foram afectadas por catástrofes todos os anos.

Cerca de 17 000 pessoas morreram devido ao tsunami de 26 de dezembro de 2004

9.3 TERRORISMO

Um **sismo** (também conhecido como **terramoto**, **tremor** ou **temor**) é o resultado de uma libertação súbita de energia na crosta terrestre que cria ondas sísmicas. A **sismicidade, o sismo** ou a **atividade sísmica** de uma área refere-se à frequência, ao tipo e à dimensão dos sismos registados durante um determinado período de tempo. Um sismo liberta a tensão acumulada nas rochas ao longo de falhas geológicas ou pelo movimento do magma em áreas vulcânicas. São normalmente seguidos de réplicas. Trata-se de uma deslocação súbita da crosta terrestre abaixo ou à superfície que resulta na vibração do solo e no potencial colapso de edifícios e na possível destruição de vidas e bens se o sismo for de magnitude suficiente. Os sismos são considerados um dos fenómenos mais desastrosos, sendo geralmente súbitos e sem qualquer aviso.

Efeitos do terramoto

Os riscos de sismos podem ser classificados como riscos diretos ou indirectos.

Efeitos diretos

Tremores de terra;

Assentamento diferencial do solo;

Liquefação do solo;

Deslizamentos de terra ou deslizamentos de lama imediatos, abalos de terra e avalanches;

Deslocação permanente do solo ao longo de falhas;

Inundações causadas por maremotos, maremotos e tsunamis

Efeitos indirectos

Falhas de barragens;

Poluição causada por danos em instalações industriais;

Riscos no local: Alguns riscos comuns no local são:

(I) **Riscos de inclinação**

A instabilidade dos taludes, desencadeada por fortes abalos, pode provocar deslizamentos de terras. As rochas ou pedregulhos podem rolar distâncias consideráveis.

(ii) **Barragens naturais**

Os deslizamentos de terras em zonas de topografia irregular podem criar barragens naturais que podem colapsar quando estão cheias, o que pode levar a avalanches potencialmente catastróficas após fortes abalos sísmicos.

(iii) **Atividade vulcânica**

Os sismos podem estar associados a uma potencial atividade vulcânica e podem ocasionalmente ser considerados como fenómenos precursores.

As erupções explosivas são normalmente seguidas por quedas de cinzas e/ou fluxos piroclásticos, fluxos de lava ou lama vulcânica e gases vulcânicos.

Zonas sísmicas na Índia

Com base em dados sísmicos e em diferentes parâmetros geológicos e geofísicos, o país está dividido em cinco zonas sísmicas. Das cinco zonas, a zona um é a de menor atividade sísmica, enquanto a zona cinco apresenta a atividade sísmica máxima. Toda a região nordeste está abrangida pela zona cinco. De facto, nos últimos 100 anos, ocorreram nesta região cinco grandes sismos de magnitude igual ou superior a 7,0 na escala de Richter - Assam em julho de 1918, julho de 1930 e outubro de 1943, Arunachal Pradesh - fronteira com a China em agosto de 1950 e Manipur - fronteira com Mianmar em agosto de 1988.

Os outros Estados desta zona são Jammu e Caxemira, Himachal Pradesh, Uttrakhand, Rann de Kutch em Gujarat, o norte de Bihar e as ilhas Andaman e Nicobar. A zona quatro inclui os Estados de Sikkim, Deli, partes de Jammu & Kashmir, Himachal Pradesh, Bihar, partes do norte de UP, partes de Gujarat e pequenas partes de Maharashtra perto da costa ocidental.

Programa de Mitigação de Desastres causados por Terramotos a) A Fase Preventiva antes do Desastre inclui :

- Reparar os cabos eléctricos defeituosos, as botijas de gás com fugas e as ligações flexíveis dos serviços públicos;
- Colocar objectos grandes ou pesados nas prateleiras inferiores. Fixe prateleiras, espelhos e molduras grandes às paredes;
- Guarde os alimentos engarrafados, o vidro, a porcelana e outros objectos quebráveis em prateleiras baixas ou em armários que se fechem;
- Fixe os aparelhos de iluminação suspensos. Certifique-se de que a residência está firmemente ancorada à sua fundação. Instale acessórios de tubagem flexíveis para evitar fugas de gás ou água.

- Os acessórios flexíveis são mais resistentes à rutura;
- Localize pontos seguros em cada divisão, debaixo de uma mesa resistente ou contra uma parede interior;
- Realize exercícios de simulação de terramotos com os membros da sua família: Largar, cobrir e aguentar;
- Elaboração de categorias sísmicas e de mapas epicentrais e geológico-tectónicos;
- Análise do risco sísmico e zonagem sísmica para fins gerais;
- Elaboração de códigos anti-sísmicos de conceção e construção de várias estruturas;

Ensino e formação de engenheiros e arquitectos em princípios de engenharia sísmica e utilização de códigos;

Promulgação de leis e estatutos que prevejam caraterísticas de resistência aos sismos em todas as novas construções, de acordo com os códigos;

Desenvolvimento de métodos de reforço sísmico das estruturas existentes, nomeadamente nas estruturas consideradas críticas para a comunidade;

Desenvolvimento de métodos simples para melhorar a resistência sísmica da construção tradicional não projectada e sua divulgação junto dos construtores e proprietários comuns através de técnicas de comunicação de massas, demonstração, trabalho de extensão, etc;

Garantia anti-sísmica para os edifícios e estruturas, a fim de reduzir o impacto económico nas pessoas; e

A instalação de observações sismológicas para monitorizar a atividade sísmica com uma variedade de instrumentos é capaz de registar e localizar todos os sismos maiores do que uma magnitude selecionada.

A construção de barragens em algumas das áreas tectonicamente activas não provocou mais sismos, e a melhor utilização prática desta informação seria tentar reduzir uma ameaça de sismo baixando o nível de água numa albufeira. A libertação da água armazenada também minimizaria o risco de falha da barragem e de falhas a jusante. Outra possibilidade é a manipulação dos níveis das águas subterrâneas. Já existem provas de que a eliminação de resíduos líquidos em furos de sondagem criou esse efeito e é possível que a injeção de água em linhas de falha possa ajudar a controlar a acumulação de tensão tectónica perigosa.

b) Conceção resistente aos riscos: A solução reside em métodos de construção resistentes aos sismos, alguns dos quais têm uma longa história. O templo de Hephaistes em Atenas, Grécia, é contemporâneo do Partenon. Os blocos de colunas que constituem os pilares estão ligados entre si por pinos de chumbo e podem constituir o exemplo mais antigo de casas resistentes a terramotos. Algumas sociedades tradicionais utilizaram estruturas "fracas" como defesa contra os terramotos. No Japão, a maior parte dos habitantes das cidades vivia em casas de madeira de conceção aparentemente frágil, com tectos de tecido e paredes divisórias constituídas apenas por algodão branco esticado em armações de madeira, etc.

c) Preparação da comunidade: O planeamento da preparação e recuperação da comunidade é um fator-chave na atenuação do impacto dos sismos. A melhor maneira de o desenvolver é a nível local, dentro de um quadro fornecido pelo governo estatal ou nacional. A lista de verificação básica fornece uma indicação útil do vasto leque de planeamento prévio necessário. A resposta de emergência é mais eficiente quando há uma identificação clara das prioridades das tarefas a efetuar e quando se estabelece previamente quem é responsável por cada tarefa. Uma melhor gestão do tráfego, através da limitação dos veículos não essenciais e do redireccionamento do apoio de emergência, foi claramente necessária após este evento, juntamente com equipamento pesado de elevação para limpar os escombros das ruas. A formação em técnicas básicas de primeiros socorros, de busca e salvamento e de combate a incêndios é útil se for ministrada aos sobreviventes urbanos do terramoto. No rescaldo imediato de uma catástrofe, o comportamento do público é geralmente racional e solidário.

d) Seguros: Os seguros privados contra deslizamentos de terras e outros riscos de movimentos de massa não estão geralmente disponíveis em muitos países do mundo. Em contrapartida, a Nova Zelândia dispõe de uma proteção completa contra deslizamentos de terras ao abrigo do Earthquake and War Damage Act de 1944.

e) A estabilidade do talude pode ser melhorada através de uma variedade de técnicas de engenharia/outras medidas, incluindo (i) Métodos de escavação e enchimento podem ser utilizados para produzir um talude médio mais estável. As técnicas específicas incluem o descarregamento da cabeça de um deslizamento e o carregamento da base, com a substituição do material em falha por cargas mais leves; (ii) Drenagem: Os métodos de drenagem vão desde a remoção das águas superficiais e a drenagem das fendas de tração até à inserção de valas cheias de gravilha ou de drenos horizontais. Os sistemas de drenagem corretamente concebidos e construídos funcionam bem, mas outros ficam rapidamente obstruídos por partículas finas; (iii) Revegetação: As raízes das plantas ajudam a unir as partículas do solo, o dossel da vegetação protege a superfície do solo do impacto dos salpicos da chuva e os processos de transpiração ajudam a secar o talude; (iv) Estruturas de contenção, como estacas, contrafortes e muros de contenção, podem ser úteis para deslizamentos que cobrem uma área limitada. As estruturas de orientação perto da base do talude, como os muros de desvio, podem desviar eficazmente pequenos fluxos de detritos; (v) outros métodos incluem a estabilização química dos taludes e a utilização de caldas de injeção para reduzir a permeabilidade do solo e aumentar a sua resistência. Em alguns locais de construção, o congelamento de uma massa de solo em movimento foi conseguido com sucesso, sendo a instalação de congelamento deixada em funcionamento na unidade em que as estruturas de retenção do solo estão concluídas; (vi) A estabilização de taludes, juntamente com técnicas de construção resistentes ao risco, parece ser a estratégia preventiva mais eficaz para o controlo de novos desenvolvimentos. O controlo dos deslizamentos de terras é mais bem sucedido se for combinado com o planeamento da utilização dos solos. A atenuação tem sido prosseguida através da construção de barragens de retenção, sistemas de drenagem e outros controlos físicos em combinação com restrições ao desenvolvimento.

9.4 CICLONE

O termo "ciclone" refere-se a todas as classes de tempestades com baixa pressão atmosférica no centro, formadas quando um sistema organizado de ventos giratórios, no sentido dos ponteiros do relógio no Hemisfério Sul e no sentido contrário no Hemisfério Norte, se desenvolve sobre águas tropicais.

Os ciclones são classificados com base na velocidade média do vento perto do centro do sistema, da seguinte forma:

Velocidade do vento	Classificação
Até 61 km/h	Depressão tropical
61 km/hr - 115 km/hr	Tempestade tropical
Superior a 115 km/h	Furacão

A palavra "Ciclone" deriva da palavra grega "Cyclos" ou "Kyclos", que significa as espirais de uma serpente. Henry Peddington, para quem as tempestades tropicais na Baía de Bengala e no Mar Arábico pareciam serpentes enroladas do mar, chamou a estas tempestades "ciclones".

Um ciclone tropical é uma zona de baixa pressão intensa ou um turbilhão na atmosfera sobre águas tropicais ou subtropicais, com convecção organizada (ou seja, atividade de trovoada) e ventos a baixos níveis, circulando no sentido anti-horário (no hemisfério norte) ou horário (no hemisfério sul). A partir do centro de uma tempestade ciclónica, a pressão aumenta para o exterior. A intensidade dos ciclones e a força dos ventos dependem da queda de pressão no centro e do ritmo a que esta aumenta para o exterior.

Os ciclones tropicais requerem certas condições para a sua formação. Estas são:

- Uma fonte de ar quente e húmido proveniente de oceanos tropicais com temperatura à superfície do mar normalmente próxima ou superior a 27 °C - Ventos perto da superfície do oceano soprando de diferentes direcções que convergem e provocam a subida do ar e a formação de nuvens de tempestade.
- Ventos que não variam muito com a altura - conhecido como baixo cisalhamento do vento. Isto permite que as nuvens de tempestade subam verticalmente para níveis elevados;
- Força de Coriolis / rotação induzida pela rotação da Terra. Os mecanismos de formação variam em todo o mundo, mas quando um aglomerado de nuvens de tempestade começa a rodar, transforma-se numa depressão tropical. Se continuar a desenvolver-se, transforma-se numa tempestade tropical e, mais tarde, num ciclone/superciclone.

Um ciclone adulto é um turbilhão violento na atmosfera com 150 a 1000 km de diâmetro e 10 a 15 km de altura. Ventos de vendaval de 150 a 250 km/h ou mais giram em torno do centro de uma área de pressão muito baixa com 30 a 100 hPa abaixo da pressão normal ao nível do mar. A região central calma da tempestade é designada por "olho". O diâmetro do olho varia entre 30 e 50 km e é uma região livre de nuvens e com ventos fracos. À volta deste olho calmo e límpido, existe a "Região da Parede de Nuvens" da tempestade com cerca de 50 km de extensão, onde predominam os vendavais, as nuvens espessas com chuva torrencial, trovões e relâmpagos. Longe da "região da parede de nuvens", a velocidade do vento diminui gradualmente.

Ciclones nos mares da Índia

Os ciclones formam-se em determinadas condições atmosféricas e oceânicas favoráveis. Existem variações sazonais acentuadas nos seus locais de origem, trajectos e intensidades atingidas. Estes comportamentos ajudam a prever os seus movimentos.

Os ciclones afectam tanto a Baía de Bengala como o Mar Arábico. São raros na Baía de Bengala de janeiro a março. Os isolados que se formam no sul da Baía de Bengala deslocam-se para oeste-noroeste e atingem as costas de Tamil Nadu e do Sri Lanka. Em abril e maio, formam-se na Baía do Sul e na Baía Central adjacente e deslocam-se inicialmente para noroeste, depois para norte e, em seguida, recuam para nordeste, atingindo as costas de Arakan em abril e de Andhra-Orissa-Bengala Ocidental-Bangla Desh em maio. A maior parte das tempestades de monção (junho-setembro) desenvolvem-se no centro e na Baía do Norte e deslocam-se para oeste-noroeste, afectando as costas de Andhra-Orissa-Bengala Ocidental. As tempestades pós-monção (outubro-dezembro) formam-se principalmente no sul e na baía central, recuam entre 15^0 e 18° N e afectam as costas de Tamil Nadu-Andhra Orissa-Bengala Ocidental-Bangla Desh. Alguns dos ciclones originários da Baía de Bengala atravessam a península, enfraquecem e emergem no Mar Arábico como zonas de baixa pressão. Estas podem voltar a intensificar-se e transformar-se em tempestades ciclónicas. A maior parte das tempestades no mar da Arábia deslocam-se na direção oeste-noroeste para a costa da Arábia no mês de maio e na direção norte para a costa de Gujarat no mês de junho. Nos outros meses, deslocam-se geralmente para noroeste-noroeste e depois recuam para nordeste, afectando as costas de Gujarat-Maharashtra; algumas, porém, deslocam-se também para oeste-noro-oeste em direção à costa da Arábia.

A tempestade ciclónica muito severa Hudhud foi um forte ciclone tropical que causou grandes danos e perda de vidas no leste da Índia e no Nepal em outubro de 2014. O Hudhud teve origem num sistema de baixa pressão que se formou sob a influência de uma circulação ciclónica de ar superior no Mar de Andamão em 6 de outubro. O Hudhud intensificou-se, tornando-se uma tempestade ciclónica a 8 de outubro e uma tempestade ciclónica severa a 9 de outubro. O Hudhud sofreu um rápido agravamento nos dias seguintes e foi classificado como tempestade ciclónica muito grave pelo IMD. Pouco antes de atingir a costa perto de Visakhapatnam, Andhra Pradesh, em 12 de outubro, o Hudhud atingiu o seu pico de força com ventos de 175 km/h (109 mph) em três minutos e uma pressão central mínima de 960 mbar (28,35 inHg). O sistema deslocou-se depois para norte, em direção ao Uttar Pradesh e ao Nepal, provocando chuvas generalizadas em ambas as zonas e fortes quedas de neve na última.[[3]][ ][4]

O Hudhud causou danos consideráveis na cidade de Visakhapatnam e nos distritos vizinhos de Vizianagaram e Srikakulam, em Andhra Pradesh. Os prejuízos foram estimados em 21908 crore (3,4 mil milhões de dólares) pelo Governo do Estado de Andhra.[[5]] Foram confirmadas pelo menos 124 mortes, a maioria das quais em Andhra

Pradesh e no Nepal, tendo este último sofrido uma avalanche devido ao ciclone.

Efeitos dos ciclones

Há três elementos associados a um ciclone que provocam a destruição. Estes elementos são explicados nos parágrafos seguintes:

1. Os ciclones estão associados a gradientes de alta pressão e consequentes ventos fortes. Estes, por sua vez, geram tempestades. Uma vaga de tempestade é uma subida anormal do nível do mar perto da costa causada por um ciclone tropical grave; em consequência, a água do mar inunda as zonas baixas das regiões costeiras, afogando seres humanos e gado, erodindo praias e diques, destruindo a vegetação e reduzindo a fertilidade do solo.
2. Ventos muito fortes podem danificar instalações, habitações, sistemas de comunicação, árvores, etc., provocando a perda de vidas e bens.
3. Chuvas fortes e prolongadas devidas a ciclones podem provocar inundações fluviais e a submersão de zonas baixas pela chuva, causando a perda de vidas e de bens. As cheias e inundações costeiras devidas a tempestades poluem as fontes de água potável, provocando o aparecimento de epidemias.

Prevenção de catástrofes causadas por ciclones

Os ciclones são fenómenos meteorológicos desastrosos que afectam frequentemente as zonas costeiras da Índia. Os distritos da costa oriental, especialmente os de Andhra Pradesh, Orissa e Bengala Ocidental, são vítimas de ciclones frequentes e desastrosos de tempos a tempos. Duas tempestades ciclónicas atingiram a costa de Andhra Pradesh em 1969, uma em maio e outra em novembro. No seu conjunto, causaram a morte de cerca de 900 pessoas e os danos causados às culturas, casas, estradas e outros bens foram da ordem dos 200 milhões de rupias. Tendo em conta estes danos excessivos para a vida e os bens, o Governo da Índia, o Ministério da Irrigação e da Energia, em consulta com o Ministério do Turismo e da Aviação Civil, nomeou, em dezembro de 1969, um Cyclone Distress Mitigation Committee (CDMC) para Andhra Pradesh, tendo como presidente o Dr. P. Koteswaram, então Diretor-Geral dos Observatórios, e como membros vários outros funcionários da administração central e estatal, a fim de examinar várias medidas destinadas a atenuar o sofrimento humano e a reduzir a perda de vidas e de bens em caso de recorrência de ciclones no futuro. Foram também realizados estudos semelhantes noutras zonas vulneráveis.

A Organização Meteorológica Mundial (OMM) estabeleceu, em 1972, um Projeto de Ciclones Tropicais (TCP) com o objetivo de ajudar os países membros a aumentar as suas capacidades de detetar e prever a aproximação e o desembarque dos ciclones tropicais, avaliar e prever as tempestades, prever as inundações resultantes dos ciclones e desenvolver esquemas para organizar e executar medidas de prevenção e preparação para catástrofes. Um desses planos, que está em funcionamento para ajudar os países adjacentes à Baía de Bengala e ao Mar Arábico, é o painel sobre ciclones tropicais da Organização Meteorológica Mundial (OMM) e do Conselho Económico e Social para a Ásia e o Pacífico (ESCAP). O painel da OMM/ESCAP tem uma unidade de apoio técnico (TSU) e a sua sede é rotativa de quatro em quatro anos, estando atualmente localizada em Dhaka, no Bangladesh. Os actuais membros do painel da OMM/ESCAP sobre ciclones tropicais são o Bangladesh, a Birmânia, a Índia, as Maldivas, o Paquistão, o Sri Lanka e a Tailândia.

9.5 LANDSLIDES

O deslizamento de terras é o "movimento de uma massa de rocha, detritos ou terra por uma encosta", que é basicamente o movimento gravitacional de massa de materiais compreendendo encostas subaéreas e subaquáticas. A ocorrência de movimentos de vertente é a consequência de um campo complexo de forças (a tensão é uma força por unidade de área) que actua sobre uma massa de rocha ou de solo na vertente. As consequências destas forças, em conjugação com a morfologia do talude e os parâmetros geotécnicos do material, definem em conjunto o tipo específico de deslizamento de terras que pode ocorrer.

Os deslizamentos de terra são classificados pela combinação de tipos de movimentos (deslizamento, fluxo, queda, tombamento e propagação) e tipos de material (rocha, detritos, terra), tais como deslizamento de rocha, deslizamento de detritos, fluxo de detritos, fluxo de terra e queda de rocha. O tombamento é um movimento rotativo para a frente e o alastramento é um movimento maioritariamente num terreno plano. O tombamento e o alastramento são grupos menores. O perigo de deslizamento de terras causa graves perdas de vidas, ferimentos, danos materiais, destruição de redes de comunicação e perda de solos e terras preciosos. Apesar de a ocorrência de deslizamentos de terras estar a diminuir em todo o mundo devido a um maior conhecimento científico e a uma maior sensibilização do público, o risco de deslizamento de terras é cada vez maior.

Tipos de deslizamentos de terra

a.) Deslizamento rotacional: É uma forma clássica de deslizamento de terras. Alguns casos produzem fenómenos regressivos múltiplos quando a instabilidade continuada produz novas carpas de cabeça que se desenvolvem progressivamente na encosta.

b.) Deslizamento translacional: Envolve um movimento relativamente plano, planar, seguindo a superfície. Este tipo de movimento é encontrado em planos de assentamento feitos de rochas sedimentares ou metamórficas que mergulham na direção do declive.

c.) Deslizamento roto-translacional: Trata-se de um tipo complexo em que se verifica uma combinação de deslizamento ao longo de um arco circular e de um plano plano.

d.) Falha da placa de solo: Neste caso, uma laje de regolito saturado é convertida num líquido espesso. Por isso, a velocidade do deslizamento de terras é acelerada até 10 m/s.

e.) Deslizamento ou avalanche de detritos: Ocorre em depósitos superficiais de materiais granulares. A superfície de rutura é quase paralela à inclinação do leito rochoso.

f.) Fluxo de detritos: Ocorre quando os detritos estão saturados de água. Quando um sólido rígido também cai juntamente com a massa deslizante, o fenómeno é designado por fluxo de tampões.

g.) Quedas: Estas quedas ocorrem através do ar; por exemplo, quedas de rochas articuladas de penhascos verticais.

h.) Derrubamentos: Após o desprendimento das arribas, a rotação para o exterior de blocos angulosos e de colunas de rocha provoca tombamentos.
i.) Fluxo de lama: Contém 20 a 80 por cento de sedimentos finos saturados com água. A fricção é causada por um movimento viscoso que gera energia suficiente para transportar até grandes pedras.
j.) Fluência do solo: É o menos destrutivo dos fenómenos de deslizamento de terras. A fluência é lenta e superficial.
Os Himalaias são propensos a deslizamentos de terras, especialmente durante os meses de monção, de junho a outubro. Os tipos de deslizamentos de terras incluem o desabamento de blocos, a queda de detritos, o deslizamento de detritos, a queda de rochas, o deslizamento rotacional e o desabamento. A pressão da população e a exploração económica da região montanhosa têm sido as principais causas dos deslizamentos de terras. A transformação de terrenos florestais em pomares (sendo a cultura da maçã uma atividade lucrativa), o aumento das actividades de construção e de construção de estradas e o pastoreio do gado são algumas das actividades que conduziram a um aumento da probabilidade de deslizamentos de terras. Factores como a desflorestação pela indústria madeireira e a deslocação da agricultura
Ultimamente, foram já preparados vários mapas temáticos que descrevem a geologia, o declive, a drenagem, a utilização dos solos, o relevo e o risco de deslizamento de terras, abrangendo cerca de 2 500 km2 do vale de Alaknanda, de Devaprayag a Nandaprayag. O Central Building Research Institute (CBRI) desenvolveu também um critério de zonagem para o risco de deslizamento de terras. Estes mapas são úteis porque permitem às autoridades competentes tomar decisões sobre a viabilidade técnico-económica da utilização dos solos, a localização geográfica das barragens, a construção de pontes e complexos habitacionais, o alinhamento das estradas e a adoção de medidas adequadas para combater os riscos e preservar a ecologia dos Himalaias.

- Causas dos deslizamentos de terra

Um movimento de massa é iniciado pela "rotura por cisalhamento" dos materiais, quando a tensão de cisalhamento é igual ou superior à resistência ao cisalhamento num talude. Por conseguinte, os deslizamentos de terras podem ser causados por um aumento da tensão de cisalhamento ou por uma diminuição da resistência ao cisalhamento no talude.

- Aumento da tensão de cisalhamento

Os sismos proporcionam tensões adicionais. A rotura por cisalhamento pode ser iniciada por esta tensão dinâmica devida aos sismos e pode ocorrer deslocamento de cisalhamento. A resistência ao cisalhamento após a falha diminui frequentemente devido à elevada pressão da água dos poros ao longo da zona de cisalhamento. Neste caso, o movimento de deslizamento de terras pode continuar após o abalo sísmico. *O movimento tectónico e a atividade vulcânica* podem aumentar os ângulos dos declives ao longo de uma dobra ou nos vulcões, o que pode aumentar a tensão de cisalhamento a longo prazo. *A erosão e a deposição em processos naturais e o corte e enchimento pelo homem* podem aumentar a tensão de cisalhamento num talude.

- Diminuição da resistência ao cisalhamento

Alteração da pressão da água dos poros: A resistência ao cisalhamento diminui devido à ação da tensão normal sobre uma superfície de cisalhamento e devido à pressão dos poros que reduz o efeito da tensão normal. A pressão dos poros aumenta com a infiltração de água no solo devido à precipitação, ao derretimento da neve (fenómenos naturais), ao represamento da água, à irrigação, à fuga de tubos de água ou do sistema de drenagem ao longo das estradas e a outras causas associadas a actividades antropogénicas.

- Alterações climáticas no início de um deslizamento de terras

Esta questão ainda não está bem estudada. No entanto, os seguintes factores podem ajudar a compreender o mecanismo de iniciação dos deslizamentos de terras. O aquecimento global pode intensificar os deslizamentos de terras devido ao recuo dos glaciares, que estabilizaram as encostas dos vales, e ao derretimento do permafrost, que estabilizou as encostas nas zonas de permafrost; o aumento dos níveis de água do mar aumentaria a pressão dos poros nas encostas ao longo dos lagos dos glaciares e noutras zonas.

Prevenção e atenuação

O deslizamento de terras pode ser evitado através da estabilização do talude. Existem três abordagens básicas:

1. Métodos geométricos, em que a geometria do declive da encosta é alterada. As modificações geométricas de taludes rochosos e de taludes de solo requerem técnicas diferentes.
2. Métodos hidrogeológicos, nos quais se procura baixar o nível do lençol freático ou reduzir o teor de água do material.
3. Métodos mecânicos, nos quais se tenta aumentar a resistência ao cisalhamento da massa instável ou introduzir forças externas activas (por exemplo, âncoras, pregagens em rocha ou no solo) ou forças externas passivas (por exemplo, poços estruturais, estacas ou solo reforçado) para se opor às forças desestabilizadoras.

Impacto dos deslizamentos de terras

A atividade de deslizamento de terras a nível mundial está a aumentar, devido a:

- Aumento da urbanização e do desenvolvimento em áreas propensas a deslizamentos de terra.
- Continuação da desflorestação de zonas propensas a deslizamentos de terras
- Aumento da precipitação regional causado pela alteração dos padrões climáticos

- Perdas económicas devido a deslizamentos de terras

- *Custos diretos:*
- Reparação, substituição ou manutenção resultantes de danos causados a
- Bens ou infra-estruturas devido a desabamentos de terras

- Custos indirectos:

- Perda de produtividade e de receitas
- Redução do valor do terreno

- Perda de receitas fiscais
- Medidas de atenuação de deslizamentos de terras
- Efeito adverso na qualidade da água/sedimentação/assoreamento das albufeiras
- Perda de produtividade humana ou animal devido a lesão/trauma
- Efeitos secundários, como inundações causadas por deslizamentos de terras

Métodos para minimizar os danos

Não construir perto de encostas íngremes, perto de bordos de montanhas, perto de vias de drenagem ou vales de erosão natural.

- Obter uma avaliação do terreno da sua propriedade.
- Contactar as autoridades locais, os serviços geológicos estatais ou os departamentos de recursos naturais e os departamentos de geologia das universidades. Os deslizamentos de terras ocorrem onde já ocorreram anteriormente e em locais de risco identificáveis. Peça informações sobre deslizamentos de terras na sua área, informações específicas sobre áreas vulneráveis a deslizamentos de terras e solicite a indicação de um profissional para uma análise muito pormenorizada do local da sua propriedade e medidas corretivas que possa tomar, se necessário.
- Observe os padrões de drenagem das águas pluviais perto da sua casa e repare nos locais onde as águas de escoamento convergem, aumentando o fluxo nos canais. Estas são áreas a evitar durante uma tempestade.
- Informe-se sobre os planos de resposta a emergências e de evacuação da sua área. Desenvolva o seu próprio plano de emergência para a sua família ou empresa.

Minimizar os riscos domésticos:

- Instalar acessórios flexíveis para evitar fugas de gás ou de água, uma vez que os acessórios flexíveis são mais resistentes à rutura (só a companhia de gás ou profissionais devem instalar acessórios de gás).
- Plantar cobertura vegetal nas encostas e construir muros de contenção.
- Nas zonas de fluxo de lama, construa canais ou muros de desvio para direcionar o fluxo à volta dos edifícios. *Lembre-se*: se construir muros para desviar o fluxo de detritos e este cair na propriedade de um vizinho, poderá ser responsabilizado por danos.

(i) Evitar: Uma forma de evitar os deslizamentos de terra é controlar a localização, o calendário e a natureza do desenvolvimento. As medidas incluem contornar as zonas instáveis; impor restrições à utilização dos terrenos; cartografar as zonas propensas ao risco e zonar a utilização dos terrenos; adquirir e reestruturar a propriedade pública; sensibilizar a população; divulgar a natureza do risco aos potenciais compradores de propriedades; promover seguros contra o risco; conceder assistência financeira, como empréstimos, créditos fiscais, etc., para promover a redução do risco.

(ii) Redução da tensão de cisalhamento: Pode-se reduzir a tensão de cisalhamento limitando ou reduzindo os ângulos de declive, corte e aterro; limitar ou reduzir os comprimentos unitários de declive; remover material instável.

(iii) Redução da tensão de cisalhamento: e aumento da resistência ao cisalhamento. Isto pode ser conseguido através de um sistema de drenagem melhorado, que envolve a melhoria da drenagem superficial que cobre os drenos dos terraços e outros drenos; a

melhoria da drenagem subsuperficial; o controlo da agricultura não sustentável.

(iv) Aumento da resistência ao cisalhamento: Isto pode ser feito através de estruturas de retenção, tais como berços ou muros de contenção; adoção de métodos de engenharia através de estacas, tirantes, âncoras, etc.; construção de superfícies duras, por exemplo, superfície de betão; controlo da compactação do enchimento.

- O Departamento de Ciência e Tecnologia iniciou um programa coordenado sobre o Estudo de Deslizamentos de Terra que está a ser levado a cabo num modo multi-institucional. Os vários tópicos de investigação sobre os quais foram iniciados alguns projectos são
    * Base de dados
    * Desenvolvimento
    * Zonação
    * Monitorização e instrumentação
    * Modelação e atualização da tecnologia
    * Documentação e divulgação
    * Formação

Áreas de ensaio intensivo:

- Nos últimos anos, foram efectuadas investigações pormenorizadas de estudos geológicos em partes de Satluj-Beas Valley, H.P., Sikkim do Sul, partes de Garhwal e Kumaon Himalaya, Western Ghats, Nilgiri's Hill, distrito de Lungeli, Mizoram e Guwahati, Assam (Fig.1). Os deslizamentos de terra identificados serão também monitorizados com um conjunto adequado de instrumentos. Os nomes dos novos deslizamentos de terras são os seguintes Chanmari (Sikkim), Sher-ka-Danda (Nainital), Nathpa (H.P.), Powari (H.P.) e Karsingsa (Arunachal Pradesh).
- ***Situação atual:*** Alguns dos resultados importantes do programa são:

    1. Metodologia de zoneamento de risco de deslizamento de terra: A identificação de áreas propensas a deslizamentos de terra e a sua categorização de acordo com a intensidade do desastre são os elementos-chave na sugestão de medidas mitigadas para minimizar as perdas causadas por deslizamentos de terra. A experiência adquirida durante os estudos realizados pelo WIHG, CBRI, CRRI e Universidade de Roorkee em diferentes áreas de teste selecionadas ajudou a desenvolver uma metodologia de zonação do risco de deslizamento de terras. Com base nesta metodologia, foi concluída a cartografia de zonação do risco de deslizamento de terras em partes do vale de Satluj-Beas, H.P., Garhwal Himalaya, Kumaon Himalaya, Sikkim, Nilgiri's, Lungeli, Guwahati e Western Ghats à escala de 1:50.000. Além disso, foi efectuada uma microzonagem à escala de 1:10.000 em partes da estrada Srinagar-Badrinath nos Himalaias de Garhwal.

    2. Modelo de movimentos de massa: Para avaliar quantitativamente a extensão do movimento de massa e prever o perfil de deposição no caso de um deslizamento de terras, é necessário modelar o processo do movimento de massa e analisar a estabilidade do talude. Num estudo realizado pelo IIT, Mumbai, foram utilizados modelos digitais de terreno para preparar as secções dos taludes instáveis e determinar as superfícies de rutura. O movimento de massa foi modelado para prever os parâmetros de movimento e o perfil de deposição.

3. Medidas de controlo: Foi preparado um relatório sobre o estado da arte das medidas de controlo de deslizamentos de terras. Os outros trabalhos, como a estabilização de deslizamentos de terra através da técnica de pregagem do solo, estão em curso.

4. Divulgação e formação: A fim de sensibilizar os potenciais utilizadores, foram realizados quatro cursos de formação/workshops nos últimos cinco anos.

5. Objetivo futuro: Em resposta às incidências de deslizamentos de terras na região dos Himalaias durante o mês de agosto de 1998, em que se verificaram grandes danos em vidas e bens, a DST convocou uma reunião em 15 de setembro de 1998, sob a presidência do Secretário da DST, para analisar a situação científica dos estudos sobre deslizamentos de terras no país. Foram apresentadas sugestões para a adoção de medidas de acompanhamento a curto e médio/longo prazo.

9.6 TSUNAMI

Estas impressionantes ondas sísmicas do mar são causadas por movimentos súbitos em grande escala do fundo do mar, normalmente devido a terramotos.

Os tsunamis diferem de outros riscos sísmicos na medida em que podem causar danos graves a milhares de quilómetros das falhas causadoras. Uma vez gerados, são quase imperceptíveis no meio do oceano, onde a sua altura à superfície é inferior a um metro. Viajam a velocidades incríveis, até 900 km/h, e a distância entre as cristas das ondas pode ser de 500 km. À medida que as ondas se aproximam de águas pouco profundas, a velocidade do tsunami diminui e a energia é transformada em altura de onda, chegando por vezes a atingir 25 m, mas o intervalo de tempo entre ondas sucessivas mantém-se inalterado, normalmente entre 20 e 40 minutos. Quando os tsunamis se aproximam da costa, o mar recua, muitas vezes para níveis muito mais baixos do que a maré baixa, e depois sobe como uma onda gigante. Os tsunamis são ondas oceânicas produzidas por terramotos ou deslizamentos de terra submarinos. São também designadas por ondas sísmicas ou ondas de maré de tamanho incorreto. Pouco percetível em mar aberto, a amplitude de um tsunami pode aumentar muito à medida que se aproxima de águas costeiras pouco profundas. Tsunami é uma palavra japonesa que significa "onda do porto". A pronúncia de tsunami é "soo-nah-mee", e vem do japonês tsu (porto) + nami (onda).

A **palavra é japonesa e significa "ondas do porto"**. O tsunami é, na verdade, uma série de ondas que podem viajar a velocidades de 400-600 mph em mar aberto. À medida que as ondas se aproximam da costa, a sua velocidade diminui, mas a sua amplitude aumenta.

Os riscos associados incluem:

* Inundações
* Incêndios provocados pela rutura de condutas e reservatórios de gás

* Perda de infra-estruturas comunitárias vitais [polícia, bombeiros, serviços médicos]

As condições ambientais deixadas pelos tsunamis podem contribuir para a transmissão das seguintes doenças: - a partir de alimentos ou água, animais ou mosquitos.

- Doenças diarreicas; Cólera, Diarreia aguda, Disenteria
- Hepatite-A, Hepatite-E
- Febre tifoide
- Doenças de origem alimentar;Bacterianas;Virais;Parasitárias;Não-infecções;
- Leptospirose, Peste, Malária, J.E, Dengue, Raiva
- Doenças respiratórias; gripe aviária, gripe, sarampo

Medidas de atenuação do tsunami

- Evitar as zonas de alastramento de tsunamis nas novas construções, com exceção das instalações marítimas e outras que exijam a proximidade da água. Proibir a instalação de estruturas críticas e de elevada ocupação.
- Colocar as zonas de potencial inundação sob o regime de zonas inundáveis, proibindo todas as novas construções e designando as ocupações existentes como não conformes.
- Quando for economicamente viável, estabelecer restrições para minimizar a inundação potencial ou para reduzir a força das ondas. Estas medidas incluem:
  * Construção de muralhas ao longo das zonas baixas da costa e de quebra-mares nas entradas das baías e dos portos
  * Plantação de cinturões de árvores entre a linha costeira e as áreas que requerem proteção Onde houver desenvolvimento, estabelecer sistemas adequados de aviso e evacuação. Estabelecer normas de construção para as estruturas situadas nos portos e nas zonas de galgamento conhecidas.

Atenuar os efeitos dos tsunamis

Embora os tsunamis não possam ser evitados, o Centro de Alerta de Tsunamis do Pacífico está constantemente a monitorizar os oceanos e, em muitos casos, pode avisar a população local de um tsunami iminente com tempo suficiente para possibilitar a evacuação. No entanto, esses avisos não podem impedir a destruição de embarcações, edifícios, portos, terminais marítimos e tudo o mais que se encontre na zona de afluência. As zonas de risco podem ser identificadas e devem ser aplicados controlos rigorosos, como os propostos na caixa supra.

No entanto, é de salientar que essas medidas são geralmente mais aplicáveis em zonas de elevada concentração populacional e que, uma vez que uma proteção significativa contra um grande tsunami é praticamente impossível do ponto de vista económico, os sistemas de prevenção e alerta são as melhores medidas de atenuação para muitas zonas.

Para proteger contra os seiches, devem ser aplicados controlos do uso do solo nas zonas baixas das regiões sísmicas, nas margens de grandes lagos e nas zonas de potencial inundação a jusante de grandes estruturas de retenção de água.

Embora esteja fora do âmbito deste capítulo tratar da avaliação específica do local do risco de tsunami e da conceção de medidas de atenuação, foram desenvolvidas técnicas para estes fins para os planeadores. A caixa seguinte identifica duas fontes de informação.

Propostas-chave para considerar os tsunamis num estudo de planeamento do desenvolvimento - Qualquer centro populacional costeiro de baixa altitude numa zona sujeita a tsunamis está em risco.

- As medidas de atenuação que não sejam a regulamentação do uso do solo são, em geral, economicamente inviáveis, exceto nas grandes áreas metropolitanas.
- O Sistema de Alerta de Tsunamis do Pacífico abrange oito países da América Latina e foi concebido para alertar os países do Pacífico Oriental para os tsunamis gerados por terramotos no Pacífico Ocidental e vice-versa. O sistema não foi concebido para alertar os centros populacionais da costa ocidental da América Latina sobre os tsunamis gerados na mesma costa, onde pode haver apenas cerca de 30 minutos entre um terramoto e o tsunami subsequente.
- Está em fase experimental um novo sistema de alerta, o THRUSH, concebido para avisar as localidades do Pacífico Oriental dos tsunamis gerados na mesma costa. Quando estiver operacional, o tempo de alerta deverá ser reduzido para cerca de dez minutos.

9.7 INUNDAÇÕES

As inundações podem ser geralmente classificadas em quatro tipos:

1. *Inundações costeiras:* Os ventos violentos das tempestades tropicais podem empurrar a água do oceano para as terras costeiras de baixa altitude. A inundação costeira também pode ser produzida por tsunamis criados por terramotos submarinos, deslizamentos de terras ou erupções vulcânicas.
2. *Cheias repentinas:* As ravinas ou os leitos de riachos normalmente secos que se encontram em zonas semi-áridas podem rapidamente transformar-se em torrentes poderosas de fluxo rápido durante as tempestades.
3. *Inundações fluviais:* As inundações ao longo das margens dos rios são um fenómeno natural. A maior parte das cheias ocorre sazonalmente, quer quando as neves de inverno derretem e se combinam com as chuvas de primavera (nas regiões temperadas), quer nas chuvas fortes da estação húmida/monção nos regimes tropicais e subtropicais.
4. *Inundações urbanas:* À medida que o solo urbano é desenvolvido e pavimentado, perde a sua capacidade de absorver a precipitação. Em caso de chuvas intensas, a água da chuva transforma-se rapidamente em escoamento superficial. As condutas de drenagem artificiais inadequadas podem transbordar e inundar as povoações urbanas de baixa altitude.
5. *Rebentamento de nuvens:* A ocorrência súbita de chuvas fortes e abundantes em áreas geograficamente pequenas pode causar inundações.

Impacto

Os efeitos das cheias podem ser locais, afectando um bairro ou uma comunidade, ou muito grandes, afectando bacias hidrográficas inteiras e várias comunidades. Com exceção das cheias repentinas, as inundações causam poucas mortes.

Os primeiros efeitos das inundações na saúde incluem a morte por afogamento e acidentes como quedas, eletrocussão e o efeito de deslizamentos de terras. As pessoas perdem as suas casas e, muitas vezes, perdem também a sua fonte de alimentos e água. Se o sistema de abastecimento de água potável e de saneamento já for inadequado, as inundações representam uma ameaça ainda maior para a saúde.

- Para além dos efeitos agudos, as águas das cheias proporcionam um terreno ideal para a reprodução de mosquitos e um risco acrescido de doenças como o dengue, a malária e a febre do Vale do Rift. Também deslocam populações de roedores, que podem causar surtos humanos de leptospirose e infeção por hantavírus. Os efeitos combinados dos esgotos a céu aberto e as reduzidas oportunidades de uma boa higiene pessoal também favorecem a propagação de infecções que causam diarreia, como a cólera e os vírus gastrointestinais.
- As inundações afectam a saúde indiretamente através dos danos generalizados causados às infra-estruturas de uma comunidade: estradas, edifícios, equipamentos, sistemas de drenagem, esgotos e abastecimento de água.
- A mortalidade relacionada com as inundações varia de país para país. As inundações repentinas, como as provocadas por chuvas excessivas ou pela libertação súbita de água de uma barragem, são a causa da maioria das mortes relacionadas com as inundações. A maior parte das vítimas mortais das cheias ficam presas no carro e afogam-se quando tentam atravessar (ou tentam atravessar, no caso de zonas rurais) uma corrente de água em rápido movimento. Outras mortes foram causadas por vadear, andar de bicicleta ou outras actividades recreativas em zonas inundadas.

Factores e causas das inundações:

(a) A precipitação intensa e contínua durante um longo período é a causa principal das cheias dos rios, uma vez que o imenso volume de escoamento resulta no transbordamento da margem do rio;

(b) A desflorestação em grande escala nas bacias hidrográficas superiores é o fator antropogénico mais importante nas margens dos rios;

(c) Uma bacia nua e aberta acelera a erosão do solo, aumentando assim a carga de assoreamento no canal do rio. Este facto reduz a área da secção transversal do canal, levando ao transbordamento;

(d) Devido ao forte assoreamento, o nível do leito é elevado, o que reduz a profundidade dos canais, causando transbordamento;

(i) O aumento da invasão das planícies aluviais para fins residenciais e agrícolas aumenta os danos causados pelas inundações; e

(j) A urbanização descontrolada aumenta a frequência e a dimensão das cheias nos rios, uma vez que a superfície de betão e os esgotos de alvenaria reduzem a taxa de infiltração das águas pluviais, aumentando substancialmente o escoamento.

Caraterísticas das inundações em termos de risco de vida:

Ausência de aviso de inundação (quer se trate de um aviso "oficial" ou de um aviso derivado de sinais, por exemplo, chuva intensa).

1. Velocidades elevadas das águas das cheias (por exemplo, em terrenos acidentados ou montanhosos ou onde os cursos de água desaguam em planícies a partir de zonas de montanha; em vales fluviais com declives acentuados; em zonas situadas atrás de diques de inundação ou de barreiras naturais que podem romper-se ou por cima ou por baixo de barragens que podem romper-se).
2. Rápida velocidade de início das cheias (como nas zonas em que os cursos de água são "vistosos", isto é, sobem e descem rapidamente; trata-se geralmente de zonas urbanas ou de zonas rurais áridas onde a superfície do solo se torna compactada e dura; ou em zonas onde se prevêem velocidades elevadas das águas das cheias).
3. Águas de inundação profundas: quando as águas de inundação excedem um metro de profundidade (ocorrem nos canais fluviais ou na sua proximidade; em depressões que podem não ser fáceis de identificar a olho nu; por detrás de aterros transbordados e em caves de edifícios).
4. Inundações de longa duração (por exemplo, quando o terreno é plano, a inundação é extensa; os gradientes dos rios são muito baixos, os canais estão obstruídos e a água das cheias fica retida atrás de barreiras naturais ou artificiais).
5. A cheia tem mais de um pico (não é atípico em sistemas fluviais complexos em que os afluentes contribuem para os caudais do rio ou em que a cheia é provocada pelas marés).
6. Carga de detritos das águas das cheias (geralmente maior em cheias de alta velocidade; as águas das cheias podem conter árvores, detritos de construção, etc., que podem constituir refúgio flutuante ou ameaçar a vida).

Medidas de prevenção

1. Monitorização das inundações numa zona específica: para demonstrar os benefícios da transição da investigação para a aplicação.
2. Previsão em conjunto de riscos de inundação: demonstrar a nova previsão de inundação em conjunto com um protótipo de modelo de previsão hidrometeorológica em conjunto, impulsionado por um modelo de previsão global múltiplo no âmbito da World Weather Research(j) A urbanização descontrolada aumenta a frequência e a dimensão das inundações nos rios, uma vez que a superfície de betão e os drenos de alvenaria reduzem a taxa de infiltração das águas pluviais, aumentando substancialmente o escoamento.

Caraterísticas das inundações em termos de risco de vida:

Ausência de aviso de inundação (quer se trate de um aviso "oficial" ou de um aviso derivado de sinais, por exemplo, chuva intensa).

1. Velocidades elevadas das águas das cheias (como em terrenos acidentados ou montanhosos ou onde os cursos de água desaguam em planícies a partir de zonas de planalto; em vales fluviais com declives acentuados; em zonas atrás de diques de inundação ou barreiras naturais que podem romper-se ou por cima, por baixo de barragens que podem romper-se).
2. Rápida velocidade de início das cheias (como nas zonas em que os cursos de água são

"vistosos", isto é, sobem e descem rapidamente; trata-se geralmente de zonas urbanas ou de zonas rurais áridas onde a superfície do solo se torna compactada e dura; ou em zonas onde se prevêem velocidades elevadas das águas das cheias).

3. Águas de inundação profundas: quando as águas de inundação têm mais de um metro de profundidade (ocorrem nos canais dos rios ou na sua proximidade; em depressões que podem não ser fáceis de identificar a olho nu; por detrás de aterros transbordados e em caves de edifícios).

4. Inundações de longa duração (por exemplo, quando o terreno é plano, a inundação é extensa; os gradientes dos rios são muito baixos, os canais estão obstruídos e a água das cheias fica retida atrás de barreiras naturais ou artificiais).

5. A cheia tem mais do que um pico (não é atípico em sistemas fluviais complexos em que os afluentes contribuem para os caudais do rio ou em que a cheia é provocada pelas marés).

Medidas de prevenção

1. Monitorização das inundações numa zona específica: para demonstrar os benefícios da transição da investigação para a aplicação.

2. Previsão em conjunto de riscos de inundação: demonstrar a nova previsão em conjunto de inundações com um protótipo de modelo de previsão em conjunto hidrometeorológico, baseado num modelo de previsão global múltiplo, no âmbito do World Weather Research

Programa da Organização Mundial de Meteorologia, para permitir estratégias de redução dos riscos nos países mais vulneráveis às catástrofes de origem hídrica.

3. Gestão integrada das inundações de uma grande bacia hidrográfica para demonstrar a gestão integrada das inundações da bacia, a fim de reduzir a vulnerabilidade, preservando simultaneamente os ecossistemas locais e a biodiversidade.

M o n i t o r i z a ç ã o d o H i d r o: Os fenómenos meteorológicos são a base para a redução das catástrofes causadas por inundações. As observações criam a base de dados para os modelos de previsão numérica e fornecem registos a longo prazo para a monitorização dos riscos. Uma das principais responsabilidades consiste em desenvolver redes de observação de inundações à escala regional e, para tal, é necessário coordenar melhor os serviços hidrológicos e meteorológicos nacionais e integrá-los para que sejam mais eficientes e eficazes.

b) Redução do volume de água e dos picos de água com a ajuda de abordagens de engenharia, como a construção de reservatórios, que retêm uma enorme quantidade de água durante os períodos de inundação; c) A redução dos níveis de inundação pode ser conseguida através da proteção contra a inundação, do zonamento das planícies aluviais e da previsão; d) Métodos como a canalização de cursos de água, a melhoria dos canais e o desvio de inundações; e) A previsão e o aviso de inundações desempenham um papel fundamental na atenuação das inundações. Ajuda a uma evacuação mais rápida e silenciosa, desde que os mapas de rotas seguras sejam identificados e colocados em locais de risco.

Intervenções de saúde pública

Realizar uma avaliação das necessidades para determinar o estado das infra-estruturas de saúde pública, dos serviços públicos (por exemplo, água, esgotos, eletricidade) e das necessidades sanitárias, médicas e farmacêuticas. Realizar a vigilância das fontes de água potável, das lesões, do aumento das populações de vectores e das doenças endémicas, transmitidas pela água e por vectores.

Organizar a prestação de serviços e fornecimentos de cuidados de saúde e a continuidade dos cuidados, Educar o público relativamente ao saneamento e à higiene adequados, Educar o público relativamente à limpeza adequada.

9.8 DROGAS

A seca é a falta ou insuficiência de chuva durante um período prolongado que perturba gravemente o ciclo hidrológico de uma área. Em termos meteorológicos, uma seca é "uma deficiência sustentada e regionalmente extensa na precipitação". De acordo com o IMD, uma seca é uma situação em que a deficiência de precipitação se verifica ao nível de uma sub-divisão meteorológica. De acordo com a definição de seca meteorológica adoptada pelo Departamento Meteorológico Indiano (IMD), uma seca é uma situação em que a deficiência de precipitação ao nível de uma subdivisão meteorológica é superior em 25% à média de longo prazo (LTA) dessa subdivisão para um determinado período. Se a deficiência se situar entre 26% e 50%, a seca é considerada "moderada" e se a deficiência for superior a 50%, a seca é designada "grave".

10. ECOLOGIA DOS HIMALAIAS

10.1 INTRODUÇÃO

Os Himalaias são uma das formações montanhosas dobradas mais jovens do mundo e a mais jovem da Índia. Os Aravallis, Nilgiris e EasternGhats têm entre 1500 e 2500 milhões de anos, e os Vindhyachals cerca de 1000 milhões de anos. Em comparação, os Himalaias datam de há apenas 40-45 milhões de anos. O nascimento dos Himalaias é o resultado de um evento calamitoso de separação da parte peninsular da atual Índia (o Planalto de Deccan) do supercontinente Gondwanaland, há 140 milhões de anos. O ecossistema dos Himalaias é frágil e diversificado. Inclui mais de 51 milhões de pessoas que praticam a agricultura de montanha e continua a ser vulnerável.

Este ecossistema é vital para a segurança ecológica da massa terrestre indiana, fornecendo cobertura florestal, alimentando rios perenes que são a fonte de água potável, irrigação e energia hidroelétrica, conservando a biodiversidade, fornecendo uma base rica para uma agricultura de elevado valor e paisagens espectaculares para um turismo sustentável.

Os Himalaias albergam um dos maiores recursos de neve e gelo e os seus glaciares constituem uma fonte de água doce para os rios perenes, como o Indo, o Ganges e o Brahmaputra. O degelo dos glaciares pode afetar os seus caudais a longo prazo, com impactos adversos na economia em termos de disponibilidade de água e de produção de energia hidroelétrica. A recessão dos glaciares dos Himalaias constituirá um grande perigo para o país. Os dados atualmente disponíveis, recolhidos por várias instituições sem um esforço coordenado, não indicam tendências sistemáticas de recessão dos glaciares dos Himalaias.

Apresenta um depósito de biodiversidade, onde a flora e a fauna variam muito com a diversidade climática de uma região para outra. Se se tentar dividir os tipos de florestas com base na classificação padrão de tropicais, subtropicais, temperadas e alpinas, torna-se difícil descrever a rica diversidade das florestas dos Himalaias. No entanto, tem-se registado na região um extenso abate comercial de florestas para produção de madeira, especialmente nas últimas décadas, quando os centros urbanos começaram a crescer em áreas próximas das florestas.

Enquanto as florestas, as terras agrícolas e as pastagens são de extrema importância para a economia agro-pastoril na região dos Himalaias, o outro recurso renovável sempre foi crucial para as planícies densamente povoadas mais a sul e a leste.

10.2 GLACIERS

Os glaciares são corpos móveis de gelo e neve, normalmente presentes acima da linha de neve. Os glaciares e as camadas de gelo têm centenas a mais de mil metros

e só se alteram significativamente ao longo de décadas. Nestas escalas de tempo mais longas, podem influenciar a circulação atmosférica e os níveis globais do mar. Os glaciares desempenham um papel importante na manutenção da estabilidade dos ecossistemas, uma vez que actuam como amortecedores e regulam o fornecimento de água de escoamento das montanhas altas para as planícies, tanto durante os períodos de

seca como de chuva.
Os Himalaias são a origem de muitos glaciares e rios importantes da Ásia. A cordilheira oferece diferentes tipos de glaciares. Especialmente os glaciares de Jammu e Caxemira e os glaciares de Ladakh são de diferentes tipos. Mas o mais importante é o glaciar de Siachen, que é o maior glaciar fora das regiões polares. Alguns dos glaciares importantes do Jammu e Caxemira são os seguintes
Glaciar de Siachen, Glaciar de Baltoro, Glaciar de Biafo, Glaciar de Nubra, Glaciar de Hispur Entre os outros glaciares das regiões do Uttaranchal contam-se os seguintes
Glaciar de Bandarpunch, Glaciar de Dokriani, Glaciar de ChorbariBamak, Glaciar de Khatling, Glaciar de Doonagiri, Glaciar de Tiprabamak

10.3 FAUNA DOS HIMALAIAS

Estas zonas de vida variada suportam uma fauna muito diversificada. Um dos prazeres duradouros de um passeio nestes bosques são os chamamentos sedutores das aves que não se avistam. Os tordos, as pegas, os chapins e os pica-paus são fáceis de localizar. Os papa-moscas fazem piruetas em pleno ar para reclamar a sua presa, enquanto os pica-paus e as trepadeiras vasculham as fissuras da casca das coníferas.
O voo repentino dos faisões Koklas e Khalij a partir da vegetação rasteira nunca deixa de assustar e, se tivermos a paciência do martim-pescador dos Himalaias, podemos ser recompensados pela visão deslumbrante de uma ave com nove cores iridescentes - o Monal. Em altitudes mais elevadas, a avifauna começa a diminuir juntamente com as árvores.
Os mamíferos não são fáceis de avistar. A invasão do coberto florestal pela população humana obrigou-os a refugiarem-se nas zonas protegidas, onde o seu habitat natural ainda é preservado.
Em Himachal Pradesh, 28 dessas áreas foram demarcadas como santuários. Na maior parte dos casos, trata-se das zonas mais altas do vale e dos vales, escassamente povoadas, e dos desfiladeiros que serviram de avenida para o movimento da vida selvagem através das cordilheiras. Apresentam um enclave único, no qual espécies eurasiáticas e tropicais entram em contacto. Talvez o animal mais belo, e certamente o mais exclusivo, seja o lendário leopardo-das-neves. Tem uma atraente pelagem manchada de cinzento esfumado, empalidecendo para branco puro na parte inferior, que é apreciada pelos caçadores furtivos que, infelizmente, aumentaram a sua raridade. As suas presas são mais facilmente avistadas pelos praticantes de trekking: O Bharal e o Goral pastam em encostas abertas, enquanto o Ibex, facilmente identificável pelos seus grandes cornos em forma de cimitarra e barba caraterística, pode apresentar uma silhueta marcante na orla de um declive acentuado. A fauna desta região apresenta um dos conjuntos mais ricos do subcontinente indiano. Muitas espécies, como o leopardo-das-neves, o urso castanho dos Himalaias, o panda-vermelho, o lince dos Himalaias, o veado de Caxemira, o veado almiscarado dos Himalaias, o iaque, o íbex dos Himalaias, o Thar dos Himalaias e o abutre barbudo dos Himalaias, são exclusivas da região.
Do total de espécies de mamíferos, 65% são registadas nos Himalaias; 50% do total de

espécies de aves ocorrem na região e, do mesmo modo, 35% de répteis, 36% de anfíbios e 17% de peixes podem ser documentados no ecossistema de montanha, estabelecendo o estatuto da área como um centro de origem e evolução de formas bióticas. Além disso, 29 das 428 espécies de répteis da Índia, 35 espécies de anfíbios (de um total de 200) e 36 espécies de peixes de água doce (de um total de 1300) são endémicas da região dos Himalaias.

10.4 FLORA DO HIMALAIA

Os Himalaias são um tesouro de flores, muitas das quais crescem também em toda a zona temperada do norte. Algumas delas são exclusivas dos Himalaias, enquanto outras têm um carácter muito alpino. As colinas mais baixas têm uma mistura de flora temperada e subtropical. As planícies e os desertos têm flores muito diferentes, enquanto as zonas quentes e húmidas têm uma flora específica.

Conhecer as flores que nos rodeiam estimula o desejo de saber mais sobre as flores, próximas ou distantes, e a necessidade de salvar todas as coisas selvagens que herdámos da terra. O facto de uma população em rápido crescimento estar a ameaçar os habitats selvagens está também relacionado com a consciência da natureza e a necessidade de a preservar.

Nos vales adjacentes de Shimla, as prímulas são das primeiras a florir. Florescem logo em março e continuam até julho. Encontram-se em todo o Himalaia, a altitudes entre 1500 e 4500 m. As prímulas são muito fáceis de detetar em prados, encostas e arbustos, devido aos seus topos floridos arredondados.

De facto, a maior concentração de espécies de primula encontra-se nos Himalaias. As sementes de algumas prímulas foram levadas por coleccionadores de plantas para o Ocidente no final do século passado, tendo-se desenvolvido em belas cultivares para jardins.

Fragaria, o nome botânico do morango silvestre, vem do latim fragrans. Este facto não é surpreendente, pois o fruto do morangueiro tem um cheiro maravilhoso. A planta cresce em todas as regiões temperadas do norte do mundo. Na Índia, diversas variedades crescem nas colinas do norte, a uma altura de 1800-3800 m, em florestas, arbustos e margens sombrias.

O morangueiro é uma pequena planta perene, de pelo sedoso, com folhas trifoliadas, com longos corredores que se enraízam a intervalos, à medida que se arrastam pelo solo. As pequenas flores têm cinco pétalas brancas e cada flor dá lugar a um morango vermelho e suculento, cuja superfície está salpicada de pequenas sementes. Os morangos silvestres são deliciosos e o seu sabor é especialmente bom em junho, quando crescem abundantemente. Alguns frutos podem ser encontrados de abril a novembro.

Nas antigas pinturas europeias, o morango era apresentado como o fruto da tentação e quem o comesse tinha a reputação de se transformar num monstro! As diversas variedades de morangos que crescem nos Himalaias são todas um grande prazer para os animais e aves que gostam de fruta.

O chá de ervas é feito a partir das folhas que são colhidas jovens e secas. É útil em casos de diarreia e infecções urinárias.

10.5 PERDA DE BIODIVERSIDADE

O sistema montanhoso dos Himalaias representa um dos mais ricos patrimónios naturais do mundo. Uma conglomeração de regimes topográficos e climatológicos manifesta-se num conjunto notável de biodiversidade - tanto de plantas como de animais. Um décimo das espécies conhecidas de plantas e animais de grande altitude ocorre nos Himalaias. Espalhado por uma vasta área a norte das cordilheiras dos Himalaias, o deserto frio é um ecossistema com temperaturas excecionalmente baixas, até -75^0 C, e uma precipitação anual de 500-800 mm. O deserto forma um planalto a uma altitude de 4500 a 6000 pés e é abrangido pela zona biogeográfica trans-Himalayan descrita por Rodgers e Pawar (1988). Esta zona estende-se até ao planalto tibetano, cobrindo uma área de 2,6 milhões de quilómetros quadrados, de onde provém o grande sistema fluvial do Indo, Sutlej, Brahmaputra e Yamuna. A perda de biodiversidade inclui os incêndios florestais (que afectam a regeneração) e as calamidades naturais. A caça furtiva e o comércio ilegal de animais selvagens são outras das principais ameaças à sobrevivência das espécies nos Himalaias. A região é atravessada por muitas fronteiras internacionais e proporciona rotas de trânsito para o comércio ilegal de animais selvagens. No entanto, a rica diversidade dos Himalaias está agora gravemente ameaçada e muitas espécies estão em perigo devido a uma variedade de factores físicos, bióticos e estratégicos exclusivos da região. A perda de biodiversidade deve-se, em grande parte, à perda de habitat, que, por sua vez, se deveu à desflorestação, à exploração excessiva dos recursos, à drenagem e enchimento de zonas húmidas, à ocupação humana, ao crescimento da população e das espécies. Entre a fauna, o veado almiscarado, o urso negro dos Himalaias, as borboletas e os antílopes tibetanos de Shahtoosh são procurados pelo seu elevado valor no mercado internacional. Em resultado dos processos acima referidos, muitas espécies endémicas da região dos Himalaias, como o lince dos Himalaias, o leopardo-das-neves, o Thar dos Himalaias, o iaque e espécies aviárias como o baza barbudo dos Himalaias e a codorniz da montanha estão agora em perigo.

A proteção do ambiente está consagrada na Constituição indiana, que determina que o Estado se deve esforçar por proteger e melhorar o ambiente e salvaguardar as florestas e a vida selvagem do país. A ação do Governo para a conservação da biodiversidade assumiu a forma de criação de redes de zonas protegidas (reservas da biosfera, parques nacionais e santuários da vida selvagem) e de aplicação de legislação para a proteção das espécies vegetais e animais. As redes de zonas protegidas nos Himalaias cobrem cerca de 10% da sua área geográfica, o que corresponde à norma recomendada pela União Mundial para a Conservação da Natureza (UICN). Existem 31 parques nacionais e 136 santuários de vida selvagem na região. A legislação principal inclui a Lei das Florestas Indianas de 1927, a Lei da Vida Selvagem (Proteção) de 1972, a Lei da Conservação das Florestas de 1980 e a Lei do Ambiente (Proteção) de 1986. Mais recentemente, foram elaborados e introduzidos no Parlamento planos nacionais específicos para a proteção da biodiversidade. A Lei da Biodiversidade de 2000 tem por objetivo a conservação da diversidade biológica, a utilização sustentável dos seus componentes e a partilha equitativa dos benefícios. A Índia é também signatária de acordos multilaterais em matéria de ambiente, como a Convenção sobre o Comércio Internacional das Espécies da Fauna e da Flora Selvagens Ameaçadas de Extinção (CITES) de 1973 e a Convenção sobre a Diversidade Biológica (CDB) de 1992, para a proteção e conservação da biodiversidade.

10.6 DESFLORESTAÇÃO

As florestas são repositórios de biodiversidade e têm sido amplamente utilizadas há milhares de anos como fontes de alimentos, lenha, forragem e outra biomassa pela população dos Himalaias, desempenhando assim um papel fundamental na economia agro-pastoril da região. As florestas prestam serviços ecológicos inestimáveis, como o controlo da erosão do solo: as árvores abrandam o escoamento e controlam a erosão do solo e os deslizamentos de terras, retendo a água nos seus sistemas radiculares e travando a velocidade da água da chuva através da sua cobertura de copa. As florestas também actuam como sumidouros para armazenar as emissões de dióxido de carbono. A desflorestação e a degradação têm sido causadas pelo abate comercial de árvores; pelo desbravamento de terrenos florestais para a construção de povoações e para a agricultura; pela exploração excessiva das florestas para obtenção de lenha e de alimentos; e pelo sobrepastoreio. A desnudação das florestas de abetos e abetos em Himachal Pradesh e Jammu e Caxemira para o fabrico de embalagens de maçãs é um exemplo da exploração comercial das florestas que está a ocorrer na região. A lenha constitui a fonte de energia dominante na região e o crescimento demográfico contribuiu para o aumento da exploração das florestas para satisfazer a crescente procura de energia. A extração de calcário e a construção de barragens contribuíram para a perda de áreas florestais. O aumento da população animal contribuiu para a degradação dos prados e das pastagens. A ausência de uma silvicultura organizada, a procura de madeira para a construção de travessas para os caminhos-de-ferro e a procura militar durante as duas guerras mundiais também conduziram à desflorestação na região.

A perda e a degradação das florestas resultam também na perda dos serviços ecológicos por elas prestados. As consequências podem ser a conversão de sumidouros de emissões de dióxido de carbono em fontes de libertação de carbono vegetativo para a atmosfera; alterações na composição florestal e possível desaparecimento de alguns tipos de floresta, aumento do problema dos deslizamentos de terras e da erosão dos solos. Os desequilíbrios hidrológicos atualmente observados nos Himalaias são considerados como estando ligados à perda de cobertura vegetal A zona alpina estende-se desde o limite superior da zona temperada até cerca de 4 750 m de altitude, sendo as árvores caraterísticas da região o abeto, a bétula, o zimbro e os salgueiros anões. A região oriental dos Himalaias, que se estende para leste a partir de Sikkim, tem florestas de carvalho, loureiro, ácer, amieiro e bétula, zimbro, coníferas e salgueiros anões. A riqueza da floresta dos Himalaias diminui de leste para oeste e de sul para norte.

10.7 RESPOSTAS INSTITUCIONAIS

As comunidades locais da região dos Himalaias têm desempenhado um papel muito importante na proteção das florestas. O movimento Chipko, o primeiro movimento ambiental popular organizado na Índia, teve um êxito significativo na proteção do sensível ecossistema florestal dos Himalaias. O movimento começou no início da década de 1970 quando, sob a direção de Chandi Prasad Bhatt e Sunderlal Bahuguna, a população das colinas do norte do Uttar Pradesh (atual Estado do Uttaranchal) protestou contra a atribuição pelo Governo de terrenos florestais no vale do Alakananda para o abate comercial de árvores. O método único adotado pelos aldeões foi o de abraçar as árvores para impedir fisicamente o seu abate, o que chamou a atenção do governo do estado do Uttar Pradesh, que instituiu uma comissão para investigar o assunto e concluiu que foi devido à desflorestação generalizada na bacia hidrográfica do rio Alakananda que ocorreram inundações repentinas e desastrosas em 1970. Em consequência, foi decretada a proibição total de qualquer abate comercial na bacia superior do rio Narmada e dos seus afluentes durante dez anos.

Na década seguinte, o movimento Chipko espalhou-se das colinas de Garhwal para outras partes dos Himalaias do Uttar Pradesh e os protestos contra a desflorestação foram reorganizados através de mobilizações e manifestações de massas. Em 1981, foi exigida a proibição total do abate de árvores nos Himalaias acima de uma altitude de 1000 m. Em resposta, o governo constituiu um comité para preparar uma política florestal abrangente para os Himalaias. Subsequentemente, o governo impôs uma moratória sobre todo o abate comercial em toda a zona montanhosa dos Himalaias durante os 15 anos seguintes. O movimento Chipko é, pois, um marco no movimento ambientalista da Índia. Os esforços do governo para a conservação das florestas incluíram o desenvolvimento e a aplicação de legislação, programas e políticas. Apresenta-se em seguida uma panorâmica da legislação do sector florestal e das principais políticas seguidas pelo governo para promover a participação da comunidade na gestão e proteção das florestas.

A Lei das Florestas Indianas de 1927 é a principal legislação para a gestão e proteção das florestas públicas nos Estados. Posteriormente, foram aprovadas leis específicas e revistas relativas a domínios específicos da silvicultura e foram publicadas novas políticas florestais (MoEF, 1999). A Lei da Floresta (Conservação) de 1980 foi promulgada com o objetivo de controlar o desvio de terras florestais para utilizações não florestais. Consequentemente, é necessária a aprovação do governo central antes de desviar terras florestais para fins não florestais. Além disso, o desvio tem de ser acompanhado de uma florestação compensatória numa área equivalente de terras não florestais ou no dobro da área de terras florestais degradadas.

O desenvolvimento mais recente da política florestal na Índia é a formulação de um Programa Nacional de Ação Florestal em 1999, que identificou cinco áreas de ação para o desenvolvimento sustentável das florestas: proteger os recursos florestais existentes, melhorar a produtividade florestal, reduzir a procura de produtos florestais, reforçar o quadro político e institucional e expandir a área florestal. Propõe-se a reabilitação e o aumento da produtividade das florestas degradadas, bem como o aumento da superfície florestal e do coberto arbóreo para 33% da superfície terrestre total.

A nível internacional, desde o início da década de 1980, tem havido uma grande preocupação com a perda de florestas em todo o mundo, em especial das florestas tropicais. Na década de 1990, antes da Conferência das Nações Unidas sobre o Ambiente e o Desenvolvimento (CNUAD), esta preocupação foi expressa sob a forma de uma exigência dos países desenvolvidos de um tratado internacional para travar a desflorestação.

Como resultado, a cimeira do Rio concluiu com a formulação de uma "Declaração de princípios autorizada, não juridicamente vinculativa, para um consenso global sobre a gestão, conservação e desenvolvimento sustentável de todos os tipos de florestas", mais popularmente conhecida como os *Princípios Florestais do Rio*. O segundo documento que resultou da cimeira foi a inclusão de um plano de ação a seguir pelos países para "Combater a desflorestação", na Agenda 21, o roteiro para o desenvolvimento sustentável preparado na cimeira.

10.8 DEGRADAÇÃO DOS SOLOS E SISTEMA AGRÍCOLA

A maioria da população da região dos Himalaias depende da agricultura como principal fonte de subsistência. Por conseguinte, os esforços para resolver os problemas da pobreza, da desigualdade e da marginalização devem começar por melhorar o bem-estar das populações de montanha, resolvendo os problemas da agricultura de montanha. Sem melhorias nos milhões de pequenas explorações agrícolas de montanha, haverá pouco impacto positivo quer na pobreza quer no ambiente de montanha. As populações de montanha da região dos Himalaias, especialmente as do Nordeste, adoptaram ao longo dos anos práticas tradicionais de reabastecimento na região. Um desses métodos era o *Jhumcultivation*, que consiste basicamente numa agricultura de "pousio rotativo de arbustos". Esta prática tribal tradicional permitia a regeneração das florestas antes de a mesma terra ser novamente cultivada. O ciclo *do Jhum* era considerado, em tempos, tão longo como 25 anos, mas, no passado recente, os estudos mostraram que o ciclo diminuiu para 4-5 anos (Barthakur, 1981). À medida que o *ciclo Jhum* se torna sucessivamente mais curto, a taxa de erosão do solo acelera-se. Este facto é um forte indicador da deterioração do equilíbrio ecológico da região e é também uma afirmação da crescente pressão humana sobre a terra e das crescentes necessidades alimentares.

Produção e gestão de resíduos sólidos

A gestão dos resíduos sólidos nas cidades montanhosas tornou-se uma das questões mais críticas em termos de manutenção do ambiente nessas cidades. As infra-estruturas anteriormente criadas para a gestão dos resíduos sólidos na maior parte das cidades montanhosas não conseguem dar resposta ao nível atual de produção de resíduos sólidos e, em algumas cidades, cerca de 50% da produção diária de resíduos continua, em grande parte, por tratar (Darjeeling Municipality 2000). As principais fontes de resíduos sólidos nas cidades dos Himalaias são as zonas residenciais, os mercados comerciais, os locais turísticos, os hotéis, os restaurantes, os mercados de legumes e os matadouros. O crescimento demográfico e a urbanização são os factores mais importantes que contribuem para o aumento da produção de resíduos sólidos nas cidades da região dos Himalaias. A produção descontrolada de resíduos e a sua acumulação em espaços abertos, terrenos baldios e ruas permitem que as moscas e os vermes espalhem doenças. O mau cheiro provoca doenças respiratórias e atrai pragas (ratos, mosquitos, baratas, etc.) que podem posteriormente contaminar os alimentos. A eliminação indiscriminada de resíduos também obstrui os canais de drenagem, causando inundações durante a estação das chuvas.

Mecanismos regionais de gestão ambiental na região dos Himalaias

O *Centro Internacional para o Desenvolvimento Integrado das Montanhas (ICIMOD)* foi criado em 1983, em Katmandu, uma instituição regional única, com um mandato específico de promoção do desenvolvimento sustentável das montanhas, com base num acordo entre o Governo de Sua Majestade do Nepal e a UNESCO. O Centro tem oito membros: Afeganistão, Bangladesh, Butão, Índia, Myanmar, Nepal e Paquistão. O ICIMOD centra as suas actividades na estabilidade ambiental, na sustentabilidade dos ecossistemas de montanha e na erradicação da pobreza na região dos Himalaias do Hindu Kush.

Em 1995, o ICIMOD lançou o Primeiro Programa Regional de Colaboração para o Desenvolvimento Sustentável dos Himalaias do Hindu Kush (1995-98). O programa foi organizado em:

O Segundo Programa de Colaboração para o Desenvolvimento Sustentável dos Himalaias do Hindu Kush (1999-2002) foi lançado com uma ênfase em cinco grandes áreas programáticas: promoção de meios de subsistência sustentáveis para as famílias das montanhas, desenvolvimento equilibrado das montanhas em termos de género, gestão sustentável dos bens comuns das montanhas, desenvolvimento das capacidades das organizações de desenvolvimento das montanhas e informação e divulgação.

10.9 MECANISMOS INTRNACIONAIS DE GESTÃO AMBIENTAL

A Conferência das Nações Unidas sobre o Ambiente e o Desenvolvimento (CNUAD), realizada em 1992 no Rio de Janeiro, reconheceu o papel crucial desempenhado pelos ecossistemas de montanha, atribuindo um capítulo ("Gestão de ecossistemas frágeis: desenvolvimento sustentável das montanhas") para abordar as preocupações e desenvolver estratégias de proteção e desenvolvimento destes ecossistemas. A Agenda 21, o roteiro para a sustentabilidade que emergiu da conferência do Rio, salientou que a subsistência de cerca de 10% da população mundial dependia diretamente dos recursos das montanhas, como a água, os produtos florestais e agrícolas e os minerais. Cerca de 40% da população mundial total vivia em zonas adjacentes de bacias hidrográficas médias e baixas (Agenda 21, Capítulo 13). Além disso, as populações que vivem nos vales e nas planícies dependem das montanhas para obter água, uma vez que muitos dos principais rios nascem nessas zonas e as alterações climáticas podem alterar os regimes hidrológicos.

Em 1992, foram identificadas duas áreas programáticas para o desenvolvimento sustentável das montanhas:

- Gerar e reforçar os conhecimentos sobre a ecologia e o desenvolvimento sustentável dos ecossistemas de montanha.
- Promoção do desenvolvimento integrado das bacias hidrográficas e de oportunidades alternativas de subsistência.

Criado após a CNUAD, o *Grupo Inter-Agências para as Montanhas* é o principal mecanismo institucional de aconselhamento sobre a implementação das actividades propostas no Capítulo 13 da Agenda 21. É composto por participantes das Nações Unidas e de outras organizações, sendo a Organização das Nações Unidas para a Alimentação e a Agricultura (FAO) a coordenadora.

O *Mountain Forum* foi criado em 1995 através da colaboração internacional de organizações não governamentais, universidades, governos, agências multilaterais e do sector privado. O fórum permitiu aumentar a sensibilização e o intercâmbio de informações sobre questões relacionadas com a montanha através de listas de discussão por correio eletrónico, conferências electrónicas e recursos de bibliotecas em linha.

10.10 MISSÃO NACIONAL PARA A MANUTENÇÃO DO ECOSSISTEMA DOS HIMALAIAS

Uma missão nacional para sustentar o ecossistema dos Himalaias, avaliar continuamente o seu estado de saúde e formular políticas para o desenvolvimento sustentável nos estados montanhosos, foi aprovada pelo governo em 28 de fevereiro de 2014. O documento de missão sobre a Missão Nacional para a Manutenção do Ecossistema dos Himalaias (NMSHE), lançado no âmbito do Plano de Ação Nacional para as Alterações Climáticas (NAPCC), com um orçamento de 550 milhões de rúpias durante o 12.º Plano, foi aprovado pelo Conselho de Ministros da União. O seu principal objetivo consiste em desenvolver uma capacidade nacional sustentável, de forma calendarizada, para avaliar continuamente o estado de saúde do ecossistema dos Himalaias e permitir a formulação de políticas para ajudar os Estados dos Himalaias a implementar programas de desenvolvimento sustentável. O NMSHE tentará abordar uma série de questões importantes, incluindo o estudo dos glaciares dos Himalaias e as consequências hidrológicas associadas, bem como a previsão e a gestão dos riscos naturais.

Ajudará também no processo de restauração e reabilitação em curso em Uttarakhand, que foi devastado pelas cheias do ano passado. A NMSHE centrar-se-á na conservação da biodiversidade e na proteção da vida selvagem, nos conhecimentos tradicionais das sociedades e nos seus meios de subsistência, acrescentando que as comunidades marginalizadas da região dos Himalaias serão os principais beneficiários da missão. A missão abrange 12 Estados dos Himalaias: Jammu e Caxemira, Himachal Pradesh, Uttarakhand, Sikkim, Arunachal Pradesh, Nagaland, Manipur, Mizoram, Tripura, Meghalaya, Assam e Bengala Ocidental. O Departamento de Ciência e Tecnologia coordenará a implementação do NMSHE e será criada uma célula de missão na sua Divisão do Programa de Alterações Climáticas para o projeto.

Conclusão

Foram envidados esforços a nível local, nacional e internacional para a proteção ambiental da região, o que é evidenciado pelos movimentos ambientais populares, pela política e legislação, pelas redes e instituições de investigação que procuraram resolver diferentes questões ambientais e sociais na região. No entanto, apesar destes esforços, a região dos Himalaias continua a enfrentar uma degradação ambiental crescente. Uma melhor gestão ambiental terá de se basear numa compreensão do contexto social e económico específico, das especificidades ambientais e do papel geopolítico crítico desta região.

Criação de mecanismos para maximizar a participação da comunidade na conceção, aplicação e acompanhamento de programas de proteção ambiental, criação de mecanismos de coordenação entre instituições locais, nacionais e regionais na região, desenvolvimento de uma cooperação nacional, regional e internacional mais forte para responder às necessidades das comunidades de montanha e aumento da assistência internacional ao desenvolvimento para a região.

11. ABORDAGENS DE CONSERVAÇÃO DA VIDA SELVAGEM E DO AMBIENTE

11.1 INTRODUÇÃO

A conservação do ambiente envolve a tentativa de proteger os habitats de certas formas de vida, incluindo plantas e animais. Os esforços de conservação também podem incluir a adoção de medidas para proteger a Terra dos efeitos nocivos dos perigos e contaminantes naturais e provocados pelo homem. Alguns programas de conservação ambiental são patrocinados pelos governos, mas as empresas e os grupos sem fins lucrativos também lideram muitos desses programas.

Muitos tipos de animais estão em perigo de extinção devido à perda de habitat. A expansão humana para áreas florestais e outros locais remotos pode ter um impacto negativo nos animais nativos, porque alguns dependem da vida vegetal e das fontes de água que são destruídas durante este processo. Alguns grupos de conservação tentam minimizar a destruição do habitat através da realização de campanhas publicitárias destinadas a sensibilizar para o problema. Zoólogos e conservacionistas de animais tentam, por vezes, reproduzir espécies ameaçadas em cativeiro para garantir que as populações de animais não se extinguirão devido à perda de habitat. Os animais criados com sucesso são por vezes reintroduzidos na natureza em áreas que não foram afectadas pelas actividades humanas. Para além da prevenção das florestas, muitos esforços de conservação ambiental centram-se na inversão dos danos já ocorridos. Quando os petroleiros ou as plataformas têm fugas, grandes quantidades de crude podem ser prejudiciais para as plantas e animais marinhos. Os grupos de conservação tentam limpar esses derrames com produtos químicos e equipamento de dragagem. Noutros casos, os cientistas utilizam uma variedade de técnicas para remover químicos e poluentes dos rios, oceanos e lagos. Isto melhora o habitat natural dos peixes e outros animais, mas também beneficia os seres humanos que têm mais acesso a água limpa.

Os programas de conservação ambiental envolvem frequentemente grandes organizações, mas muitos indivíduos realizam esses esforços em pequena escala dentro de casa, como a reutilização ou reciclagem de garrafas, copos e produtos de plástico. Muitas cidades têm estações de reciclagem onde os consumidores podem depositar resíduos de papel, plástico e vidro. Estes materiais são reciclados e utilizados para criar novos produtos. Consequentemente, são danificados menos habitats porque são abatidas menos árvores para produzir papel e são necessários menos poços de petróleo para produzir plástico e outros produtos derivados do petróleo bruto. Os esforços para desenvolver fontes de energia renováveis, como a energia solar e a energia hidroelétrica, destinam-se também a reduzir a dependência do petróleo e de outros tipos de energia que causam poluição e que acabarão por se esgotar.

11.2 MINISTÉRIO DO AMBIENTE E DAS FLORESTAS (MOEF)

É a agência nodal na estrutura administrativa do Governo Central para o planeamento, promoção, coordenação e supervisão da aplicação das políticas e programas ambientais e florestais da Índia.

As principais preocupações do Ministério são a implementação de políticas e programas relacionados com a conservação dos recursos naturais do país, incluindo os seus lagos e rios, a sua biodiversidade, florestas e vida selvagem, assegurando o bem-estar dos animais e a prevenção e redução da poluição. Ao implementar estas políticas e programas, o Ministério é guiado pelo princípio do desenvolvimento sustentável e da melhoria do bem-estar humano.

O Ministério funciona igualmente como agência nodal no país para o Programa das Nações Unidas para o Ambiente (PNUA), o Programa Ambiental Cooperativo da Ásia do Sul (SACEP) e o Centro Internacional para o Desenvolvimento Integrado das Montanhas (ICIMOD), bem como para o acompanhamento da Conferência das Nações Unidas sobre o Ambiente e o Desenvolvimento (CNUAD). O Ministério está igualmente encarregado de questões relacionadas com organismos multilaterais como a Comissão para o Desenvolvimento Sustentável (CDS), o Fundo Mundial para o Ambiente (GEF) e organismos regionais como o Conselho Económico e Social para a Ásia e o Pacífico (ESCAP) e a Associação da Ásia do Sul para a Cooperação Regional (SAARC) em questões relacionadas com o ambiente.

1. Os objectivos gerais do Ministério são os seguintes
2. Conservação e estudo da flora, da fauna, das florestas e da vida selvagem
3. Prevenção e controlo da poluição
4. Florestação e regeneração de zonas degradadas
5. Proteção do ambiente e
6. Assegurar o bem-estar dos animais

Regimes e programas

1. Plano Nacional de Conservação dos Rios
2. Regime Ecomark da Índia (ECOMARK) - EcomarkLabelling
3. Programa Nacional de Florestação: Uma abordagem participativa para o desenvolvimento sustentável das florestas
4. Programa de Ação Nacional de Combate à Desertificação
5. Regime de subvenções a favor de organismos voluntários

11. 3 LEI DE PROTECÇÃO DO AMBIENTE

A Lei do Ambiente (Proteção) de 1986 tem não só implicações constitucionais importantes, mas também um contexto internacional. O espírito da proclamação adoptada pela Conferência das Nações Unidas sobre o Ambiente Humano, realizada em Estocolmo em junho de 1972, foi aplicado pelo Governo da Índia através da criação desta lei. Embora existissem várias leis que tratavam direta ou indiretamente de questões ambientais, era necessário dispor de uma legislação geral para a proteção do ambiente, uma vez que as leis existentes se centravam em tipos muito específicos de poluição, ou em categorias específicas de substâncias perigosas, ou estavam indiretamente relacionadas com o ambiente através de leis que controlam a utilização dos solos, protegem os nossos parques e santuários nacionais e a nossa vida selvagem. No entanto, não existia uma legislação abrangente e certas áreas de riscos ambientais não estavam cobertas. Havia também lacunas em áreas que constituíam potenciais riscos ambientais e existiam várias ligações inadequadas no tratamento de questões de segurança industrial e ambiental. Esta situação estava essencialmente relacionada com a multiplicidade de agências reguladoras. Assim, era necessária uma autoridade para estudar, planear e aplicar os requisitos de segurança ambiental a longo prazo e dirigir e coordenar um sistema de resposta adequada a emergências que ameaçassem o ambiente. Esta lei foi assim aprovada para proteger o ambiente, uma vez que havia uma preocupação crescente com a deterioração do estado do ambiente. Com o aumento considerável dos impactos, a proteção do ambiente tornou-se uma prioridade nacional na década de 1970. Embora a legislação geral mais ampla para proteger o nosso ambiente esteja agora em vigor, tornou-se cada vez mais evidente que a nossa situação ambiental continua a deteriorar-se. Precisamos de aplicar esta lei de forma muito mais agressiva se quisermos proteger o nosso ambiente. A presença de concentrações excessivas de substâncias químicas nocivas na atmosfera e nos ecossistemas aquáticos conduz à rutura das cadeias alimentares e à perda de espécies. A preocupação e o apoio do público são cruciais para a implementação da EPA. Esta deve ser apoiada por meios de comunicação social esclarecidos, bons administradores, decisores políticos altamente conscientes, um sistema judicial informado e tecnocratas formados que, em conjunto, possam influenciar e impedir uma maior degradação do nosso ambiente. Cada um de nós tem a responsabilidade de fazer com que isso aconteça.

A "Educação, Sensibilização e Formação Ambiental (EEAT)

Trata-se de um programa emblemático do Ministério para melhorar a compreensão das pessoas a todos os níveis sobre a relação entre os seres humanos e o ambiente e para desenvolver capacidades/competências para melhorar e proteger o ambiente. Este regime foi lançado em 1983-84 com o objetivo básico de promover a sensibilização ambiental entre todos os sectores da sociedade e de mobilizar a participação das pessoas para a preservação e conservação do ambiente.

O regime EEAT tem os seguintes objectivos

(i) Promover a sensibilização ambiental de todos os sectores da sociedade;

(ii) Difundir a educação ambiental, especialmente no sistema não formal, entre os diferentes sectores da sociedade;

(iii) Facilitar o desenvolvimento de materiais e de material didático e de formação no sector da educação formal;

(iv) Promover a educação ambiental através das instituições de ensino/ciência/investigação existentes;

(v) Assegurar a formação e o desenvolvimento de recursos humanos para a educação, sensibilização e formação no domínio do ambiente;

(vi) Incentivar as organizações não governamentais, os meios de comunicação social e outras organizações interessadas a promoverem a sensibilização da população a todos os níveis para as questões ambientais;

(vii) Utilizar diferentes meios de comunicação, incluindo filmes, áudio, visual e impresso, teatro, drama, anúncios, cartazes, seminários, workshops, concursos, reuniões, etc., para divulgar mensagens relativas ao ambiente e à sensibilização; e

(viii) Mobilizar a participação das pessoas para a preservação e conservação do ambiente.

Os objectivos deste regime estão a ser concretizados através da execução dos seguintes programas lançados ao longo dos anos:

- Campanha Nacional de Sensibilização para o Ambiente (NEAC)
- Corpo Verde Nacional (NGC)
- Seminários/Simpósios/Workshops/Conferências
- Outros programas de sensibilização, tais como programas de férias, concursos de perguntas/ensaios/debates, concursos de cartazes/slogans, programas de formação, etc.

Programa de Investigação sobre o Ambiente (EnvRp)

O Programa de Investigação sobre o Ambiente (EnvRP) trata de problemas relacionados com a poluição e o desenvolvimento de tecnologias adequadas e rentáveis para a redução da poluição. A ênfase é colocada no desenvolvimento de intervenções biológicas e outras intervenções ecológicas para a prevenção e redução da poluição e no desenvolvimento de estratégias, tecnologias, etc., para o controlo da poluição. São igualmente incentivados projectos para o desenvolvimento de plásticos biodegradáveis, a realização de estudos epidemiológicos, estratégias para reduzir o impacto da exploração mineira, a poluição química dos solos e as substâncias perigosas, incluindo pesticidas, metais pesados, etc. É dada prioridade a projectos relacionados com a reciclagem de resíduos e a recuperação de recursos a partir de resíduos, juntamente com o desenvolvimento de tecnologias ecológicas e mais limpas. Os projectos são apoiados na área de investigação ambiental identificada.

Programa de Investigação sobre Ecossistemas (EcRP)

O Programa de Investigação sobre Ecossistemas é um programa interdisciplinar de investigação que privilegia a abordagem ecológica para estudar a relação entre o homem e o ambiente. O Programa de Investigação sobre Ecossistemas (EcRP) trata de "questões verdes" relacionadas com a ecologia, a conservação dos recursos naturais, os Ghats orientais e ocidentais, os ecossistemas aquáticos e terrestres, os ecossistemas de montanha, as florestas tropicais húmidas, as zonas húmidas, os mangais e os recifes de coral, as reservas da biosfera, a biodiversidade e o estudo das inter-relações entre o homem e o ambiente e procura gerar os conhecimentos científicos necessários para gerir os recursos naturais de forma sensata.

O objetivo do programa é desenvolver uma base no domínio das ciências naturais e sociais para a utilização racional e a conservação dos recursos com vista à melhoria geral da relação entre o homem e o seu ambiente. O programa procura fornecer uma base científica para resolver os problemas práticos da gestão dos recursos. O programa procura igualmente fornecer os conhecimentos científicos e o pessoal formado necessários para gerir os recursos naturais de uma forma racional e sustentável. Os estudos sobre os ecossistemas tornam-se ainda mais importantes à medida que os ecossistemas ambientais da Terra são cada vez mais afectados a todos os níveis. A compreensão ecológica e a investigação neste domínio oferecem uma esperança tangível para enfrentar os ataques extremamente complexos e potencialmente devastadores aos ecossistemas locais, regionais e globais. No âmbito do regime, a tónica é colocada nos aspectos multidisciplinares da conservação do ambiente, com destaque para a abordagem ecossistémica, em conformidade com as áreas e orientações identificadas. De acordo com as orientações, o Comité Consultivo do Programa de Investigação sobre Ecossistemas (EcRP) avaliará e examinará as novas propostas de investigação, bem como as propostas em curso.

11.4 CONVERSAÇÃO FLORESTAL

A Lei das Tribos Registadas e de Outros Habitantes Tradicionais das Florestas (Reconhecimento dos Direitos Florestais), de 2006, reconhece os direitos das tribos registadas e de outros habitantes tradicionais das florestas sobre as áreas florestais que habitam e estabelece um quadro para a sua aplicação.

A Lei de Conservação das Florestas de 1980 foi promulgada para ajudar a conservar as florestas do país. Restringe e regulamenta estritamente a retirada de reservas de florestas ou a utilização de terrenos florestais para fins não florestais sem a aprovação prévia do Governo Central. Para o efeito, a lei estabelece os pré-requisitos para o desvio de terras florestais para fins não florestais.

Consolida a legislação relativa às florestas, ao trânsito dos produtos florestais e aos direitos aplicáveis à madeira e a outros produtos florestais.

A Lei de 1980 foi promulgada para controlar a desflorestação. Assegurava que as terras florestais não podiam ser retiradas das reservas sem a aprovação prévia do Governo Central. Esta lei foi criada pelo facto de alguns estados terem começado a desreservar as florestas reservadas para utilizações não florestais. Estes estados regularizaram as invasões e reinstalaram as 'Pessoas Afectadas por Projectos' de projectos de desenvolvimento, tais como barragens, nestas áreas desreservadas. A necessidade de uma nova legislação tornou-se urgente. A lei permitiu manter um maior controlo sobre o nível assustador de desflorestação no país e especificou sanções para os infractores.

Punição de infracções nas Florestas Reservadas: Não é permitido fazer clareiras ou incendiar uma floresta reservada. Não é permitido ao gado invadir a floresta reservada. O abate de árvores, a recolha de madeira, casca ou folhas, a exploração de pedreiras ou a recolha de qualquer produto florestal são puníveis com uma pena de prisão de seis meses ou com uma coima que pode ir até 500 rupias, ou ambas.

Punição de infracções em florestas protegidas: Qualquer pessoa que cometa qualquer uma das seguintes infracções, como abater árvores, arrancar a casca ou as folhas das árvores, incendiar essas florestas, atear um fogo sem tomar precauções para impedir a sua propagação, arrastar madeira ou permitir que o gado danifique qualquer árvore, será punida com prisão por um período que pode ir até seis meses ou com uma multa que pode ir até Rs. 500, ou ambas.

O **programa patrocinado centralmente "Introdução de métodos modernos de controlo dos incêndios florestais na Índia"**, lançado em 1992-93, continuou a ser aplicado, com os seguintes objectivos

1. Controlar os incêndios florestais com vista a proteger e conservar as florestas naturais e artificiais.
2. Melhorar a produtividade das florestas através da redução dos incidentes e da extensão dos incêndios florestais.
3. Conceber, testar e demonstrar princípios e técnicas de prevenção, deteção e supressão de incêndios florestais.
4. Orientação e formação do pessoal através de cursos de formação destinados a prepará-lo para a participação na gestão dos incêndios florestais.

No âmbito deste regime, é concedida aos Estados uma ajuda central de 100 % para os seguintes elementos:

Ferramentas manuais
Vestuário resistente ao fogo
Conjuntos de comunicação sem fios
Instrumentos de deteção de incêndios
Carros de bombeiros
Criação das linhas de fogo
Construção de torres de vigia
Formação e demonstração
Investigação e publicidade

O regime está a ser aplicado em onze estados selecionados, nomeadamente Andhra Pradesh, Bihar, Gujarat, Himachal Pradesh, Karnataka, Kerala, Madhya Pradesh, Maharashtra, Orissa, Uttar Pradesh e Tamil Nadu.

11.5 DESTRUIÇÃO DE HABITATS

A principal causa da perda de biodiversidade não é a exploração humana direta, mas a destruição de habitats que resulta inevitavelmente da expansão das populações e das actividades humanas. A maior destruição de comunidades biológicas ocorreu durante os últimos 150 anos, com a população humana a aumentar de mil milhões em 1850 para 2 mil milhões em 1930, 5,3 mil milhões em 1990 e um número estimado de 6,5 mil milhões no ano 2000. A perda de habitat é a principal ameaça para a maioria dos vertebrados atualmente em vias de extinção. Em muitos países, especialmente nas ilhas e onde a densidade populacional humana é elevada, a maior parte do habitat original foi destruída. Mais de 50% do habitat da vida selvagem foi destruído em 49 dos 61 países tropicais do Velho Mundo (IUCN, UNEP 1986). Na Ásia tropical, 65% do habitat da vida selvagem foi perdido, com taxas de destruição particularmente elevadas no Bangladesh (94%), Hong Kong (95%), Sri Lanka (85%), Vietname (80%) e Índia (80%).

Em muitos casos, os factores que causam a destruição do habitat são as grandes actividades industriais e comerciais, associadas a uma economia global, como a exploração mineira, a criação de gado, a pesca comercial, a silvicultura, as plantações, a agricultura, a indústria transformadora e a construção de barragens, iniciadas com o objetivo de obter lucro. Todos os anos se perdem enormes quantidades de habitat à medida que as florestas do mundo são abatidas. As florestas tropicais, as florestas tropicais secas, as zonas húmidas, os mangais e os prados são habitats ameaçados e conduzem à desertificação.

Fragmentação do habitat

Os habitats que antigamente ocupavam grandes áreas estão agora frequentemente divididos em pedaços por estradas, campos, cidades, canais, linhas eléctricas, etc. A fragmentação do habitat é o processo em que uma grande área contínua de habitat é reduzida em área e dividida em dois ou mais fragmentos quando os fragmentos de habitat deixados para trás são frequentemente isolados uns dos outros por uma paisagem altamente modificada ou degradada. Os fragmentos de habitat diferem do habitat original de duas formas. Em primeiro lugar, os fragmentos têm uma maior quantidade de bordos em relação à área de habitat e, em segundo lugar, o centro de cada fragmento de habitat está mais próximo de um bordo.

Degradação do habitat e poluição

Algumas actividades podem não afetar as espécies dominantes na comunidade, mas outras espécies são grandemente afectadas por essa degradação do habitat. Por exemplo, a degradação física do habitat florestal por incêndios descontrolados pode não matar as árvores, mas a rica comunidade de plantas silvestres perenes e a fauna de insectos no solo da floresta seriam muito afectadas. A navegação e o mergulho em zonas de recifes de coral degradam as espécies frágeis. A forma mais subtil de degradação do habitat é a poluição do ambiente, cujas causas mais comuns são os pesticidas, os produtos químicos e os resíduos industriais, as emissões das fábricas e dos automóveis e os depósitos de sedimentos provenientes da erosão das encostas.

Introdução de espécies exóticas

A destruição, fragmentação e degradação dos habitats têm efeitos nocivos óbvios sobre a biodiversidade. Mas mesmo quando as comunidades biológicas estão intactas, podem ocorrer perdas significativas devido a alterações causadas pelas actividades humanas. Três dessas alterações são a introdução de espécies exóticas, o aumento dos níveis de doenças e a exploração excessiva de determinadas espécies pelas pessoas. Os três principais factores responsáveis pela introdução de espécies exóticas são a colonização europeia, a horticultura e a agricultura, e o transporte acidental.

Doença

As actividades humanas podem aumentar a incidência de doenças nas espécies selvagens. A extensão da doença aumenta quando os animais estão confinados a uma reserva natural em vez de se poderem dispersar por uma grande área. Além disso, os animais são mais propensos a infecções quando estão sob stress. Os animais mantidos em cativeiro são também mais susceptíveis a um nível mais elevado de doença.

Sobre-exploração

O aumento da população humana fez aumentar a utilização dos recursos naturais. Os métodos de extração foram dramaticamente modificados para obter o máximo de ganhos. Nas sociedades tradicionais, existiam alguns controlos para evitar a sobre-exploração de várias formas. Em contraste com isto, em grande parte do mundo atual, os recursos são explorados o mais rapidamente possível. A sobre-exploração dos recursos também ocorre quando se desenvolve um mercado comercial para uma espécie anteriormente não explorada ou utilizada localmente. **Cultivo itinerante ou jhum**

Alguns habitantes das zonas rurais destroem comunidades biológicas e caçam espécies ameaçadas de extinção porque são pobres e não têm terra própria. Em muitos países existe uma desigualdade extrema na distribuição da riqueza, sendo a maior parte da riqueza (dinheiro, boas terras agrícolas, recursos florestais, etc.) propriedade de uma pequena percentagem da população. As populações locais pobres com um modo de vida tradicional nas zonas rurais estabeleceram frequentemente sistemas locais de direitos sobre os recursos naturais. Estas populações locais são bastante diferentes dos colonos que chegaram mais recentemente e que não estão estreitamente ligados à terra. De facto, as zonas tropicais do mundo têm tido uma associação particularmente longa com as sociedades humanas, uma vez que os trópicos estiveram livres de glaciações e são particularmente propícios à colonização humana. Há milhares de anos que as pessoas vivem em todos os ecossistemas terrestres como caçadores, pescadores, recolectores e agricultores.

11.6 LEI DE PROTECÇÃO DA VIDA SELVAGEM

Para reger a conservação da vida selvagem e a proteção das espécies ameaçadas de extinção, a Lei da Vida Selvagem (Proteção) de 1972 foi adoptada por todos os Estados, com exceção de Jammu e Caxemira (que tem a sua própria lei). Esta lei proíbe o comércio de espécies raras e ameaçadas de extinção. O Governo da Índia promulgou a Lei da Vida Selvagem (Proteção) de 1972 com o objetivo de proteger eficazmente a vida selvagem deste país e de controlar a caça furtiva, o contrabando e o comércio ilegal da vida selvagem e dos seus derivados. A lei foi alterada em janeiro de 2003 e a punição e a sanção das infracções previstas na lei foram tornadas mais rigorosas. O Ministério propôs novas alterações à lei, introduzindo medidas mais rígidas para reforçar a lei. O objetivo é proteger a flora e a fauna ameaçadas de extinção e as zonas protegidas de importância ecológica.

O governo a nível central presta assistência financeira aos Estados para:

(i) reforço da gestão e da proteção das infra-estruturas dos parques e santuários nacionais; (ii) proteção da vida selvagem e controlo da caça furtiva e do comércio ilegal de produtos da vida selvagem; (iii) programas de reprodução em cativeiro de espécies selvagens ameaçadas; (iv) educação e interpretação da vida selvagem; (v) desenvolvimento de jardins zoológicos; (vi) conservação dos rinocerontes em Assam; (vii) proteção do tigre, do elefante, etc.

A lei de 1972 foi alterada para a lei de 2002, procurando-se aumentar as sanções em caso de violação das disposições da lei, juntamente com a proposta de criação de duas novas categorias de zonas protegidas, a saber, "reserva de conservação" e "reserva comunitária". Em 1992, foi criada uma Autoridade Zoológica Central (CZA) ao abrigo da lei para supervisionar a gestão dos parques zoológicos do país. A CZA foi reconstituída pela sexta vez em setembro de 2007, sendo o seu presidente o Ministro de Estado do Ambiente e das Florestas. O CZA conta com um total de 15 membros para o desempenho das suas funções.

As principais funções da CZA são:

(a) Especificar as normas mínimas relativas ao alojamento, à manutenção e aos cuidados veterinários dos animais mantidos num jardim zoológico.

(b) Avaliar e apreciar o funcionamento dos jardins zoológicos em relação aos padrões ou normas que possam ser prescritos.

(c) Identificar as espécies de animais selvagens ameaçadas de extinção para efeitos de reprodução em cativeiro e atribuir a responsabilidade nesta matéria a um jardim zoológico.

(d) Coordenar a aquisição, a troca e o empréstimo de animais para fins de reprodução.

(e) Assegurar a manutenção de livros de estudo de espécies ameaçadas de animais selvagens criados em cativeiro.

(f) Identificar prioridades e temas no que respeita à exposição de animais em cativeiro num jardim zoológico.

(g) Coordenar a formação do pessoal dos jardins zoológicos na Índia e fora da Índia;

h) Coordenar a investigação em matéria de criação em cativeiro e programas educativos para efeitos de jardins zoológicos;

(i) prestar assistência técnica e outra aos jardins zoológicos para a sua gestão e desenvolvimento adequados em termos científicos;

(i) Prestar assistência técnica e outra aos jardins zoológicos para a sua gestão e desenvolvimento adequados em termos científicos;

(k) Desempenhar quaisquer outras funções que possam ser necessárias para a realização dos objectivos da presente lei no que respeita aos jardins zoológicos.

Foi criada uma célula nacional de livros genealógicos para a manutenção de livros genealógicos nacionais de todas as espécies de animais selvagens ameaçadas de extinção. Foi criado um Centro Nacional de Referência (NRC) no Instituto Indiano de Investigação Veterinária, em Bareilly, para prestar serviços de superespecialidade e instalações de diagnóstico para melhorar os cuidados de saúde dos animais selvagens nos jardins zoológicos indianos.

O reconhecimento dos jardins zoológicos baseia-se atualmente em normas notificadas relativas à conservação, manutenção e cuidados veterinários dos animais.

Em 1983, o Governo da Índia adoptou um Plano de Ação Nacional para a Vida Selvagem para fornecer o quadro de estratégia, bem como um programa para a conservação da vida selvagem. O plano de ação de 1983 foi revisto, tendo sido agora adotado um novo plano (2002-2016). Um comité de acompanhamento supervisionará a execução do plano. Foi criado um Instituto da Vida Selvagem em Dehradun e foi constituído um Comité Consultivo da Vida Selvagem (em 1996) para aconselhar sobre vários aspectos da conservação da vida selvagem e assuntos relacionados.

A rede de áreas protegidas na Índia inclui 99 parques nacionais e 513 santuários de vida selvagem, 41 reservas de conservação e 4 reservas comunitárias. A Divisão de Bem-Estar Animal é responsável pela aplicação das disposições da Lei de Prevenção da Crueldade contra os Animais, de 1960 (59 de 1960). Estão em vigor planos de ação para a aplicação das obrigações legais decorrentes desta lei. Foram igualmente criados ao abrigo desta lei dois órgãos estatutários, nomeadamente o Conselho para o Bem-Estar dos Animais da Índia (AWBI) e o Comité para efeitos de Supervisão e Controlo das Experiências com Animais (CPCSEA). Além disso, existe um organismo subordinado, nomeadamente o Instituto Nacional de Bem-Estar dos Animais (NIAW), em Ballabhgarh, Haryana, que ministra formação e ensino sobre temas diversificados em matéria de bem-estar dos animais, incluindo a gestão, o comportamento e a ética dos animais.

As actividades relacionadas com o bem-estar dos animais são geridas pela Divisão do Bem-Estar dos Animais do Ministério do Ambiente e das Florestas, com o mandato de impedir que os animais sofram dores ou sofrimentos desnecessários. Para cumprir esta missão, foi adoptada a seguinte abordagem em três vertentes

(i) Regulamentação

A principal tarefa da Divisão consiste em aplicar as várias disposições da Lei de Prevenção da Crueldade contra os Animais (PCA) de 1960. Ao abrigo desta lei, foram elaboradas várias regras para realizar o objetivo da lei. É possível aceder a cópias da Lei PCA e das regras elaboradas ao abrigo da mesma na secção "Legislação" da Divisão do Bem-Estar dos Animais.

(ii) Desenvolvimento

A Divisão presta assistência financeira, através do Animal Welfare Board of India, para a construção de abrigos, dispensários, etc., para animais vadios, doentes e abandonados. Também concede subsídios para ambulâncias e veículos relacionados com o tratamento e o transporte de animais doentes, feridos e salvos. Outro importante programa de desenvolvimento é a imunização e a esterilização de cães vadios.

(iii) Educação

Periodicamente, são organizados workshops, seminários e conferências. Os boletins informativos do AWBI também contribuem para a divulgação de informações. As informações são igualmente fornecidas através do sítio Web do Ministério.

A Divisão do Bem-Estar dos Animais está a prestar assistência financeira às ONG/WA registadas para o bem-estar dos animais através do Animal Welfare Board of India, Chennai, ao abrigo dos seguintes regimes

As principais funções do Conselho de Administração são:

- Manter a lei em vigor na Índia para a prevenção da crueldade contra os animais sob estudo constante e aconselhar o Governo sobre as alterações a efetuar periodicamente a essa lei.

- Aconselhar o governo central sobre a elaboração de regras ao abrigo da presente lei, com vista a evitar a dor ou o sofrimento desnecessários dos animais em geral e, mais particularmente, quando são transportados de um local para outro ou quando são utilizados como animais de espetáculo ou quando são mantidos em cativeiro ou confinamento.
- Aconselhar o Governo ou qualquer autoridade local ou outras pessoas sobre melhorias na conceção de veículos, de modo a diminuir a carga sobre os animais de tração
- Adotar todas as medidas que o Conselho de Administração considere adequadas para melhorar a situação dos animais, incentivando ou prevendo a construção de abrigos, bebedouros e afins e prestando assistência veterinária aos animais.
- Aconselhar o Governo ou qualquer autoridade local ou outras pessoas na conceção de matadouros ou em relação ao abate de animais, de modo a que a dor e o sofrimento desnecessários, físicos ou mentais, sejam eliminados nas fases anteriores ao abate, na medida do possível, e que os animais sejam abatidos, sempre que necessário, da forma mais humana possível.
- Tomar todas as medidas que o Conselho de Administração considere adequadas para garantir que os animais indesejados sejam destruídos pelas autoridades locais, sempre que necessário, instantaneamente ou após terem sido tornados insensíveis à dor ou ao sofrimento.
- Incentivar, através da concessão de assistência financeira ou de qualquer outra forma, a formação ou o estabelecimento de pinjrapoles, lares de salvamento, santuários de abrigos de animais e similares, onde os animais e as aves possam encontrar um abrigo quando se tornarem velhos e inúteis ou quando necessitarem de proteção.
- Cooperar e coordenar o trabalho de associações ou organismos criados com o objetivo de evitar a dor ou o sofrimento desnecessários dos animais ou para a proteção dos animais e das aves.
- Prestar assistência financeira e de outro tipo a organizações de proteção dos animais que funcionem em qualquer área local ou encorajar a formação de organizações de proteção dos animais em qualquer área local, que trabalharão sob a supervisão e orientação gerais da direção
- Aconselhar o Governo sobre questões relacionadas com os cuidados médicos e de saúde que podem ser prestados nos hospitais de animais e prestar assistência financeira e de outro tipo aos hospitais de animais sempre que o conselho considere necessário.
- Dar formação em relação ao tratamento humano dos animais e incentivar a formação de uma opinião pública contra a inflição de dor ou sofrimento desnecessários aos animais e para a promoção do bem-estar dos animais através de palestras, LIVROS, cartazes, exposições cinematográficas e afins e;
- Aconselhar o governo sobre qualquer assunto relacionado com o bem-estar dos animais ou com a prevenção da dor ou sofrimento desnecessários dos animais.

A Divisão do Bem-Estar dos Animais passou a fazer parte do Ministério do Ambiente e das Florestas em julho de 2002. Anteriormente, a divisão pertencia ao Ministério das Estatísticas e da Execução de Programas. O mandato da Divisão do Bem-Estar dos Animais consiste em evitar que sejam infligidas dores ou sofrimentos desnecessários aos animais. A principal tarefa da divisão é aplicar eficazmente as várias disposições da Lei de Prevenção da Crueldade contra os Animais (PCA), de 1960.

Convenções internacionais relacionadas com a vida selvagem:

A Índia é parte em cinco grandes convenções internacionais relacionadas com a conservação da vida selvagem, nomeadamente a Convenção sobre o Comércio Internacional das Espécies Ameaçadas de Extinção (CITES), a Coligação contra o Tráfico de Animais Selvagens (CAWT), a Comissão Baleeira Internacional (CBI), a Organização das Nações Unidas para a Educação, Ciência e Cultura - Comité do Património Mundial (UNESCO- WHC) e a Convenção sobre Espécies Migratórias (CMS). O Ministério do Ambiente e das Florestas é a agência nodal para estas convenções.

i. CITES:

O Governo da Índia assinou a Convenção sobre o Comércio Internacional das Espécies da Fauna e da Flora Selvagens Ameaçadas de Extinção em 20 de julho de 1976. Nos termos desta convenção, a exportação ou importação de espécies ameaçadas e dos seus produtos está sujeita a controlos rigorosos. A exploração comercial dessas espécies é igualmente proibida.

A 14.ª conferência das partes na CITES realizou-se em Haia, Países Baixos, em junho de 2007. A delegação indiana participou ativamente e interveio em várias ordens de trabalhos, em especial nas que eram de interesse nacional ou que afectavam indiretamente os nossos esforços de conservação. As iniciativas da Índia em matéria de conservação dos grandes felinos asiáticos e do antílope tibetano foram muito apreciadas. A CoP reconheceu igualmente a criação pela Índia do Gabinete de Controlo dos Crimes contra a Vida Selvagem.

ii. CAWT:

A Coligação contra o Tráfico de Animais Selvagens é uma coligação global de governos e organizações empresariais e de conservação internacionais, que trabalham em conjunto para apoiar os esforços mútuos no sentido de acabar com o comércio ilegal de animais selvagens e de produtos derivados da vida selvagem. Não se trata de uma entidade jurídica, mas sim de uma parceria entre governos e organizações que partilham as mesmas ideias e que estão dispostos a assumir um compromisso político para pôr termo ao tráfico de animais selvagens. A Índia juntou-se aos EUA e a outros parceiros contra o crime/tráfico ilegal de animais selvagens. A primeira reunião dos parceiros ministeriais teve lugar em Nairobi, em fevereiro de 2007.

iv. UNESCO-OMS:

A Convenção do Património Mundial da UNESCO é responsável pela elevação dos sítios do património mundial, que incluem sítios culturais e naturais. O departamento de vida selvagem do Ministério do Ambiente e das Florestas da Índia está associado à conservação dos sítios do património mundial natural. O nosso ministério empreendeu também um projeto com ajuda externa para a conservação da vida selvagem. O período total do projeto é de 10 anos, com duas fases. O projeto será realizado em quatro sítios do património mundial da Índia, a saber, o Parque Nacional de Kaziranga, o Parque Nacional de Manas, o Parque Nacional de Nanda Devi e o Parque Nacional de Keoladeo.

v. CMS:

A Índia é signatária da Convenção sobre a Conservação das Espécies Migratórias, também conhecida como Convenção de Bona, desde 1983. Assinou um Memorando de Entendimento (MoU) com a CMS em Banguecoque, em fevereiro de 2007, para a conservação e gestão das tartarugas marinhas e dos seus habitats no Oceano Índico e no Sudeste Asiático.

Projeto Tigre:

O Governo da Índia lançou o "Project Tiger" em 1 de abril de 1973, no Parque Nacional de Corbett, como consequência do esforço internacional concreto de sensibilização e angariação de fundos para salvar o tigre. Este esforço internacional foi liderado por Guy Mountfort, da World Wide Fund for Nature (WWF). Assegurou a manutenção de uma população viável de tigres na Índia por motivos científicos, económicos, estéticos, culturais e ecológicos, e a preservação para sempre de áreas de importância biológica como património nacional para benefício, educação e gozo do povo". Inicialmente, nove reservas de vida selvagem de tigres (com 268 tigres) constituíam a rede do Projeto Tigre. Em 2008, existiam 28 reservas de tigres em 17 estados, cobrindo uma área de 37 761 quilómetros quadrados. A Lei da Vida Selvagem (Proteção), de 1972, foi alterada em 2006 para incorporar a criação da Autoridade Nacional de Conservação do Tigre. A primeira reunião da Autoridade Nacional de Conservação do Tigre teve lugar em novembro de 2006. Com a alteração desta lei, foi também posteriormente criado um serviço de controlo dos crimes contra a vida selvagem. O Ministério do Ambiente e das Florestas presta o apoio técnico e financeiro necessário aos governos estaduais para a conservação da vida selvagem ao abrigo de vários regimes patrocinados a nível central (CSS). Os Estados recebem 100 por cento de assistência financeira para itens não recorrentes e 50 por cento para itens recorrentes aprovados. A punição em casos de infração dentro de uma reserva de tigres foi também reforçada.

Seguem-se algumas das medidas administrativas adoptadas pelo Ministério do Ambiente e das Florestas:

i. Reforço das actividades de combate à caça furtiva, incluindo uma estratégia especial para o patrulhamento das monções, através da concessão de apoio financeiro aos Estados da reserva do tigre.

ii. Fornecimento de cem por cento de assistência central a 17 reservas de tigres como complemento para o destacamento da "força de proteção dos tigres".

iii. Constituição de um gabinete multidisciplinar de controlo do crime contra os tigres e outras espécies ameaçadas de extinção, com efeitos a partir de junho de 2007, composto por agentes da polícia, das florestas, das alfândegas e de outros organismos de aplicação da lei, a fim de controlar eficazmente o comércio ilegal de animais selvagens.

iv. Aprovação de oito novas reservas de tigres.

v. Evolução e integração de uma metodologia científica para estimar o número de tigres.

vi. Identificação de aproximadamente 31.111 km2 de habitat nuclear ou crítico do tigre em 17 Estados.

As orientações do Projeto Tigre foram novamente revistas e incluem o apoio financeiro aos Estados para uma melhor relocalização das aldeias; a reabilitação das comunidades envolvidas na caça tradicional e a integração dos meios de subsistência e das preocupações com a vida selvagem nas florestas; e a promoção da conservação dos corredores através de uma estratégia de restauração para pôr termo à fragmentação dos habitats.

Reservas de tigres

A seleção das reservas é orientada pela representação das áreas selvagens típicas do Eco em toda a gama biogeográfica da distribuição do tigre no país. O Projeto Tigre é o guardião do maior património genético do país. É também um repositório de alguns dos ecossistemas e habitats mais valiosos para a vida selvagem.

As reservas de tigres são constituídas com base numa "estratégia de núcleo de proteção". A zona central é mantida livre de perturbações bióticas e de operações silvícolas, não sendo permitida a recolha de produtos florestais menores nem o pastoreio. No entanto, a zona-tampão é gerida como uma "zona de utilização múltipla com o duplo objetivo de fornecer um suplemento de habitat à população de animais selvagens que transborda da unidade de conservação central e de fornecer contributos de desenvolvimento ecológico específicos do local às aldeias vizinhas para aliviar o impacto no núcleo. Não está prevista qualquer relocalização na zona tampão, e as operações florestais, a recolha de produtos florestais não lenhosos (PFNM) e outros direitos e concessões às comunidades indígenas devem ser permitidos de forma regulamentada para complementar as iniciativas na unidade central.

através do envolvimento dessas comunidades na proteção desses santuários e parques nacionais e da sua vida selvagem; através de um pacote bem concebido de actividades destinadas a fornecer sustento às comunidades da orla florestal e a melhorar as suas dificuldades, a fim de minimizar os conflitos entre essas comunidades e o pessoal de proteção.

As várias actividades realizadas no âmbito do regime são as seguintes

i. Melhoria do habitat

ii. Fontes alternativas de energia

iii. Construção de infra-estruturas/estradas, etc., e

iv. Pequenas medidas de bem-estar.

Projeto Elefante:

Na Índia, os elefantes encontram-se principalmente nas florestas húmidas de Karnataka, Tamil Nadu e Kerala; nas florestas tropicais de Bengala Ocidental, Jharkhand, Índia Central e região ocidental; e no sopé dos Himalaias no nordeste e em Uttarakhand. A

Índia tem cerca de 25.000 elefantes.

O habitat dos elefantes tem vindo a diminuir ao longo dos anos e a caça furtiva de presas de elefante tem colocado a espécie em perigo, especialmente no sul da Índia. A construção de estradas e barragens levou à invasão de terras florestais, interferindo com as rotas migratórias tradicionais dos elefantes, necessárias para a sua procura de alimentos. A conversão de florestas naturais em plantações de monocarpos para fins comerciais também tem sido prejudicial. O isolamento forçado dos elefantes em reservas levou muitas vezes à consanguinidade com os consequentes efeitos negativos.

O Projeto Elefante foi lançado em fevereiro de 1992 para ajudar os Estados com populações de elefantes selvagens em liberdade a garantir a sobrevivência a longo prazo das populações viáveis de elefantes identificadas nos seus habitats naturais.

O projeto está a ser executado em 13 Estados, nomeadamente Andhra Pradesh, Arunachal Pradesh, Assam, Jharkhand, Karnataka, Kerala, Meghalaya, Nagaland, Orissa, Tamil Nadu, Uttarakhand, Uttar Pradesh e Bengala Ocidental. Os Estados recebem assistência financeira, bem como assistência técnica e científica para atingir os objectivos do projeto.

As principais actividades do Projeto Elefante são as seguintes

(i) Restauração ecológica dos habitats naturais existentes e das rotas migratórias dos elefantes;

(ii) Desenvolvimento de uma gestão científica e planeada para a conservação dos habitats dos elefantes e de uma população viável de elefantes asiáticos selvagens na Índia;

(iii) Promoção de medidas de atenuação dos conflitos entre homens e elefantes em habitats cruciais e moderação das pressões das actividades humanas e dos animais domésticos em habitats cruciais de elefantes;

(iv) Reforço das medidas de proteção dos elefantes selvagens contra os caçadores furtivos e as causas de morte não naturais;

(v) Investigação sobre questões relacionadas com a gestão da conservação dos elefantes;

(vi) Programas de educação e sensibilização do público;

(vii) Ecodesenvolvimento;

(viii) cuidados veterinários; e

(ix) Aumentar os efectivos do pessoal de campo, dos mahouts e dos veterinários.

Proteção dos abutres:

O relatório do Department of Animal Husbandry, Dairying and Fisheries fez uma revelação chocante sobre a população de abutres que foi dizimada em toda a região do Sul da Ásia. Uma das principais causas da dizimação da população de abutres é o medicamento farmacêutico diclofenac, que é tóxico para a ave, mesmo em doses relativamente baixas. Este facto é muito preocupante, uma vez que os abutres são necrófagos naturais e desempenham um papel crucial no ecossistema, sendo também essenciais para o bem-estar geral do ambiente e do sistema de suporte de vida. Em maio de 2006, o Governo da Índia iniciou acções preventivas para travar o declínio da população de abutres, incluindo a proibição da utilização de diclofenac no sector veterinário.

Seguem-se as outras medidas adoptadas pelo governo:

i. Está a ser implementado um "plano de ação" para a conservação dos abutres, a fim de travar o declínio e colocar a população de abutres na via do crescimento.

ii. O Governo alargou o apoio aos centros de reprodução de Pinjore em Haryana, Buxa em Bengala Ocidental e Rani Forest em Assam.

iii. Foram igualmente criados centros de reprodução em cativeiro em quatro jardins zoológicos em Bhopal, Bhubaneswar, Junagarh e Hyderabad, através da Autoridade Zoológica Central.

Proteção dos Gharials:

Em 2008, foi noticiado que, desde meados de dezembro de 2007, dezenas do raro crocodilo indiano, conhecido como gharial, estão a aparecer mortos nas margens do rio Chambal. Pereceram, aparentemente em resultado de uma misteriosa doença viva, enquanto a população destes animais na natureza tem vindo a diminuir constantemente. O declínio da população de gaviais adultos, de 436 há cerca de uma década para 182 em 2006, de acordo com as estimativas da União Mundial para a Conservação da Natureza (UICN), suscitou o alarme internacional. Esta situação levou a IUCN a classificá-los como criticamente ameaçados na sua lista vermelha de espécies. A iniciativa do Governo central de criar um grupo de gestão de crises para o gavial, com a ajuda do Fundo Mundial para a Natureza, oferece alguma esperança. Foi solicitada uma investigação exaustiva para determinar a causa da morte dos gaviais e medidas corretivas urgentes. Poderá também haver algum mérito nas críticas dos conservacionistas de que a fraca aplicação da lei nas principais zonas de nidificação dos gaviais no Chambal criou uma perturbação ruinosa do habitat. A extração de areia e a caça de peixes e tartarugas nas áreas protegidas levaram à destruição dos locais de nidificação, ao esgotamento dos peixes e à morte de gaviais que se enredaram acidentalmente em redes de tartarugas; barragens mal concebidas, barragens, canais de irrigação e gado em movimento aumentaram a pressão.

Os conservacionistas afirmam que a morte dos gaviais é motivo de preocupação porque pode ser o primeiro sinal de contaminação do rio e de potenciais ameaças para o resto do ecossistema. O gavial (um crocodilo piscívoro com um longo focinho), originário do Sul da Ásia, é uma das espécies de crocodilos de água doce mais ameaçadas. O World Wide Fund for Nature considera que está extinto nos seus antigos habitats do Paquistão, Butão e Myanmar. Atualmente, só há notícias da sua presença na Índia e no Nepal.

Segundo o Fundo, estima-se que existam cerca de 1300 gaviais em estado selvagem, a maioria na Índia. O governo, sob pressão dos defensores da conservação, criou, em 1979, zonas protegidas ao longo do rio Chambal para evitar a caça furtiva da sua pele para obtenção de couro de crocodilo de alta qualidade e cria ovos em cativeiro para os proteger dos predadores.

A União Mundial para a Conservação da Natureza classificou-a recentemente de espécie "em perigo" para "criticamente em perigo". Mas as mortes recentes reduziram ainda mais o número de casais reprodutores para menos de 200, segundo os conservacionistas e o Departamento Florestal.

(b) Comité para efeitos de controlo e supervisão das experiências com animais (CPCSEA):

Um organismo estatutário ao abrigo da Secção 15 da Lei de Prevenção da Crueldade contra os Animais, de 1960, tem sede em Chennai. O lema da Lei de Prevenção da Crueldade contra os Animais (PCA) de 1960, com a redação que lhe foi dada em 1982, é impedir a inflição de dor ou sofrimento desnecessários aos animais. O Governo Central constituiu um Comité para efeitos de controlo e supervisão das experiências com animais (CPCSEA), que tem o dever de tomar todas as medidas necessárias para garantir que os animais não sejam sujeitos a dores ou sofrimentos desnecessários antes, durante ou após a realização de experiências com eles. Para o efeito, o Governo elaborou as "Breeding of and Experiments on Animals (Control and Supervision) Rules, 1998", com as alterações introduzidas em 2001 e 2006, para regulamentar a experimentação em animais. Até ao décimo primeiro plano, foram registados mais de 1100 estabelecimentos.

Salvar a vida selvagem adoptando os seguintes meios

1) Dizer "não" à utilização de produtos da vida selvagem e tentar convencer outras pessoas a não os comprarem.

2) Reduzir a utilização de madeira e de produtos de madeira sempre que possível.

3) Evite a utilização incorrecta do papel, uma vez que este é feito de bambu e madeira, o que destrói o habitat da vida selvagem. O papel e os envelopes podem sempre ser reutilizados.

4) Criar um grupo de pressão e pedir ao Governo que assegure a conservação da biodiversidade do nosso país.

5) Não fazer mal aos animais e dissuadir os outros de infligir crueldade aos animais.

6) Não perturbar os ninhos e as crias das aves.

7) Quando visitar o Jardim Zoológico, não provoque os animais, atirando-lhes pedras ou alimentando-os, e evite que outros o façam.

8 Se encontrar um animal ferido, faça o que puder para o ajudar.

9) Se o animal necessitar de cuidados médicos e de assistência especializada, contacte a Society for the Prevention of Cruelty to Animals (SPCA) ou a Blue Cross da sua cidade.

10) Sensibilizar a família e os amigos para a conservação da biodiversidade à sua maneira.

12. BIODIVERSIDADE

12.1 Introdução

A biodiversidade refere-se a todos os diferentes tipos de organismos vivos numa determinada área. Inclui plantas, animais, fungos e outros seres vivos. Pode incluir tudo, desde as imponentes sequóias até às minúsculas algas unicelulares que são impossíveis de ver sem um microscópio.

A biodiversidade é a variedade da vida. Pode ser estudada a vários níveis. Ao mais alto nível, pode observar-se todas as diferentes espécies existentes em toda a Terra. A uma escala muito mais pequena, pode estudar-se a biodiversidade num ecossistema de um lago ou num parque de bairro. Identificar e compreender as relações entre toda a vida na Terra são alguns dos maiores desafios da ciência.

12.2 A importância da biodiversidade

- A biodiversidade é extremamente importante para as pessoas e para a saúde dos ecossistemas. Algumas das razões são:
- Os ecossistemas com muita biodiversidade são geralmente mais fortes e mais resistentes a catástrofes do que aqueles com menos espécies. Por exemplo, algumas doenças matam apenas uma espécie de árvore.
- A biodiversidade permite-nos ter uma vida saudável e feliz. Fornece-nos uma variedade de alimentos e materiais e contribui para a economia. Sem uma diversidade de polinizadores, plantas e solos, os nossos supermercados teriam muito menos produtos.
- A maior parte das descobertas médicas que permitiram curar doenças e prolongar a vida foram feitas graças à investigação sobre a biologia e a genética das plantas e dos animais. Sempre que uma espécie se extingue ou se perde a diversidade genética, nunca saberemos se a investigação nos teria dado uma nova vacina ou medicamento.
- Centenas de indústrias dependem da biodiversidade vegetal. A agricultura, a construção, o sector médico e farmacêutico, a moda, o turismo e a hotelaria dependem todos das plantas para o seu sucesso. Quando a biodiversidade de um ecossistema é interrompida ou destruída, o impacto económico na comunidade local pode ser enorme.
- A biodiversidade é uma parte importante dos serviços ecológicos que tornam a vida habitável na Terra. Estes serviços incluem tudo, desde a limpeza da água e a absorção de produtos químicos, como fazem as zonas húmidas, até ao fornecimento de oxigénio para respirarmos - uma das muitas coisas que as plantas fazem pelas pessoas.
- A biodiversidade permite que os ecossistemas se adaptem a perturbações como incêndios e inundações extremas. Se uma espécie de réptil se extinguir, é provável que uma floresta com 20 outros répteis se adapte melhor do que outra floresta com apenas um réptil.
- A diversidade genética previne doenças e ajuda as espécies a adaptarem-se às mudanças no seu ambiente. Simplesmente pela maravilha de tudo isto. Há poucas coisas tão belas e inspiradoras como a diversidade de vida que existe na Terra.

12.3 Ameaças à biodiversidade

12.3 Ameaças à biodiversidade

Uma das principais razões para a perda de biodiversidade é o facto de os habitats naturais estarem a ser destruídos. Os campos, as florestas e as zonas húmidas onde vivem as plantas e os animais selvagens estão a desaparecer. A terra é desbravada para plantar culturas ou construir casas e fábricas. As florestas são cortadas para a produção de madeira e lenha. Entre 1990 e 2005, a quantidade de terras florestadas nas Honduras, por exemplo, diminuiu 37%.

A extinção é uma parte natural da vida na Terra. Ao longo da história do planeta, a maioria das espécies que alguma vez existiram, evoluíram e depois extinguiram-se gradualmente. As espécies extinguem-se devido a mudanças naturais no ambiente que ocorrem durante longos períodos de tempo, como as eras glaciais.

12.4 Extinção de espécies

1. **Extinção natural** (extinção de fundo). Algumas espécies desaparecem devido a alterações no ambiente e outras aparecem, adaptadas a esse ambiente. A isto chama-se extinção natural, que é um processo gradual e contínuo e que ocorreu no passado geológico.
2. **Extinção em massa.** Muitas vezes, várias espécies desapareceram devido a catástrofes. Isto aconteceu várias vezes na história geológica.
3. **Extinção antropogénica.** Devido à interferência humana, está a ocorrer uma perda de biodiversidade. Esta situação leva ao desaparecimento de um grande número de espécies e ocorre num curto espaço de tempo.

Segundo as estimativas do World Conservation Monitoring Centre, cerca de 384 espécies de plantas (maioritariamente fanerogâmicas) e 533 espécies de animais (maioritariamente vertebrados) foram extintas desde o ano 1600. Esta taxa de extinção de espécies é 1000 a 10.000 vezes superior à taxa anterior. Alguns pontos interessantes sobre a extinção de espécies são

(i) As florestas tropicais estão a perder 14000-40000 espécies por ano, ou seja, ao ritmo de 2-5 espécies por hora.

[st] (ii) Cerca de 50% das espécies poderão extinguir-se no final do século XXI, se o ritmo atual não abrandar.

(iii) Num futuro próximo, poderá ocorrer a perda de 17 000 espécies de plantas endémicas e de 350 000 animais endémicos de 10 localidades de elevada diversidade nas florestas tropicais.

12.5 Conservação da biodiversidade

É a gestão da biosfera de forma a que esta possa produzir o maior benefício sustentável para a geração atual, mantendo o seu potencial para satisfazer as necessidades e aspirações das gerações futuras.

Assim, a conservação da biodiversidade implica a gestão não só dos organismos vivos, mas também dos factores abióticos do ambiente, de modo a manter os sistemas de suporte de vida da vida selvagem.

2. Objectivos. Três objectivos específicos para a conservação da vida selvagem são :

(a) Manter os processos ecológicos essenciais e os sistemas de suporte de vida (ar, água e solo).

(b) Preservar a diversidade das espécies ou a variedade do material genético dos organismos do mundo.

(c) Assegurar uma utilização contínua (perpétua) das espécies, ou seja, dos ecossistemas, que servem de suporte à comunicação rural e às indústrias urbanas.

3. Estratégias de conservação. Os cientistas de 100 países do mundo formularam uma **estratégia** global **de conservação mundial** para a utilização judiciosa dos recursos naturais. Algumas das medidas propostas para proteger a vida selvagem são:

(a) Proteção dos animais e plantas úteis, bem como dos seus parentes selvagens, tanto no seu habitat natural (in situ) como nos jardins zoológicos e botânicos (ex situ).

(b) Preservação dos habitats críticos (zonas de alimentação, de criação, de viveiro e de repouso) das espécies vegetais e animais para promover o seu crescimento e multiplicação.

(c) No programa de conservação da vida selvagem, deve ser dada **prioridade** a uma espécie ameaçada de extinção em relação a uma espécie vulnerável e a uma espécie vulnerável em relação a uma espécie rara.

(d) A gestão dos sistemas de suporte de vida (ar, água, terra) da vida selvagem.

(e) A caça deve ser regulamentada e deve incluir as seguintes etapas:

(i) Apenas as pessoas com licença devem ser autorizadas a caçar.

(ii) Não deve ser permitida a caça de animais jovens.

(iii) Deve ser proibida a caça durante a época de reprodução.

(iv) A caça de espécies ameaçadas deve também ser proibida.

(v) Deveria ser imposto um limite ao número de animais que podem ser caçados.

(f) **Os habitats dos animais migratórios** devem ser protegidos por acordos bilaterais ou multilaterais.

(g) O comércio internacional de produtos úteis de plantas e animais selvagens deve ser regulamentado. A Índia é signatária da "Convenção sobre o Comércio Internacional das Espécies da Fauna e da Flora Selvagens Ameaçadas de Extinção". Recentemente, a Índia e a China assinaram um protocolo que visa coordenar os seus esforços para combater a caça ilegal de tigres e o contrabando de ossos de tigre e de outras partes do seu corpo.

(h) Educar a população sobre a importância da vida selvagem e da sua conservação.

(i) Deve ser evitada **a exploração excessiva** dos produtos úteis da vida selvagem.

(j) As espécies e os ecossistemas não devem ser explorados para além das suas capacidades produtivas. Os ecossistemas únicos devem ser protegidos numa base prioritária.

(k) Devem ser criados **parques** e **santuários nacionais** para proteger a vida selvagem. Deste modo, será possível salvaguardar a diversidade genética das espécies e a sua evolução contínua.

(l) **A Lei da Vida Selvagem Indiana (Proteção), de 1992,** prevê medidas legais para a proteção dos animais selvagens. Proíbe a caça de toda a fauna selvagem especificada nas listas I, II, III e IV da lei.

Para evitar uma maior deterioração e extinção da vida selvagem útil, os programas nacionais de conservação devem ser coordenados com os programas internacionais, especialmente os da **UNESCO** (Organização das Nações Unidas para a Educação, a Ciência e a Cultura) e da **UICN** (União Internacional para a Conservação da Natureza e dos Recursos Naturais). Para sensibilizar as pessoas para a importância das aves, o Estado de Haryana deu a todas as suas estâncias turísticas o nome de aves.

Scientific of **Cellular and Molecular Biology, Hyderabad,** sugeriu que a criação de instalações de fertilização in vitro **(FIV)** no país era a única forma de preservar as espécies ameaçadas de extinção. A China criou instalações deste tipo para o **panda-gigante** e outras espécies ameaçadas em Chengdu.

12.6 Esforços internacionais para a conservação da biodiversidade

Em 1992, realizou-se no **Rio de Janeiro a "Cimeira da Terra"**, que acabou por dar origem à Convenção sobre a Biodiversidade, que entrou em vigor em 29-12-1993. Foram identificados três grandes objectivos:

(i) Utilização sustentável da biodiversidade.

(ii) Conservação da biodiversidade.

(iii) Partilha justificada dos benefícios resultantes da utilização dos recursos genéticos.

1. A **UICN (União Internacional para a Conservação da Natureza e dos Recursos Naturais)** foi criada em 1948, com sede em **Morges (Suíça).** Preocupa-se com a modificação do ambiente natural pelos seres humanos através do rápido crescimento do desenvolvimento urbano e industrial e da exploração excessiva dos recursos naturais da terra, sobre os quais repousam as próprias funções da sua sobrevivência. Reúne-se de três em três anos. É também o consultor científico do **World Wildlife Fund.**

2. O World Wildlife Fund foi criado em **1961** em **Gland**, na Suíça, e o panda-gigante (Ailuropodamelanoleuca) foi escolhido como símbolo. O WWF tem como membros um grupo de organizações nacionais que representam 23 países. A Índia é um deles.

3. World Wildlife Fund (WWF) - A Índia foi criada em 1969, com sede em **Mumbai.**

4. A Convenção sobre o Comércio Internacional das Espécies da Fauna e da Flora Selvagens Ameaçadas de Extinção (CITES) entrou em vigor em 1975. O seu objetivo é a cooperação internacional para proteger determinadas espécies da fauna e da flora selvagens contra a exploração excessiva através do comércio internacional.

12.7 Lei da Diversidade Biológica

A Lei sobre a Diversidade Biológica de 2002 nasceu da tentativa da Índia de concretizar os objectivos consagrados na Convenção das Nações Unidas sobre a Diversidade Biológica (CDB) de 1992, que reconhece os direitos soberanos dos Estados de utilizarem os seus próprios recursos biológicos. A lei visa a conservação dos recursos

biológicos e dos conhecimentos associados, bem como a facilitação do acesso aos mesmos de forma sustentável e através de um processo justo. Para efeitos de execução dos objectivos da lei, é criada a Autoridade Nacional para a Biodiversidade em Chennai.
Vamos discutir o significado de alguns termos importantes:
Os recursos biológicos são as plantas, os animais, os microrganismos, o material genético e os subprodutos de valor, com exceção do material genético humano.
O levantamento biológico e a bio-utilização são o levantamento ou a recolha de espécies, subespécies, genes, componentes e extractos de recursos biológicos para qualquer fim, incluindo a caraterização, os inventários e os bioensaios.
Os requerentes de benefícios são os conservadores dos recursos biológicos e dos seus produtos derivados e os criadores e detentores de conhecimentos relativos à utilização desses recursos biológicos.
Por utilização comercial entende-se a utilização dos recursos biológicos como medicamentos, enzimas industriais, aromas alimentares, fragrâncias, cosméticos, emulsionantes, oleorresinas, corantes, extractos e genes utilizados para melhorar as culturas e a pecuária através da intervenção genética.
A lei abrange a conservação e a utilização dos recursos biológicos e dos conhecimentos conexos que ocorrem na Índia para fins comerciais ou de investigação ou para fins de bioexploração e bioutilização. Estabelece um quadro para o acesso aos recursos biológicos e para a partilha dos benefícios decorrentes desse acesso e dessa utilização. A lei inclui também no seu âmbito a transferência dos resultados da investigação e o pedido de direitos de propriedade intelectual (DPI) relativos aos recursos biológicos indianos.
Abrange estrangeiros, indianos não residentes, pessoas colectivas, associações ou organizações não constituídas na Índia ou constituídas na Índia com participação de não indianos no seu capital social ou na sua gestão. Estes indivíduos ou entidades necessitam da aprovação da Autoridade Nacional para a Biodiversidade quando utilizam recursos biológicos e conhecimentos conexos existentes na Índia para fins comerciais ou de investigação ou para efeitos de bio-investigação ou bio-utilização. Os indianos e as instituições indianas não necessitam da aprovação da Autoridade Nacional para a Biodiversidade quando se dedicam às actividades acima referidas. No entanto, terão de informar os Conselhos Estaduais para a Biodiversidade antes de empreenderem essas actividades. No entanto, qualquer pedido comercial relacionado com a utilização de recursos biológicos deve ser aprovado pela Autoridade. A lei exclui os recursos biológicos indianos que são normalmente comercializados como mercadorias. Esta isenção só é válida na medida em que os recursos biológicos sejam utilizados como mercadorias e não para outros fins. A lei exclui igualmente as utilizações tradicionais dos recursos biológicos indianos e dos conhecimentos a eles associados, bem como quando são utilizados em projectos de investigação em colaboração entre instituições indianas e estrangeiras, com a aprovação do governo central.
Nos casos em que seja necessária a aprovação da Autoridade Nacional para a

Biodiversidade para a utilização dos recursos biológicos e conhecimentos associados da Índia e essa aprovação não seja obtida, a pena pode ir até cinco anos de prisão ou uma coima de dez lakh rupias ou ambas. Nos casos em que o Conselho Estatal para a Biodiversidade deva ser informado da utilização dos recursos biológicos indianos e dos conhecimentos associados e tal não seja feito, a pena pode ir até três anos de prisão ou uma coima de cinco lakh rupias ou ambas. Todas as infracções previstas na lei são passíveis de reconhecimento e não podem ser objeto de fiança.

12.8 A lei sobre a poluição atmosférica

O Governo aprovou esta lei em 1981 para limpar o nosso ar através do controlo da poluição. A lei estabelece que as fontes de poluição atmosférica, tais como a indústria, os veículos, as centrais eléctricas, etc., não podem libertar partículas, chumbo, monóxido de carbono, dióxido de enxofre, óxido de azoto, compostos orgânicos voláteis (COV) ou outras substâncias tóxicas para além de um nível prescrito. Para o efeito, foram criados pelo Governo Conselhos de Controlo da Poluição (PCB) para medir os níveis de poluição na atmosfera e em determinadas fontes através de testes ao ar. Esta medição é efectuada em partes por milhão ou em miligramas ou microgramas por metro cúbico. As partículas e os gases libertados pela indústria e pelos automóveis, autocarros e veículos de duas rodas são medidos através de equipamento de amostragem do ar. No entanto, o aspeto mais importante é que as próprias pessoas se apercebam dos perigos da poluição atmosférica e reduzam o seu potencial poluidor, assegurando que os seus próprios veículos ou a indústria em que trabalham reduzam os níveis de emissões. Esta lei foi criada para "tomar medidas adequadas para a preservação dos recursos naturais da Terra, o que, entre outras coisas, inclui a preservação de ar de alta qualidade e garante o controlo do nível de poluição atmosférica.

12.9 A lei sobre a poluição da água

A Lei sobre a Água (Prevenção e Controlo da Poluição) foi promulgada em 1974 para prever a prevenção e o controlo da poluição da água e para manter ou restabelecer a salubridade da água no país. A lei foi alterada em 1988. A Lei sobre a Água (Prevenção e Controlo da Poluição) (Water (Prevention and Control of Pollution) Cess Act) foi promulgada em 1977, a fim de prever a imposição e a cobrança de uma taxa sobre a água consumida por pessoas que operam e exercem determinados tipos de actividades industriais. Esta taxa é cobrada com vista a aumentar os recursos do Conselho Central e dos Conselhos Estaduais para a prevenção e controlo da poluição da água constituídos ao abrigo da Lei da Água (Prevenção e Controlo da Poluição) de 1974. A lei foi alterada pela última vez em 2003.

As águas residuais com elevados níveis de poluentes que entram nas zonas húmidas, nos rios, nos lagos, nos poços e no mar constituem graves riscos para a saúde. O controlo das fontes pontuais através da monitorização dos níveis de diferentes poluentes é uma forma de prevenir a poluição, punindo o poluidor. O excesso de matéria orgânica, os sedimentos e os organismos infecciosos provenientes de resíduos hospitalares também podem poluir a nossa água. Os cidadãos devem desenvolver uma força de vigilância que informe as autoridades para que tomem medidas adequadas contra os diferentes tipos de poluição da água. No entanto, é melhor prevenir a poluição do que tentar curar os problemas que ela criou ou punir os infractores. Os principais objectivos da Lei da Água são a prevenção, o controlo e a redução da poluição da água e a manutenção ou restauração da salubridade da água. Foi concebida para avaliar os níveis de poluição e punir os poluidores. O Governo Central e os Governos Estaduais criaram PCBs para monitorizar a poluição da água. **Funções dos Conselhos de Controlo da Poluição**

O Governo atribuiu os poderes necessários aos PCB para lidar com os problemas de poluição da água no país. O Governo também sugeriu sanções para a violação das disposições da lei. Foram criados laboratórios centrais e estatais de análise da água para permitir que os Conselhos de Administração avaliem a extensão da poluição da água e foram estabelecidas normas para determinar a culpa e a falta, como se segue:

Conselho Central

Tem o poder de aconselhar o Governo Central sobre todas as questões relativas à prevenção e ao controlo da poluição da água. O Conselho Central pode fornecer assistência técnica e orientações aos Conselhos Estaduais para a realização de investigações e pesquisas relacionadas com a poluição da água e organiza a formação das pessoas envolvidas no processo.

O Conselho de Administração organiza um vasto programa de sensibilização sobre a poluição da água através dos meios de comunicação social e publica igualmente dados sobre a poluição da água. O Conselho estabelece ou altera as regras, em consulta com os Conselhos Estaduais, sobre as normas de eliminação de resíduos. A principal função do Conselho de Administração Central é promover a limpeza dos rios, lagos, ribeiros e poços do país.

Conselhos de Estado

Planeia um programa abrangente para a prevenção da poluição da água. Recolhe e divulga informações sobre a poluição da água e participa na investigação em colaboração com o Conselho Central, organizando a formação das pessoas envolvidas no processo.

Planeia a utilização das águas residuais para a agricultura. Assegura que, se os efluentes tiverem de ser descarregados em terra, então os resíduos são diluídos. O Conselho de Estado aconselha os Governos Estaduais no que respeita à localização das indústrias.

Foram criados laboratórios para permitir que o Conselho desempenhe as suas funções. Os Conselhos de Estado têm o poder de obter informações de funcionários por si mandatados que fazem levantamentos, mantêm registos do fluxo, volume e outras caraterísticas da água. Têm poderes para recolher amostras de efluentes e sugerir os procedimentos a adotar em relação às amostras. O analista da direção em causa deve analisar a amostra que lhe é enviada e apresentar um relatório do resultado à direção em causa. A Direção deve enviar uma cópia do resultado à indústria em causa. A Comissão tem igualmente o poder de inspecionar qualquer registo, cadastro, documento ou objeto material da fábrica e de efetuar uma busca em qualquer local onde haja razões para crer que foi cometida uma infração ao abrigo da lei. São aplicadas sanções por actos que tenham causado poluição. Isto inclui o não fornecimento de informações exigidas pelo Conselho de Administração ou a não comunicação da ocorrência de qualquer acidente ou outro ato imprevisto.

12. 10 NAMAMI GANGE: UM RAIO DE ESPERANÇA

O Ganges tem sido o berço das civilizações humanas desde tempos imemoriais. Para o seu sustento físico e espiritual, milhões de pessoas dependem deste rio sagrado. As pessoas têm uma enorme fé nos poderes de cura e regeneração da água do Ganges. É um dos rios mais consagrados do mundo e é profundamente venerado pelo povo deste país. O Ganges é a maior bacia hidrográfica da Índia, que cobre 26% da massa terrestre do país e sustenta 43% da sua população, estendendo-se pelos estados de Uttarakhand, Uttar Pradesh, Haryana, HimachalPradesh, Deli, Bihar, Jharkhand e Bengala Ocidental.O rápido aumento da população, a subida do nível de vida e o crescimento exponencial da industrialização e da urbanização expuseram os recursos hídricos, em geral, e os rios, em particular, a várias formas de degradação.

Qual é o plano de reserva para a bacia do Ganges se o glaciar do Ganges derreter? Nenhum carro ou fábrica terá qualquer utilidade se as monções falharem. Nenhum desenvolvimento terá qualquer utilidade se o Ganges secar. Podemos continuar a negociar, mas a verdadeira negociação é entre os seres humanos, por um lado, e a física e a química, por outro. É por isso que o mitólogo hindu, líder público mais popular e Primeiro-Ministro Narendra Modi lançou um novo plano de ação para reavivar este rio histórico.

Este novo programa Namami Gange é uma missão integrada de conservação do Ganges no âmbito da Autoridade Nacional da Bacia do Rio Ganga do Ministério dos Recursos Hídricos e do Desenvolvimento Fluvial e das suas congéneres estatais como a SPMG. Este programa tem por objetivo integrar os esforços de limpeza e proteção do Ganges de uma forma abrangente, envolvendo também os Estados, os organismos locais urbanos e os Panchayats.

Os esforços em curso do Governo para limpar e proteger o rio sagrado Ganga receberam 20 000 milhões de rupias para serem gastos nos próximos cinco anos. Em maio de 2015, o Conselho de Ministros da União aprovou este fundo para o programa emblemático do governo "Namami Ganga", lançado em 2014. Esta verba vem juntar-se à que o governo de Modi reservou (2037 milhões de rupias) para o rejuvenescimento do rio Ganges no seu primeiro orçamento de 2014. A aprovação de 20 000 milhões de rúpias para esta missão representa um aumento significativo de quatro vezes em relação às despesas centrais com a limpeza do Ganges nos últimos 30 anos. O governo tinha anteriormente incorrido numa despesa global de cerca de 4000 milhões de rupias nesta tarefa desde 1985, quando o então Primeiro-Ministro Rajeev Gandhi iniciou esta ação de limpeza do Ganges. Uma vez que os programas globais de limpeza do Ganges necessitarão de mais dinheiro, o governo obterá os fundos adicionais através da iniciação do modelo PPP para a execução de vários projectos, incluindo a criação de estações de tratamento de águas residuais (ETAR) em cidades e vilas ao longo do rio Ganges em cinco Estados - Uttarakhand, Uttar Pradesh, Bihar, Jharkhand e Bengala Ocidental.

O Primeiro-Ministro da Índia, Rajiv Gandhi, lançou anteriormente, em 1985, o Plano de Ação Ganga (GAP), cujos objectivos consistiam em melhorar a qualidade da água do rio para níveis aceitáveis, impedindo que a poluição o atingisse, ou seja, interceptando as águas residuais e tratando-as antes de as descarregar no rio. O programa incluía 261 projectos distribuídos por 25 cidades de classe I de U.P., Bihar e Bengala Ocidental. O plano centrou-se principalmente na interceção, desvio e tratamento das águas residuais geradas nestas cidades identificadas. No âmbito do plano, foram instaladas 34 estações de tratamento de águas residuais (ETAR) com uma capacidade de tratamento de 869 MLD. O GAP I foi concluído em março de 2000, com um custo de 452 milhões de rúpias. Para além das obras de base relacionadas com o saneamento e o tratamento das águas residuais, foram também realizadas algumas obras não essenciais, como a florestação, a instalação de crematórios, o saneamento de baixo custo e o desenvolvimento da frente ribeirinha.

Os esgotos que conduzem ao Ganges, em Varanasi, foram drenados e o fluxo foi desviado para as estações de tratamento de esgotos, mas apenas os esgotos domésticos estavam a ser tratados no projeto. As águas residuais industriais foram deixadas ao cuidado das próprias indústrias e o Conselho de Controlo da Poluição está a acompanhar os progressos neste caso; assim, no âmbito do GAP, foram empreendidas várias acções, mas de nada serviram?

Os crematórios de madeira melhorados têm de ser concluídos em várias localidades. Estes devem ser entregues a organizações privadas para utilização pública. Para além de tudo isto, deviam ser construídas várias latrinas de descarga em diferentes localidades para desviar os esgotos do Ganges. Além disso, alguns Ghats balneares ainda não foram concluídos. Por outro lado, a florestação é uma parte importante, mas até à data pouco foi feito.

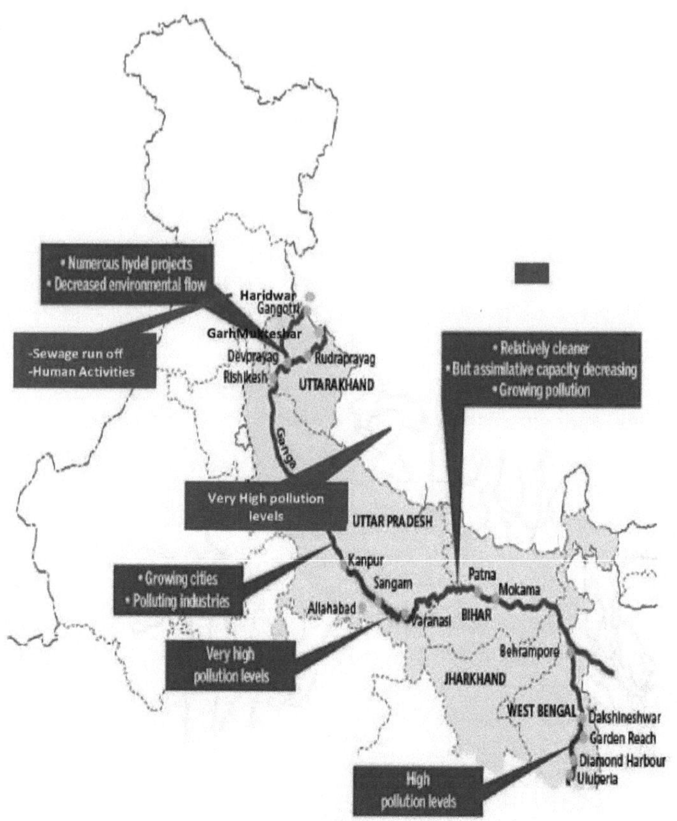

Avaliação da poluição no rio Ganges

Os esgotos domésticos são a principal causa de contaminação do rio. De acordo com o CPCB, 2 723 milhões de litros por dia (MLD) de águas residuais são gerados por 50 cidades localizadas ao longo do rio, o que representa mais de 85% da carga poluente do rio.

O principal problema vem das principais cidades situadas nas margens do Ganges. As 36 cidades de classe I contribuem com 96% da produção de águas residuais. Além disso, 99% da capacidade de tratamento está instalada nestas cidades. Mas o problema é que a concentração nas estações de tratamento desviou a atenção da limpeza do rio.

A avaliação mais recente mostra que existe uma enorme diferença entre a produção de esgotos domésticos e a capacidade de tratamento no troço principal do Ganga. A estimativa de 2013 da CPCB mostra que a produção é de 2 723,30 MLD, enquanto a capacidade de tratamento é de apenas 1 208,80 MLD. De acordo com esta estimativa, mais de metade das águas residuais não são tratadas e vão para o rio.

A capacidade de tratamento das águas residuais é fraca devido a factores que vão desde a falta de eletricidade para fazer funcionar a estação até à falta de águas residuais que chegam à estação para tratamento. O relatório de 2013 da CPCB inspeccionou 51 das 64 estações de tratamento de águas residuais (ETAR), tendo constatado que menos de 60% da capacidade instalada era utilizada e que 30% das estações nem sequer estavam a funcionar. A maioria das cidades ao longo do Ganges não dispõe de sistemas de transporte de águas residuais. Em Kanpur, Ghaziabad (Garh), Unnao, Allahabad e Varanasi, 70 a 85% da cidade não dispõe de um sistema de drenagem subterrâneo que funcione. Consequentemente, os esgotos não estão ligados a PTS. O que existe são esgotos a céu aberto, que vão parar ao rio.

Haridwar é uma cidade de Deus, mas devido à drenagem de esgotos não tratados e ao aumento da população humana todos os anos, a poluição também está a aumentar. **Kanpur** tem uma história longa e pouco bem sucedida de limpeza do rio que corre no seu interior. Tudo começou em 1985, quando, no âmbito do Plano de Ação Ganga (GAP-I), Kanpur limpou os seus esgotos, expandiu o seu sistema de drenagem, construiu uma ETAR de 130 MLD e outra de 36 MLD para tratar as águas residuais das fábricas de curtumes da zona industrial de Unnao.

No âmbito do Plano de Ação Ganga, o objetivo era intercetar os resíduos dos esgotos abertos e desviá-los para as ETAR. No entanto, tal não se verificou, uma vez que os 26 esgotos de Kanpur não foram drenados, pelo que os resíduos continuam a fluir para o Ganges. Consequentemente, a cidade, com uma capacidade instalada de 217 MLD, trata apenas 100 MLD, uma vez que a estação não funciona ou as águas residuais não chegam à estação. A estimativa oficial da produção de águas residuais é de cerca de 400 MLD, enquanto o escoamento real medido é de 600 MLD. Por outras palavras, em qualquer lugar, cerca de 300-500 MLD de águas residuais são descarregadas no rio.

O seu maior e mais poluente esgoto - o Sisamau - chamou agora a atenção dos planeadores e há muitas propostas para tratar os seus resíduos, desde a sua retenção a montante até à alteração do seu curso, de modo a que seja descarregado no rio Pandu e não no Ganges.

Treatment Plant, Kanpur

O Ganges atravessa **Varanasi** tocando a sua margem ocidental. Esta é a cidade que os hindus vêm adorar e cremar os cadáveres. Esta é a cidade do Deus Shiva, o rio venerado por milhões de pessoas, mas ainda poluído. Resolver o problema da poluição do Ganges, especialmente em Varanasi, tem muito a ver com as capacidades relativas das duas margens.

A cidade tem uma série de problemas: Em primeiro lugar, a sua rede de esgotos atual e melhorada é extremamente inadequada. De acordo com o Plano de Saneamento da Cidade, encomendado pelo Ministério do Desenvolvimento Urbano da União, a rede de esgotos de 400 km existe principalmente na cidade velha e na zona dos Ghats. Contudo, mesmo esta tem mais de 100 anos e está extremamente degradada. Segundo o governo da UP, mais de 80% da cidade continua sem saneamento. Em segundo lugar, um terço da cidade vive em bairros de lata, com pouco acesso a instalações de saneamento e de esgotos. O plano de saneamento da cidade refere que 15% da cidade não tem acesso a casas de banho e recorre à defecação ao ar livre. A atual capacidade de tratamento de águas residuais é de 101,8 MLD. Por outras palavras, apenas 25% dos resíduos produzidos podem ser tratados e 75% são descarregados sem tratamento no rio. A Jal Nigam afirma que os resíduos tratados das ETAR de Dinapur e Bhagwanpur são utilizados para irrigação.

Por conseguinte, o aumento da capacidade das ETAR continuará a não ser suficiente. A questão que se coloca também é a de saber o que acontecerá aos efluentes tratados e se estes se misturarão com os resíduos não tratados nos esgotos a céu aberto que descarregam no rio.

Por último, e mais importante ainda, onde é que a cidade vai buscar a eletricidade e as finanças para construir estas centrais?

É por isso que a cidade precisa de rever a sua atual estratégia de tratamento de águas residuais.

Treatment Plant, Varanasi

O GAP sofria das seguintes limitações

- Apenas uma parte da carga poluente do rio podia ser tratada.

- O GAP concentrou-se em melhorar a qualidade da água do Ganges, em termos de poluição orgânica e oxigénio dissolvido, mas apenas os outros componentes permanecem intocados.
- Só foram visadas as águas residuais das cidades que correm através dos esgotos para o rio.
- Não foram acrescentadas as ligações dos sanitários domésticos ao sistema de esgotos, a gestão dos resíduos sólidos e alguns outros aspectos vitais das actividades municipais que afectam a qualidade da água.
- A questão da garantia dos caudais ambientais no rio não foi abordada. Esta questão tem vindo a tornar-se cada vez mais importante, tendo em conta a procura concorrente da água do Gangaw para consumo, irrigação e produção de energia.
- O coberto arbóreo da bacia do Ganges diminuiu consideravelmente e o padrão de utilização dos solos alterou-se, provocando a erosão dos solos. A produção de sedimentos e o seu depósito no leito do rio também não foram monitorizados.
- A carga poluente de fontes não pontuais foi acrescentada apenas marginalmente.
- Não foi prestada qualquer atenção à poluição do sector rural, às águas de escoamento dos campos agrícolas, que trazem pesticidas não biodegradáveis para o rio.
- Problemas de aquisição de terras, processos judiciais, questões contratuais e capacidades inadequadas na

os organismos locais/agências de execução impediram uma execução rápida.

Mais de dois terços das águas residuais geradas por 118 cidades situadas na bacia do Ganges são descarregadas no rio sem tratamento, o que torna o rejuvenescimento do Ganges uma tarefa ainda mais árdua. Um estudo recente efectuado por peritos de diferentes organismos governamentais concluiu que as cidades, distribuídas por cinco Estados, geram mais de 3636 milhões de litros por dia (MLD) de águas residuais contra uma capacidade de tratamento de cerca de 1027 MLD em 55 estações de tratamento de águas residuais (ETAR). Assim, a quantidade de águas residuais não tratadas descarregadas no rio é de 2609,04 MLD.

O Ministério dos Recursos Hídricos e do Rejuvenescimento do Ganges do governo de Modi pediu aos cinco estados acima referidos, no caminho do Ganges, que apresentassem relatórios de projeto detalhados para o reforço das capacidades de tratamento de águas residuais nestas cidades. O relatório foi preparado por peritos de diferentes organizações do ministério, incluindo o Instituto Nacional de Hidrologia, a Comissão Central da Água, a Agência Nacional de Desenvolvimento da Água e o Conselho Central das Águas Subterrâneas e apresentado ao governo em dezembro de 2014. Assim, existem 144 drenos que descarregam água no rio. O número máximo destes esgotos situa-se em Bengala Ocidental (54), seguido de U.P. (51), Bihar (25), Uttarakhand (14) e Jharkhand (4). No entanto, a capacidade de produção de águas residuais e de saída das ETAR em Bengala Ocidental é de 467/1535, Uttar Pradesh 373/1341, Bihar 109/636, Uttarakhand 77/111 e Jharkhand 1/12 MLD, aproximadamente, em simultâneo. A criação de estações de tratamento de águas residuais e a adoção de medidas para reciclar a totalidade das águas residuais fazem parte do novo governo central de Modi.

A médio prazo, devem ser introduzidas certas intervenções, tanto a nível das infra-estruturas como das não infra-estruturas, a fim de dar o tom para a implementação da visão a longo prazo, bem como para a realização das chamadas actividades "no regret" durante o período de transição. As propostas a adotar no âmbito do programa Namami Gange são as seguintes

(i) Gestão das descargas industriais

- Tornar o ZLD obrigatório
- Tarifa de água racionalizada para incentivar a reutilização
- Monitorização da qualidade da água em tempo real

(ii) Fluxo ininterrupto

- Aplicação das zonas de regulação fluvial nas margens do Ganges
- Práticas agrícolas racionais, métodos de irrigação eficientes
- Restauração e conservação das zonas húmidas

(iii) Assegurar o rejuvenescimento ecológico através da conservação da vida aquática e da biodiversidade

(iv) Promoção do turismo e da navegação de uma forma racional e sustentável **Ganga Knowledge Centre:** No entanto, para controlar a propagação da poluição e mantê-la dentro de limites controláveis, são necessárias certas intervenções a curto prazo. O grupo de secretários, sob a orientação de Hon'ble Ministers, identificou as seguintes actividades

i) Regime Namami Gange para a reabilitação e modernização das actuais estações de tratamento de águas residuais ao longo do Ganges

ii) Assegurar 100% de infra-estruturas de esgotos em cidades identificadas ao longo do Ganges iii) Tratamento de esgotos in situ em esgotos a céu aberto

iv) Apoio à preparação de DPRs

v) Gestão da frente ribeirinha para o desenvolvimento de Ghats em cidades e vilas selecionadas vi) Redução da poluição industrial em Haridwar, Unnao e Kanpur, com prioridade

vii) Plano de ação para Char DhamYatra - Equipamentos públicos, eliminação de resíduos e saneamento

viii) Reforço das capacidades dos organismos locais urbanos

ix) Florestação - Conservação da flora e da fauna

x) Conservação da vida aquática - atenção especial aos golfinhos, tartarugas e gaviais, etc.

xi) Eliminação de flores e outros materiais de puja para além da bacia hidrográfica

xii) Ganga Vahini

xiii) Dados SIG e análise espacial para a bacia do Ganges

xiv) Estudo das comunidades que dependem do Ganges para a sua subsistência

tradicional
xv) Centro Nacional de Monitorização do Ganges
xvi) Orientações especiais para a extração de areia no Ganges
xvii) Avaliação das propriedades especiais da água do Ganges
xviii) Actividades de comunicação e de sensibilização do público
- Equipamento de limpeza de superfícies fluviais (por exemplo, escumadeiras, lanças de lixo, RoBOAT, etc.)
- Spargers/Aeradores
- Barcos com mecanismo de arejamento
- Instalação eléctrica do crematório
- Crematório de madeira melhorado
- Actividades de divulgação/sensibilização da comunidade
- Desenvolvimento de competências - meios de subsistência ecológicos para as pessoas que dependem do rio Ganga (barqueiros, dhobis, pescadores, etc.)

No Uttar Pradesh, é necessário tratar as águas residuais e dispor de um sistema de transporte adequado para as mesmas. O rio Ganga também necessita de um caudal ecológico mínimo para a sua sobrevivência no troço do Uttar Pradesh. Dado que um rio é um ecossistema vivo, o objetivo final deve ser proteger o funcionamento do ecossistema fluvial.

Os principais sectores industriais, nomeadamente as fábricas de curtumes, de açúcar e destilarias e as fábricas de pasta e papel, contribuem de forma significativa para a poluição do rio Ganges e dos seus afluentes, especialmente na parte ocidental da U.P.. Há uma necessidade imediata de uma vigilância ambiental rigorosa, a fim de verificar o cumprimento das normas ambientais.

É pertinente mencionar que a descarga incessante de águas residuais tratadas (nível de CBO de 30 mg/l) não pode levar a água do rio a um nível de qualidade balnear na estação magra, mesmo que as águas residuais sejam tratadas a 100%. Por conseguinte, é necessário manter um caudal mínimo durante todo o ano para apoiar o ecossistema do rio e a vida aquática. Seria aconselhável criar mais instalações de armazenamento de água para o sistema fluvial do Ganges e libertar água no período de escassez para manter eficazmente o caudal mínimo do rio com a construção de pequenos ursos em diferentes localidades de Haridwar a Bengala Ocidental.

13. PARQUES E SANTUÁRIOS NACIONAIS DE VIDA SELVAGEM

13.1 INTRODUÇÃO

A vida selvagem da Índia é rica e diversificada. Os animais mais populares encontrados na Índia são os macacos, os leões asiáticos, os elefantes, o touro azul (Neelgai), a gazela indiana (Chinkara), o veado malhado, o veado sambar, o veado-porco, o veado que ladra, o veado do pântano, o rinoceronte de um só chifre, os macacos, as cobras, os crocodilos, os búfalos, os ursos-preguiça, as cabras e os tigres. Cerca de 4 % do território indiano está coberto por florestas. A Índia é também famosa pelos seus incríveis tigres e tem o maior número de espécies de aves.

A Índia possui imensos santuários de vida selvagem e parques nacionais, o que faz deste país um paraíso para os devotos da natureza. Os santuários de vida selvagem na Índia são o lar de cerca de duas mil espécies diferentes de aves, 3500 espécies de mamíferos, quase 30000 tipos diferentes de insectos e mais de 15000 variedades de plantas. Turistas, caminhantes e exploradores de todo o mundo vêm à Índia para ver a sua rica vida selvagem e vegetação natural.

Ao embarcar numa viagem pela vida selvagem, os viajantes podem fazer uma visita aos parques nacionais da Índia. O Parque Nacional Jim Corbett, situado no sopé dos Himalaias, é o primeiro do seu género. O Parque Nacional Dudhwa é outro parque que ficou famoso pela sua enorme população de veados do pântano. As reservas de tigres são os melhores locais para vislumbrar este grande felino. O Parque Nacional de Kanha, em Madhya Pradesh, é uma das maiores reservas de tigres da Índia.

Os santuários de vida selvagem da Índia também incluem os santuários de aves, como o de Bharatpur, no Rajastão. As diferentes espécies de aves que se podem encontrar aqui são verdadeiramente fascinantes. A abetarda indiana, o faisão monal dos Himalaias, os lammergiers, as gralhas, a águia marinha de barriga branca, o andorinhão de peito branco, os pombos da fruta e os grifos são apenas algumas das espécies de aves que se podem ver aqui.

Os parques nacionais da Índia são zonas protegidas da categoria II da IUCN. O primeiro parque nacional da Índia foi criado em 1936 como Parque Nacional Hailey, atualmente conhecido como Parque Nacional Jim Corbett, em Uttarakhand. Em 1970, a Índia tinha apenas cinco parques nacionais. Em 1972, a Índia promulgou a Lei de Proteção da Vida Selvagem e o Projeto Tigre para salvaguardar os habitats de espécies dependentes da conservação. Na década de 1980, foi introduzida mais legislação federal para reforçar a proteção da vida selvagem. Em abril de 2012, existiam 112 parques nacionais. Todas as terras dos parques nacionais abrangiam então um total de 39 919 km^2 (15 413 sq mi) , compreendendo 1,21% da superfície total da Índia. Um total de 166 parques nacionais foram autorizados.

Uma viagem aos santuários de vida selvagem na Índia aproxima-nos da natureza. Há um grande número de excursões de safari pela vida selvagem que podem ser utilizadas para visitar estes santuários de vida selvagem. É possível desfrutar da atmosfera calma e pacífica destes parques enquanto se caminha pelos trilhos ou se passa pelas árvores altas. Uma grande atração para turistas de todos os cantos do mundo, os santuários de vida selvagem na Índia são locais adequados para ornitólogos, fotógrafos de vida selvagem, investigadores e simplesmente para os amantes de animais e plantas.

VIDA SELVAGEM NA ÍNDIA OCIDENTAL

Nada é mais interessante para um entusiasta da vida selvagem do que o rugido dos tigres e o chilrear dos pássaros. Os maravilhosos santuários de vida selvagem da Índia Ocidental oferecem exatamente isso, uma pletora de sons e criaturas da selva aos seus visitantes, apoiando o crescimento de uma flora e fauna distintas nesta parte da Índia, onde residem mais de 40 espécies de mamíferos e cerca de 450 espécies de aves.

Repleta de belezas naturais, a região ocidental da Índia abriga uma grande variedade de flora e fauna e é o lar de alguns dos mais espectaculares santuários de vida selvagem e parques nacionais. Entre os muitos animais aqui presentes contam-se leões asiáticos, patos negros, burros selvagens indianos, tartarugas Ridley, enguias, lobos e gatos do deserto.

Existem cerca de 300 leões asiáticos no Santuário de Vida Selvagem de Sasangir, situado em Gujarat. Os outros santuários de vida selvagem importantes na Índia Ocidental incluem: o Santuário de Dhangadhra, o Parque Nacional de Velavadar, o Parque Nacional Marinho e o Santuário, entre muitos outros.

O santuário de vida selvagem marinha na ilha de Pirotan é o primeiro parque nacional marinho da Índia. O Santuário da Vida Selvagem Marinha (Pirotan) foi criado em 1980 e foi declarado Parque Nacional em 1982. O parque é conhecido pelos camarões, esponjas, tartarugas Ridley, enguias, ouriços-do-mar verdes e golfinhos, entre muitos outros. O Parque Nacional de Velavadar foi criado em 1969 e é famoso pela sua população de patos negros. O pequeno Rann de Kutch foi criado em 1973 e é famoso pelo burro selvagem indiano, o lobo e o gato do deserto.

VIDA SELVAGEM NO LESTE DA ÍNDIA

A Índia Oriental proporciona a experiência enriquecedora de descobrir a variada flora e fauna nos seus vários santuários de vida selvagem. A diversidade da vida selvagem na Índia Oriental inclui os espantosos búfalos selvagens e o rinoceronte de um chifre no Parque Nacional de Kaziranga, localizado em Assam. Além disso, o porco pigmeu e a lebre hispídea podem ser encontrados nas pastagens da Reserva do Tigre de Manas, em Assam.

A Índia Oriental é o destino ideal para os amantes da vida selvagem, uma vez que lhes são oferecidas inúmeras opções de exploração. Os santuários da Índia Oriental são conhecidos pela sua diversidade de vida selvagem. Os dois santuários de vida selvagem mais importantes da Índia Oriental são o Sundarbans e o Santuário de Vida Selvagem de Kaziranga. O Santuário de Vida Selvagem de Manas é popular como uma das mais pitorescas e melhores reservas de vida selvagem do país. Foi criado no ano de 1928. Este santuário alberga mais de 20 espécies de animais selvagens e aves em perigo de extinção.

Alguns dos outros parques nacionais e santuários de vida selvagem de renome da Índia

Oriental são o Santuário de Vida Selvagem de Namdapha, o Santuário de Vida Selvagem de Simlipal, a Reserva de Tigres de Sundarbans, o Santuário de Vida Selvagem de Itanagar, o Santuário de Vida Selvagem de Sirohi e o Parque Nacional de Kanchenjunga. Sundarbans é Património Mundial da UNESCO e constitui a maior reserva de tigres da Índia. Este local é também considerado um paraíso para os observadores de aves e é o lar de mais de 250 tigres.

VIDA SELVAGEM NO SUL DA ÍNDIA

O Sul da Índia é também conhecido pela sua fisiografia diversificada, enormes extensões de prados, florestas densas, uma longa linha costeira delimitada pela Baía de Bengala, o Mar Arábico e o Oceano Índico, e vários rios, portos, lagos, regiões de delta e clima tropical que suportam uma vasta gama de aves e animais. Os santuários de vida selvagem do Sul da Índia são atracções populares para os entusiastas da vida selvagem. Os santuários de vida selvagem do Sul da Índia são atracções populares para os entusiastas da vida selvagem.

As vastas extensões florestais das cordilheiras de Vindhyachal albergam alguns parques nacionais e santuários de vida selvagem notáveis, como o Santuário de Vida Selvagem de Bhadra e o Santuário de Vida Selvagem de B.R. Hills, entre outros. As principais atracções do B.R. Hills Wildlife Sanctuary são Gaurs e Chitals e os principais destaques do Bhadra Wildlife Sanctuary são Great Indian Gaurs e Barking Deers. Caracterizado por uma vegetação luxuriante, o Sul da Índia alberga uma vida selvagem fascinante que consiste em cerca de 500 espécies de mamíferos, 1225 variedades de aves e 1600 tipos de répteis.

A maioria dos santuários de vida selvagem no sul da Índia situa-se em destinos pitorescos. Nestes santuários de vida selvagem, os turistas têm a oportunidade de observar os animais selvagens no seu habitat natural. O sul da Índia é bem conhecido pelos seus melhores santuários de vida selvagem e de aves. Os santuários de vida selvagem de Periyar e Bandipur são duas famosas reservas de tigres do país abrangidas pelo Projeto Tigre na Índia. O Parque Nacional de Periyar é também o lar dos elefantes asiáticos. Alguns destes santuários de vida selvagem albergam espécies de flora e fauna raras e ameaçadas de extinção. Existem cinco parques nacionais e 17 santuários de vida selvagem no estado de Tamil Nadu. Os santuários de vida selvagem mais populares deste estado são o Santuário de Vida Selvagem de Anamalai, o Santuário do Tigre de Mundanthurai, o Santuário de Vida Selvagem e Parque Nacional de Mudumalai, o Santuário de Vida Selvagem de Kalakadu, o Santuário de Vida Selvagem de Calimere, o Santuário de Vida Selvagem de Viralimalai, o Santuário de Aves de Kunthakulam e o Santuário de Aves de Vedanthangal.

VIDA SELVAGEM NO NORTE DA ÍNDIA

A vida selvagem no Norte da Índia é popular e é apoiada pela topografia rica e abundante da região, tornando-a um habitat natural para diversas espécies animais. O Norte da Índia é um dos destinos turísticos mais procurados para a vida selvagem e oferece uma experiência enriquecedora aos entusiastas da vida selvagem. Os vários santuários de

vida selvagem no Norte da Índia ostentam uma rica riqueza de flora e fauna.
Neles vivem diferentes aves e animais, como tigres, nilgai, gazzelle, pavões, javalis, cães selvagens, gatos da selva, mangustos, sambar, lagartos-monitores, hienas, chacais, leopardos, chital, lebres indianas e muito mais. O Norte da Índia possui alguns dos melhores e mais famosos santuários de vida selvagem do mundo. Os santuários de vida selvagem do Norte da Índia são explorados por milhares de turistas todos os anos. Além disso, estes santuários de vida selvagem são visitados por vários investigadores e ornitólogos. A lista dos santuários de vida selvagem mais frequentados no Norte da Índia inclui: o Parque Nacional de Corbett, o Parque Nacional de Ranthambore e o Parque Nacional de Bharatpur.
O santuário de vida selvagem mais popular do Norte da Índia é o Parque Nacional de Corbett. Está localizado no sopé encantador das majestosas montanhas dos Himalaias. Este santuário é conhecido pela sua beleza cénica e vida selvagem única. É o lar de tigres, leopardos e elefantes asiáticos. O Parque Nacional de Bharatpur, também conhecido como Parque Nacional de Keoladeo, é mundialmente conhecido pela sua população diversificada de aves. O Parque Nacional de Bharatpur é considerado um dos mais populares e melhores santuários de aves do mundo. Este santuário também é famoso como o Paraíso dos Ornitólogos e é o lar de inúmeras variedades de aves exóticas que também incluem os mundialmente famosos Grous Siberianos.

VIDA SELVAGEM NA ÍNDIA CENTRAL

Os santuários de vida selvagem na região central do país oferecem várias possibilidades de descobrir a flora e a fauna ricas e variadas. Os santuários são o refúgio de espécies abundantes e raras de aves e animais, e deliciam os visitantes com oportunidades de observar a flora e a fauna indomadas no seu habitat natural. Algumas das cadeias montanhosas mais populares, como a cadeia montanhosa de Vindhya, a cadeia montanhosa de Satpura, a cadeia montanhosa de Aravalli, Maikal e Ajanta, estão localizadas nesta região. Na Índia Central existem cerca de 15 parques nacionais e quase 35 santuários de vida selvagem que representam uma concentração única de flora e fauna.
Algumas das mais famosas e importantes reservas de vida selvagem da Índia Central são a Reserva do Tigre de Bandhavgarh, o Parque Nacional e Reserva do Tigre de Pench, a Reserva do Tigre de Kanha, o Parque Nacional de Panna, o Santuário de Vida Selvagem de Achanakmar, o Santuário de Vida Selvagem de Barnawapara, o Santuário de Vida Selvagem de Bori, Madhya Pradesh, o Parque Nacional de MadhavShivpuri, o Santuário de Vida Selvagem de Sitanadi e o Parque Nacional de Indravati.
Quase 22% da população total de tigres na Índia está alojada em reservas de tigres localizadas na Índia Central. Para além disso, os santuários de vida selvagem da Índia Central também albergam uma variedade cativante de animais como o búfalo selvagem, o veado, o antílope de quatro chifres, o myna da colina zombeteira, o chacal, o lobo, a hiena, o urso-preguiça, o javali, o cão selvagem e o bisonte.
O Parque Nacional de Bandhavgarh, situado em Madhya Pradesh, é uma das melhores

e mais pitorescas reservas de tigres da Índia. O Parque Nacional de Bandhavgarh é famoso pelas suas populações de tigres. Os tigres brancos são as principais atracções do Parque Nacional de Bandhavgarh. Outros animais selvagens importantes são os cães selvagens, os ursos-preguiça, os leopardos, os macacos Rhesus, o sambar e o chital. Cerca de 250 espécies de aves, incluindo aves residentes e migratórias, foram registadas neste parque. O Parque Nacional de Kanha é uma das maiores reservas de tigres do país. Situa-se no distrito de Mandla, em Madhya Pradesh, e é conhecido pela sua extraordinária beleza natural e pela diversidade da sua flora e fauna. O Parque Nacional de Kanha é também popular pelos seus tigres. Alberga também algumas espécies em vias de extinção, como a manada local de Barasinghas (veados do pântano). Inquéritos recentes revelam que a população total de tigres nesta reserva é de cerca de 70 a 75 por cento da população total do país.

Para conhecer a flora e a fauna exóticas dos numerosos santuários de vida selvagem da Índia, é preciso visitar qualquer um dos poucos santuários mencionados abaixo.

13.2 PARQUE NACIONAL, SANTUÁRIO E RESERVA DO TIGRE JIM CORBETT WILDLIFE

O mais belo santuário de vida selvagem da Índia, o Parque Nacional Jim Corbett, foi criado em 1936. Tem um forte historial, que pode ser traçado desde o início de 1800, quando as suas florestas eram propriedade privada dos governantes de TerhiGarhwal. Por volta da década de 1820, esta parte do Estado foi cedida aos governantes britânicos em troca da assistência prestada durante a invasão Gurkha. Os britânicos exploraram o potencial madeireiro da floresta do Parque Nacional de Corbett e abateram impiedosamente as florestas e plantaram "TEAK", uma preciosa madeira de folhosas, para satisfazer o abastecimento de travessas de caminho de ferro.

Em 1934, o governador Malcolm Hailey apoiou a proposta e declarou a floresta de reserva num santuário. Pouco depois, o governador Hailey e Sir Smythies propuseram a elevação do santuário a parque nacional. Durante este período, o Major James E Corbett estava a ficar famoso pelas suas filmagens de tigres comedores de homens. Corbett, que conhecia bem a região, foi consultado e ajudou a definir os limites do parque nacional proposto. Em 6 de agosto de 1936, foi promulgada a lei relativa ao parque nacional da UP e o parque nacional de Hailey - que recebeu o nome do governador Hailey. O majestoso Parque Nacional de Corbett é o primeiro parque nacional da Índia e cobre uma área de cerca de 325 quilómetros quadrados no sopé dos Himalaias. Lar de uma variedade de flora e fauna, o Parque Nacional Jim Corbett é famoso pela sua população selvagem de tigres, leopardos e elefantes.

Constituído por uma flora e fauna diversificadas, este santuário na Índia alberga cerca de 500 espécies diferentes de plantas, 600 espécies de aves e uma série de animais que incluem o gavial, o elefante, o chital, o sambar, o javali, a cobra-rei, o pangolim indiano nilgai, o muntjac, o musaranho-almiscarado comum e a raposa voadora.A lei de proteção da vida selvagem foi promulgada no ano de 1972 e o Parque Nacional de Corbett foi um dos primeiros parques nacionais a lançar o Projeto Tigre, um programa patrocinado pelo governo para a conservação do tigre e do seu habitat, em 1 de abril de 1973.

13.3 Santuário de Vida Selvagem de Periyar, Reserva de Elefantes e Tigres

O Parque Nacional e Santuário de Vida Selvagem de Periyar é uma área protegida nos distritos de Idukki e Pathanamthitta, em Kerala, na Índia. É conhecido como uma reserva de elefantes e uma reserva de tigres. A área protegida cobre uma área de 925 km2 (357 sq mi). 350 km2 da zona central foram declarados como Parque Nacional de Periyar em 1982.

O parque é frequentemente designado por Periyar Wildlife Sanctuary ou Thekkady. Situa-se no alto das colinas Cardamom e Pandalam, no sul dos Ghats Ocidentais, ao longo da fronteira com Tamil Nadu. Situado no meio de uma paisagem pitoresca e de vastas extensões de vegetação luxuriante de Kerala, este santuário de vida selvagem no sul da Índia é o local onde se encontram algumas das mais raras espécies ameaçadas de extinção do país. De grande beleza, este santuário de vida selvagem oferece vistas deslumbrantes da natureza e inclui uma série de atracções da vida selvagem, como o veado que ladra, o Dole ou o cão selvagem indiano, o veado, o rato e, muito raramente, um tigre. O parque é constituído por florestas tropicais de folha perene e de folha caduca húmida, prados, povoamentos de eucaliptos e ecossistemas lacustres e fluviais. Existem muitas centenas de espécies de plantas com flores, incluindo cerca de 171 espécies de gramíneas e 140 espécies de orquídeas.

Existem 45 espécies de répteis: 30 cobras, 13 lagartos e duas tartarugas. As cobras incluem a cobra-rei, a víbora do Malabar e a cobra coral listrada. Existem cerca de 40 espécies de peixes nos lagos e rios locais, incluindo a truta de Periyar, a Periyarlatia, o barbo de Periyar, o barbo de channa e a loach de Travancore. Existem cerca de 160 espécies de borboletas, incluindo a maior borboleta do Sul da Índia, a Southern Birdwing, a borboleta da tília, a ninfa da árvore de Malabar, a altamente ameaçada Travancore evening brown, e muitos tipos de traças, como a traça do Atlas.

13.4 PARQUE NACIONAL GIR

O Parque Nacional de Gir foi criado em 1965, com uma área total de 1412 km^2 , dos quais cerca de 258 km são a área totalmente protegida do parque nacional e 1153 km2 do santuário. O parque situa-se a 43 km a nordeste de Somnath, a 65 km a sudeste de Junagadh e a 60 km a sudoeste de Amreli. É conhecido por ser o último habitat do mundialmente famoso leão asiático. A região de Gir tem uma topografia composta por uma sucessão de cumes escarpados, colinas isoladas, planaltos e vales. A presença esmagadora do omnipotente grande felino desvia a atenção do homem comum da notável população de aves que o santuário possui. No entanto, as aves do santuário de Gir atraíram o grande ornitólogo, Dr. Salim Ali, que acreditava que, se os leões asiáticos não estivessem lá, a área teria sido um dos santuários de aves mais fascinantes do país. As florestas de Gir albergam uma rica biodiversidade que inclui 32 espécies de mamíferos, 300 espécies de aves, 26 espécies de répteis e milhares de espécies de insectos. Os animais mais importantes são o leão, o leopardo, a hiena, o chital, o sambar, o bulbul, a chaushinga, a chinkara, o javali, o crocodilo, o langur, o porco-espinho, o ratel, o chacal, a raposa, o mangusto, as civetas, etc. Algumas das aves importantes que aí se encontram são o tordo assobiador de Malabar, o tordo terrestre de cabeça alaranjada, o papa-moscas do paraíso, o papa-moscas de cabeça preta, o pitta indiano, a águia-preta, a águia de Bonelli, a águia-serpente de crista, o abutre-rei, o gavião-real de crista, as cegonhas pintadas, os pelicanos, as pavões, etc.

As pessoas ligam Gir sobretudo aos "Maldharis", que sobreviveram ao longo dos tempos graças a uma relação simbiótica com o leão. São comunidades pastoris religiosas que vivem em Gir. As suas povoações são chamadas "nesses".

O censo de abril de 2010 registou que o número de leões em Gir era de 411, incluindo os leões em Gir, Devalia (zona de interpretação de Gir) e no jardim zoológico de Junagarh, o que representa um aumento de 52 em relação a 2005. O programa de criação de leões que abrange o parque e a zona circundante criou cerca de 180 leões em cativeiro desde o seu início.

Mais de 400 espécies de plantas foram registadas no estudo da floresta de Gir por Samtapau & Raizada em 1955. O departamento de botânica da Universidade M.S. de Baroda reviu a contagem para 507 durante o seu estudo. A floresta é uma importante zona de investigação biológica com consideráveis valores científicos, educativos, estéticos e recreativos. Fornece cerca de 5 milhões de quilogramas de erva verde por colheita anual, que é avaliada em aproximadamente 500 milhões de rupias.

O Programa de Reprodução de Leões cria e mantém centros de reprodução. Também efectua estudos sobre o comportamento dos leões asiáticos e pratica a inseminação artificial. Durante o censo de 2010, "The Cat Women of Gir Forest" contou mais de 411 leões no parque. As mulheres que efectuam a contagem pertencem a tribos muçulmanas tradicionais das aldeias vizinhas. Há mais de 40 mulheres van rakshasahayaks, que procuram apenas proteger os animais do parque.

13.5 SANTUÁRIO DE VIDA SELVAGEM DE SARISKA

Considerado um dos santuários de vida selvagem mais frequentados da Índia, o Santuário de Vida Selvagem de Sariska situa-se nas colinas de Aravalli e é a antiga reserva de caça do marajá de Alwar. Sariska é um amplo vale com dois grandes planaltos e está repleto de locais de interesse histórico e religioso. Estendendo-se por 800 km2 de um vasto meio verde e englobando alguns monumentos históricos importantes nas imediações do parque, este santuário de vida selvagem é, sem dúvida, um atrativo para os entusiastas da natureza e da vida selvagem.

As florestas são de folha caduca seca, com árvores de Dhak, Acácia, Ber e Salar. Os tigres de Sariska são maioritariamente noturnos e não são tão facilmente vistos como os de Ranthambhor. O parque tem também boas populações de Nilgai, Sambar e Chital. A biosfera deste santuário de vida selvagem inclui paisagens rochosas, florestas secas de folha caduca e penhascos montanhosos. Sasrika é considerado um local etéreo para os observadores de aves, com algumas das espécies de penas mais raras, como a perdiz cinzenta, o guarda-rios de peito branco, o pica-pau de dorso dourado e o galo silvestre.

O tipo de floresta na reserva do tigre de Sariska é de folha caduca seca, representada predominantemente por dhok (Anogeissuspendula), tendu (Diospyrosmelanoxylon) khair (Acacia catechu) e ber (Zizyphusmaudrentiana). A vegetação de Sariska mantém-se verdejante durante a monção e seca no verão.

Sariska é também conhecida pela sua grande população de macacos Rhesus, que se encontram em grande número à volta de Talvriksh. O mundo das aves está também bem representado com uma rica e variada avifauna. Estas incluem o pavão, a perdiz cinzenta, a codorniz dos arbustos, o galo silvestre, a torta das árvores, o pica-pau de dorso dourado, a águia-serpente de crista e a grande coruja indiana.

A Reserva do Tigre de Sariska é um parque nacional indiano e um refúgio de vida selvagem situado no distrito de Alwar, no estado do Rajastão. Foi declarada reserva de vida selvagem em 1955. Em 1978, foi-lhe atribuído o estatuto de reserva de tigres, fazendo parte do Projeto Tigre da Índia. A área atual do parque é de 866 km^2 . O parque está situado a 107 km de Jaipur e a 200 km de Deli. A caraterística mais atractiva desta reserva tem sido sempre os seus tigres de Bengala. É a primeira reserva de tigres do mundo a ter relocalizado tigres com sucesso.

Em 2005, o Governo do Rajastão, em cooperação com o Governo da Índia e o Wildlife Institute of India (WII), planeou a reintrodução de tigres em Sariska e também a relocalização de aldeias. Decidiu-se importar um macho e duas fêmeas do Parque Nacional de Ranthambore. O Wildlife Institute of India (WII), juntamente com o Governo do Rajastão, começou a seguir os tigres recolocados com a ajuda dos satélites de reconhecimento da ISRO.

13.6 PARQUE NACIONAL, SANTUÁRIO E RESERVA DO TIGRE DA VIDA SELVAGEM DE DUDHWA

O Parque Nacional de Dudhwa é um parque nacional no Terai de Uttar Pradesh, na Índia, e cobre uma área de 490,3 km. Faz parte da Reserva do Tigre de Dudhwa. Está localizado na fronteira entre a Índia e o Nepal, no distrito de Lakhimpur-Kheri, e tem zonas florestais reservadas nos lados norte e sul. Para além de prados e pântanos maciços, o Parque Nacional de Dudhwa alberga uma das melhores florestas de Sal (Shorearobusta) da Índia. Em 1976, o parque contava com uma população de 50 tigres, 41 elefantes e 76 ursos, para além de cinco espécies de veados, mais de 400 espécies de aves, crocodilos e algumas outras espécies de mamíferos e répteis.

A área foi criada em 1958 como um santuário de vida selvagem para veados do pântano. Graças aos esforços de "Billy" Arjan Singh, a área foi notificada como parque nacional em janeiro de 1977. Em 1987, o parque foi declarado Reserva do Tigre e colocado sob a alçada do "Projeto Tigre". Juntamente com o Santuário de Vida Selvagem de Kishanpur e o Santuário de Vida Selvagem de Katarniaghat, forma a Reserva do Tigre de Dudhwa.

As principais atracções do Parque Nacional de Dudhwa são os tigres (população 98 em 1995) e o veado do pântano (população superior a 1600). Os outros animais que podem ser observados aqui incluem o veado do pântano, o veado sambar, o veado que ladra, o veado malhado, o veado porco, o tigre, o rinoceronte indiano, o urso-preguiça, o ratel, o chacal, as civetas, o gato da selva, o gato pescador e o gato leopardo. O Parque Nacional de Dudhwa é um reduto do barasingha. Cerca de metade dos barasinghas do mundo estão presentes no Parque Nacional de Dudhwa.

Dudhwa também possui uma variedade de aves migratórias que se instalam aqui durante os Invernos. Inclui, entre outras, cegonhas pintadas, cegonhas de pescoço preto e branco, grous Sarus, pica-paus, barbets, guarda-rios, minivets, abelharucos, bulbuls e várias aves de rapina nocturnas. Os pequenos raios de sol que chegam ao solo tecem um espetáculo mágico de luz e sombra sobre a tela de folhas secas.

13.7 PARQUE NACIONAL, SANTUÁRIO E RESERVA DO TIGRE DA VIDA SELVAGEM DE KAZIRANGA

É um parque nacional situado nos distritos de Golaghat e Nagaon, no estado de Assam, na Índia. Património da Humanidade, o parque alberga dois terços dos grandes rinocerontes de um só chifre do mundo. Kaziranga é reconhecido como uma zona importante para as aves pela Birdlife International para a conservação das espécies de avifauna. Localizado no limite do hotspot de biodiversidade dos Himalaias Orientais, o parque combina uma elevada diversidade de espécies e visibilidade. Kaziranga possui a maior densidade de tigres entre as áreas protegidas do mundo e foi declarado Reserva do Tigre em 2006.

Kaziranga contém populações reprodutoras significativas de 35 espécies de mamíferos, das quais 15 estão ameaçadas de acordo com a Lista Vermelha da IUCN. Kaziranga tem a maior população de búfalos de água selvagens do mundo, representando cerca de 57% da população mundial. Os pequenos mamíferos incluem a rara lebre híspida, o mangusto cinzento indiano, os pequenos mangustos indianos, a grande civeta indiana, as pequenas civetas indianas, a raposa de Bengala, o chacal dourado, o urso-preguiça, o pangolim chinês, os pangolins indianos, o texugo porco, os texugos furões chineses e o esquilo voador particolor.

Existem quatro tipos principais de vegetação neste parque: pradarias aluviais inundadas, bosques de savana aluvial, florestas tropicais húmidas mistas de folha caduca e florestas tropicais semi-verdes. Com base nos dados Landsat de 1986, a percentagem de cobertura vegetal é a seguinte: gramíneas altas 41%, gramíneas curtas 11%, selva aberta 29%, pântanos 4%, rios e massas de água 8% e areia 6%.

Existem cinco tipos de rinocerontes no mundo - rinoceronte branco, rinoceronte preto, rinoceronte indiano, rinoceronte de Javan e rinoceronte de Sumatra. O peso normal de um rinoceronte indiano é de 2.000 kg. A única forma de distinguir entre um rinoceronte indiano e um rinoceronte africano é o chifre único. Tanto os rinocerontes africanos brancos como os negros têm dois cornos.

Outra caraterística distintiva do Rinoceronte-indiano é a sua pele, que é nodosa e apresenta dobras profundas nas articulações. Todos os rinocerontes são vegetarianos e os rinocerontes indianos alimentam-se principalmente de erva, frutos, folhas e colheitas. O seu lábio superior bem desenvolvido ajuda-os a comer as ervas altas de elefante, de que mais gostam. Também os ajuda a arrancar as plantas aquáticas pelas raízes.

13.8 PARQUES NACIONAIS, SANTUÁRIO E RESERVA DO TIGRE DA VIDA SELVAGEM DE KANHA

O Parque Nacional de Kanha é uma das reservas de tigres da Índia e o maior parque nacional do estado de Madhya Pradesh, na Índia. Está localizado no distrito de Mandla, em Madhya Pradesh, e estende-se por uma área de mais de 1.940 quilómetros quadrados. O pitoresco Parque Nacional de Kanha foi a inspiração para o inesquecível clássico de Rudyard Kipling, O Livro da Selva. O romantismo do Parque Nacional de Kanha não diminuiu com o tempo - continua a ser tão belo. O Parque Nacional de Kanha foi criado em 1 de junho de 1955 e, em 1973, foi transformado na Reserva do Tigre de Kanha. Atualmente, estende-se por uma área de 940 km^2 nos dois distritos de Mandla e Balaghat.

A Reserva do Tigre de Kanha alberga mais de 1000 espécies de plantas com flores. A floresta de planície é uma mistura de sal (Shorearobusta) e outras árvores de floresta mista, intercaladas com prados. Uma árvore fantasma indiana (Davidiainvolucrata) de muito bom aspeto pode também ser vista na floresta densa. A reserva de tigres de Kanha é rica em prados ou maidans, que são basicamente prados abertos que surgiram em campos de aldeias abandonadas, evacuadas para dar lugar aos animais. As plantas aquáticas em numerosos tal (lagos) são a linha de vida das espécies de aves migratórias e das zonas húmidas.

Podem ver-se manadas de veados malhados e manadas mais pequenas do belo antílope, o corço preto. A Reserva do Tigre de Kanha tem espécies de tigre, leopardos, cães selvagens, gatos selvagens, raposas e chacais. Entre as espécies de veados, o veado do pântano (Cervusduavcellibranderi) ou Barasingha do solo duro é o orgulho do lugar, pois é a única subespécie de veado do pântano na Índia. Outros animais frequentemente observados no parque incluem o veado-malhado, o sambar, o veado-ladrador e o veado-de-quatro-chifres. O corço preto tornou-se inexplicavelmente muito raro, tendo desaparecido completamente, mas foi reintroduzido recentemente numa área vedada do parque. O Nilgai ainda pode ser visto perto do portão de Sarahi, enquanto o lobo indiano, outrora comum em Mocha, é agora uma visão rara. O Parque Nacional de Kanha e Satpura, que faz parte do Gondwana, agora famoso como reserva de tigres, foi outrora governado por elefantes indianos selvagens. Um esforço de conservação interessante neste parque nacional é a reintrodução do barasingha. O Gaur será transferido para Bandhavgarh e alguns Barasingha serão transferidos para a reserva de tigres de Satpura. O objetivo deste projeto é introduzir cerca de 500 Barasingha neste parque nacional em oito ou nove locais diferentes. Há também um projeto para capturar cerca de vinte tigres e transferi-los para a reserva de tigres de Satpura.

13.9 PARQUES NACIONAIS DE VIDA SELVAGEM DE RAJAJI, SANTUÁRIO DE VIDA SELVAGEM E RESERVA DE TIGRE O Parque Nacional **de RAJAJI** está situado ao longo das colinas e sopés da cordilheira de Shivalik, no sopé dos Himalaias, e representa o ecossistema de Shivalik. No mapa, está situado entre Haridwar

(Latitude 290 56' 40") e Dehradun (Latitude 300 20' Norte) e 790 80' E Longitude (Dehradun 780 01' 15" E (Ramgarh), Chillawali- 770 54' 30" Este). O Parque Nacional de Rajaji foi batizado em homenagem a C. Rajagopalachari (Rajaji), um proeminente líder da Luta pela Liberdade, o segundo e último Governador-Geral da Índia independente e um dos primeiros a receber o mais alto prémio civil da Índia, o Bharat Ratna, em 1954. O Parque Nacional de Rajaji distingue-se pela sua beleza cénica imaculada e pela sua rica biodiversidade.

O Governo da União Europeia deu o seu aval a uma proposta de concessão do estatuto de reserva do tigre ao Parque Nacional de Rajaji, em Uttarakhand. Será a segunda reserva de tigres no Estado, depois da Reserva de Tigres de Corbett. A abundância de recompensas da natureza acumuladas neste parque e nas suas imediações atrairá um grande número de conservacionistas da vida selvagem, amantes da natureza e amigos do ambiente para visitar esta zona selvagem de cortar a respiração. As florestas de folha caduca, a vegetação ribeirinha, os matagais, os prados e os pinhais constituem a flora destes parques. As densas selvas aqui abrigam uma vida selvagem vivaz.

O sub-bosque é ligeiro e muitas vezes ausente, constituído por rohini (Malollotusphilippinensis), amaltas (Cassia fistula), shisham (Dalbergiasissoo), sal (Shorearobusta), palash (Buteamonosperma), arjun (Terminaliaarjuna), khair (Acacia catechu), baans (Dendrocalamusstrictus), semul (Bombaxceiba), sandan (Ougeiniaoojeinensis), chamaror (Ehretialaevis), aonla (Emblicaofficinalis), kachnar (Bauhieniavariegata), ber (Ziziphusmauritiana), chilla (Caseariatomentosa), bel (Aeglemarmelos), etc.

A região em geral tem mais de 500 espécies de aves, incluindo residentes e migratórias[2]. As espécies de aves mais proeminentes incluem a galinha-d'angola, os pica-paus, os faisões, os guarda-rios e os barbos, complementados por uma série de espécies migratórias durante os meses de inverno. O Parque também alberga o grande calau, o guarda-rios dos Himalaias e o pássaro do sol com cauda de fogo.

13.10 PARQUE NACIONAL E SANTUÁRIO DE VIDA SELVAGEM DE MUTHANGA

Popularmente conhecido como Parque Nacional de Wyanad, o Parque Nacional de Muthanga é um popular santuário de vida selvagem situado nas colinas de Kerala e oferece um habitat natural a um grande número de animais selvagens. Rico em biodiversidade, o santuário é parte integrante da Reserva da Biosfera de Nilgiri. É limitado a nordeste pela rede de áreas protegidas de Nagarhole e Bandipur de Karnataka e a sudeste por Mudumalai de Tamil Nadu. O santuário de vida selvagem é abrangido pelo programa Protect Elephant e é possível avistar uma manada de elefantes a vaguear na zona. Os passeios de elefante são organizados pelo Departamento Florestal de Kerala.

O santuário está dividido em duas partes separadas, conhecidas como Upper Wayanad Wildlife Sanctuary, a norte, e Lower Wayanad Wildlife Sanctuary, a sul.

Em 2012, um tigre foi abatido a tiro pelo Departamento Florestal de Kerala numa plantação de café nos limites do Santuário de Vida Selvagem de Wayanad. Muitos

líderes políticos locais aplaudiram a morte do tigre. O diretor do Departamento de Vida Selvagem de Kerala ordenou a caça do animal após protestos em massa, uma vez que o tigre andava a transportar animais domésticos.
A floresta caducifólia húmida é constituída por maruthi, karimaruthi, pau-rosa, venteak, vengal, chadachi, mazhukanjiram, bambus, etc., enquanto as manchas semi-verdes são constituídas por veteriaindica.., Toda a área está coberta por densas florestas tropicais com vegetação caducifólia húmida e uma grande variedade de flora exótica e extensões de plantações de chá e café que espalham o seu aroma aromático por todas as colinas de Wayanad.
É o habitat de animais selvagens como o gaur, ursos-preguiça, sambhar, elefantes, répteis, tigres, veados malhados, macacos, panteras, gatos da selva, gatos civetas, cães selvagens, bisontes, lagartos, ursos, porcos selvagens, leopardos e outros animais.
Entre as aves frequentemente observadas no parque nacional de Muthanga, em Kerala, no sul da Índia, algumas que merecem uma menção especial são o calau cinzento de Malabar, pavões, corujas, pica-paus, cucos, galinhas da selva, tagarelas, garças, patos de água, bulbuls, pavões, picanços, águias, corvos-marinhos, alvéolas, rolos, faisões, narcejas e uma grande variedade de outras aves.

13.11 PARQUE NACIONAL E SANTUÁRIO DE VIDA SELVAGEM DE CHITWAN

É o primeiro parque nacional do Nepal, criado em 1973 com o objetivo de preservar um ecossistema único e de grande valor para todo o mundo. Foi-lhe concedido o estatuto de Património Mundial em 1984. Abrange uma área de 932 km2 (360 sq mi) e está localizado nas planícies subtropicais de Inner Terai, no centro-sul do Nepal, no distrito de Chitwan.
Adjacente a leste do Parque Nacional de Chitwan encontra-se a Reserva de Vida Selvagem de Parsa, contígua a sul ao Parque Nacional de Valmiki, a reserva do tigre indiano. A área protegida coerente de 2.075 km quadrados (801 sq mi) representa a Unidade de Conservação do Tigre (TCU) Chitwan-Parsa-Valmiki, que cobre um enorme bloco de 3.549 km quadrados (1.370 sq mi) de pradarias aluviais e florestas subtropicais de folha caduca húmida.
Antigamente, o vale de Chitwan era bem conhecido pela caça grossa e foi gerido exclusivamente como uma reserva de caça para os primeiros-ministros Rana e os seus convidados até 1950. Em 1963, a zona a sul de Rapti foi demarcada como santuário de rinocerontes. Em 1970, Sua Majestade o Rei Mahendra, já falecido, aprovou em princípio a criação do Parque Nacional Real de Chitwan.
O vale de Chitwan é caracterizado por uma floresta tropical a subtropical. 70% da vegetação do parque é predominantemente floresta de Sal (Shorearobusta), um tipo de vegetação caducifólia húmida clímax da região do Terai. Os restantes tipos de vegetação incluem prados (20%), florestas ribeirinhas (7%) e Sal com Chirpine (Pinusroxburghii) (3%), esta última ocorrendo no topo da cordilheira Churia. As florestas ribeirinhas são constituídas principalmente por khair, sissoo e simal. O simal tem uma casca espinhosa

quando jovem e desenvolve um contraforte na parte inferior numa fase mais avançada. Os prados formam uma comunidade diversificada e complexa com mais de 50 espécies. A espécie Sacchrum, frequentemente designada por capim-elefante, pode atingir 8 m de altura. As gramíneas mais curtas, como a Imperata, são úteis para telhados de colmo.
A grande variedade de tipos de vegetação no Parque Nacional de Chitwan é o habitat de mais de 700 espécies de vida selvagem e de um número ainda não totalmente estudado de espécies de borboletas, traças e insectos. Para além da cobra-real e da pitão-das-rochas, existem 17 outras espécies de serpentes, tartarugas estreladas e lagartos-monitores. A população estimada de espécies animais ameaçadas de extinção, como o gaur, o elefante selvagem, o antílope de quatro chifres, a hiena listrada, o pangolim, o golfinho do Ganges, o lagarto-monitor e a pitão, etc., é de cerca de 1,5 milhões de indivíduos.
Existem mais de 450 espécies de aves no parque. Entre as aves ameaçadas de extinção que se encontram no parque estão o floricano de Bengala, o calau gigante, o floricano menor, a cegonha preta e a cegonha branca. Algumas das aves comuns observadas são o pavão, a galinha vermelha da selva e diferentes espécies de garças, garças, guarda-rios, papa-moscas e pica-paus. O Parque Nacional de Chitwan alberga pelo menos 43 espécies de mamíferos. O "rei da selva" é o tigre de Bengala. Os leopardos são mais frequentes nas periferias do parque. Coexistem com os tigres, mas, por serem socialmente subordinados, não são comuns no habitat privilegiado dos tigres. O Parque Nacional de Chitwan é um dos destinos turísticos mais populares do Nepal. Em 1989, mais de 31.000 pessoas visitaram o parque e, dez anos mais tarde, mais de 77.000.

13.12 IMPORTÂNCIA DOS PARQUES E SANTUÁRIOS NACIONAIS DE VIDA SELVAGEM

A preservação deste património natural é também necessária para o ecossistema da nossa Terra. Controla o aquecimento global, a poluição e vários outros problemas relacionados. Por estas razões, várias áreas são declaradas parques nacionais e santuários de vida selvagem no país para a proteção dos animais e do seu habitat natural. Os Parques Nacionais e os Santuários de Vida Selvagem são áreas protegidas nas quais não é permitida a interferência humana. Estas áreas estão completamente livres de qualquer tipo de renovação humana.
Estes destinos são o habitat natural de espécies raras da flora e fauna indianas. Os tigres reais indianos são a espécie mais protegida de todos os animais indianos. Cerca de 40 áreas foram declaradas como reservas de tigres na Índia para a proteção dos tigres reais no âmbito do programa "Project Tiger". Estas reservas de tigres cobrem uma área de cerca de 37 760 quilómetros quadrados do país.
Estes destinos não só preservam a rica vida selvagem do país, como também se tornam uma das principais atracções do turismo indiano. Os amantes da natureza vêm de todo o mundo para passar as suas férias e desfrutar destes diversos destinos geográficos do país.

14. RESERVAS DA BIOSFERA DA ÍNDIA

14.1 INTRODUÇÃO

As Reservas da Biosfera são grandes áreas de biodiversidade onde a flora e a fauna são protegidas. O Governo indiano criou 18 Reservas da Biosfera da Índia, que protegem áreas maiores de habitat natural (do que um Parque Nacional ou um Santuário de Vida Selvagem). Estas regiões de proteção ambiental correspondem aproximadamente às áreas protegidas de categoria V da IUCN.

As Reservas da Biosfera da Índia incluem frequentemente um ou mais Parques Nacionais ou santuários, juntamente com zonas-tampão abertas a algumas utilizações económicas. A proteção é dada não só à flora e à fauna da região protegida, mas também às comunidades humanas que habitam estas regiões. Estão disponíveis excursões de safari que podem ser utilizadas para visitar estes santuários de vida selvagem. Nove das dezoito reservas da biosfera da Índia fazem parte da Rede Mundial de Reservas da Biosfera, com base na lista do Programa do Homem e da Biosfera (MAB) da UNESCO. É possível desfrutar da atmosfera calma e pacífica destes parques enquanto se caminha pelos trilhos ou se passa por entre as árvores altas. Uma grande atração para turistas de todos os cantos do mundo, os santuários de vida selvagem na Índia são locais apropriados para ornitólogos, fotógrafos de vida selvagem, investigadores e simplesmente para os amantes de animais e plantas.

As Reservas da Biosfera são a maior entidade entre as três. O nível de restrição, por ordem crescente, é constituído pelas Reservas da Biosfera, pelos Santuários de Vida Selvagem e pelos Parques Nacionais, como mostra a figura. O Governo indiano criou 18 Reservas da Biosfera da Índia, que correspondem aproximadamente a áreas protegidas de categoria V da IUCN. A Índia tem mais de 441 santuários de animais, referidos como santuários de vida selvagem (zona protegida de categoria IV da IUCN). Os parques nacionais da Índia são zonas protegidas da categoria II da IUCN.

As Reservas da Biosfera (RB) são partes únicas e representativas de paisagens naturais e culturais que se estendem por uma grande área de ecossistemas terrestres ou costeiros/marinhos, ou uma combinação destes, e exemplos representativos de zonas/províncias biogeográficas.

A reserva da biosfera deve cumprir os três objectivos seguintes:

- Contribuição para o desenvolvimento económico sustentável da população humana que vive dentro e à volta da Reserva da Biosfera;
- Conservação in situ da biodiversidade dos ecossistemas e paisagens naturais e semi-naturais;
- Disponibilizar instalações para estudos ecológicos a longo prazo, educação e formação ambiental e investigação e monitorização.

14. 2. ESTRUTURA E FUNÇÕES DO BR:

As reservas da biosfera são classificadas em 3 zonas inter-relacionadas:

Zona central

A zona núcleo deve conter um habitat adequado para numerosas espécies vegetais e animais, incluindo predadores de ordem superior, e pode conter centros de endemismo. As zonas centrais são locais protegidos de forma segura para a conservação da diversidade biológica, a monitorização de ecossistemas minimamente distribuídos e a realização de investigação não destrutiva e outras utilizações de baixo impacto. Uma zona central é um parque nacional ou santuário/protegido/regulado principalmente ao abrigo da Lei da Vida Selvagem (Proteção), 1972. Embora reconhecendo que a perturbação é um ingrediente do funcionamento do ecossistema, a zona núcleo deve ser mantida livre de pressões humanas externas ao sistema.

Zona tampão

A zona tampão, contígua ou circundante à zona central, é utilizada para actividades de cooperação que contribuem para a proteção da zona central no seu estado natural. Estas utilizações e actividades incluem a restauração, locais de demonstração para aumentar o valor acrescentado dos recursos, recreio limitado, turismo, pesca, pastoreio, etc., que são permitidos para reduzir o seu efeito na zona central. Devem ser encorajadas actividades de investigação e educação, incluindo práticas ecológicas sólidas, educação ambiental e recreação. As actividades humanas, se forem naturais no interior da Reserva da Biosfera, poderão continuar se não afectarem negativamente a diversidade ecológica.

Zona de transição

A zona de transição é a parte mais exterior de uma reserva da biosfera. Normalmente não é delimitada e é uma zona de cooperação onde são aplicados conhecimentos de conservação e competências de gestão e onde os usos são geridos em harmonia com o objetivo da reserva da biosfera. Inclui povoações, terras de cultivo, florestas geridas e áreas de recreio intensivo e outras utilizações económicas caraterísticas da região. Pode conter uma variedade de actividades agrícolas, povoações e outros usos e em que as comunidades locais, agências de gestão, cientistas, organizações não governamentais, grupos culturais, interesses económicos e outras partes interessadas trabalham em conjunto para gerir e desenvolver de forma sustentável os recursos da área.

Funções tripartidas da Reserva da Biosfera:

1. Conservação da biodiversidade e dos ecossistemas
2. Associação do ambiente ao desenvolvimento
3. Apoio logístico: Rede Internacional de Investigação e Controlo

Para cumprir os principais objectivos de uma Reserva da Biosfera, o apoio da população local é essencial. Em 1994, a UNESCO recomendou os seguintes pontos importantes para este efeito:

- Conservação da diversidade e da integridade das plantas e dos animais nos ecossistemas naturais.
- Salvaguarda da diversidade genética das espécies, da qual depende a sua evolução contínua.
- Assegurar a utilização sustentável dos recursos naturais através da tecnologia mais adequada para melhorar o bem-estar económico das populações locais.
- Proporcionar áreas para investigação e monitorização multifacetadas.

- Disponibilização de instalações para educação e formação.
- Iniciar actividades de investigação que identifiquem opções para a utilização sustentável da biodiversidade.
- Educar as populações locais sobre a lógica da conservação e a relação entre as acções de conservação e os benefícios.
- Oferecer actividades e/ou serviços que gerem rendimentos (por exemplo, melhor acesso aos mercados, crédito a juros baixos, acesso controlado aos recursos) às populações locais e a outros interessados nos projectos de conservação-desenvolvimento.
-Assegurar que as populações locais tenham a máxima gestão dos recursos locais (em vez das agências governamentais a nível regional e nacional).
- Dotar a população local das competências e dos recursos necessários para efetuar as mudanças de estilo de vida exigidas pelas medidas de conservação.

O primeiro Congresso da Reserva da Biosfera teve lugar em Minsk (Bielorrússia) em 1983 e registou 226 reservas da Biosfera em 62 países de todo o mundo. O segundo congresso realizou-se em Sevilha, em 1995, e registou 324 Reservas da Biosfera em 82 países. Atualmente, existem 425 Reservas da Biosfera em 95 países. **Gestão**

No âmbito do regime da Reserva da Biosfera, são concedidas subvenções a 100% para as actividades aprovadas para a execução dos planos de ação de gestão apresentados pelos Estados/UT em causa. As actividades autorizadas ao abrigo do regime são, em termos gerais, as seguintes

- Reabilitação de paisagens de espécies e ecossistemas ameaçados
- Utilização sustentável dos recursos ameaçados
- Actividades de valor acrescentado
- Desenvolvimento de sistemas de comunicação e de redes
- Melhoria socioeconómica das comunidades locais
- Manutenção e proteção das zonas de corredor
- Desenvolvimento do ecoturismo

Este regime é diferente de outros regimes relacionados com a conservação. Com o objetivo de reduzir a pressão biótica sobre a biodiversidade das reservas naturais da zona central, centra-se no bem-estar dos habitantes locais através da prestação de apoio suplementar e alternativo aos meios de subsistência das populações das zonas-tampão e de transição.

14.3 RESERVA DA BIOSFERA DE AGASTHIAYAMALAI

A Reserva da Biosfera de Agasthyamala (ABR) foi criada em 2001 e inclui 3.500,36 km2 (1.351,50 m2), dos quais 1828 km^2 se situam em Kerala e 1672,36 km^2 em Tamil Nadu. A ABR situa-se na fronteira entre os distritos de Kollam e Thiruvananthapuram, em Kerala, e os distritos de Tirunelveli e Kanyakumari, em Tamil Nadu, no Sul da Índia, no extremo sul dos Ghats Ocidentais. A biosfera situa-se entre 8° 8' e 9° 10' de latitude norte e 76° 52' e 77° 34' de longitude leste. A localização central é 8°39'N 77°13'E. As florestas ocorrem numa faixa altitudinal de menos de 300 metros a mais de 2.800 metros em redor de Agasthyakudam.

Esta Reserva da Biosfera alberga os ecossistemas mais diversos da Índia Peninsular. As florestas, situadas tanto em Tamil Nadu como em Kerala, possuem muitas espécies endémicas de plantas exclusivas da Índia peninsular. Cerca de 35 destas plantas são espécies ameaçadas ou em perigo de extinção. A ABR inclui as eco-regiões indianas das florestas de folha caduca húmida dos Ghats do Sudoeste, das florestas pluviais montanas dos Ghats do Sudoeste e de Shola. As áreas florestais de Neyyar, Peppara, Shendumey wildlife Sancturias e Achencoil, Thenmala, Konni, Punalur, Thiruvananthapuram Divisions e AgasthyavanamSpecil Division estão incluídas nesta reserva.

As espécies animais ameaçadas que se encontram nesta reserva são o tigre, o macaco de cauda de leão, o grande chifre-de-veado e o lóris esguio. Foram registadas 2000 espécies de plantas com flores. Foram registadas 30 novas espécies de plantas nesta região, cerca de 100 endémicas e 50 raras. Alguns exemplos são a Aristolochia (raiz de cobra), o Cardiospermum (persilo falso), a Ceropegia (videira cónica), a Dioscorea (inhame selvagem), a Gloriosa (lírio da glória), a Rauvolfia (madeira serpentina) e a Smilax (folha de louro verde). A flora endémica inclui a árvore Rudraksha, as ameixas pretas, a árvore Gaub e o dhaman selvagem. A fauna endémica inclui o macaco de cauda de leão, o lóris esguio e o calau-de-bico-grande.

Um comité local e um comité de gestão da biosfera a nível estatal coordenam as actividades de vários departamentos na zona da ABR para assegurar a gestão científica da ABR de acordo com as orientações do Ministério do Ambiente e das Florestas da Índia. Além disso, a ABM está a aguardar aprovação como participante no programa da UNESCO "O Homem e a Biosfera" (MAB).

14.4 RESERVA DA BIOSFERA DE DIHANG - DIBANG

Dehang-Debang é uma reserva da biosfera constituída em 1998. Situa-se no estado indiano de Arunachal Pradesh. A reserva estende-se por três distritos: Vale de Dibang, Siang Superior e Siang Ocidental. Abrange as altas montanhas dos Himalaias Orientais e as colinas de Mishmi.

A reserva é rica em vida selvagem. Existem mamíferos raros como o Mishmi takin, o goral vermelho, o veado almiscarado (pelo menos duas espécies), o panda vermelho, o urso preto asiático, o tigre ocasional e o Gongshanmuntjac, enquanto entre as aves se encontram os raros Sclater'smonal e Blyth's tragopan. Existem cerca de 195 espécies de aves, incluindo o pombo-de-capacete-pálido, uma espécie globalmente ameaçada, outras incluem a cochoa púrpura, a cutia do Nepal e o papa-moscas-azul-pálido.Os mamíferos incluem o leopardo-das-neves, o gato-dourado, o leopardo, o gato-marmoreado, o gato-da-selva e o gato-leopardo, o cervo-almiscarado, o serow, o urso-negro-dos-Himalaias, o gaur, o urso-preguiça, a raposa vermelha, o veado, o macaco assamês, o cão selvagem indiano, a lontra, o esquilo e a civeta. Estes são designados por esquilo voador gigante de Mechuka (Petauristamechukaensis) e esquilo voador gigante de Mishmi Hills (Petauristamishmiensis).

Nesta Reserva da Biosfera podem encontrar-se quase 1500 plantas com flores. Estas incluem a orquídea Vanda, Monotropauniflora (cachimbo-da-índia) e Epipogiumspp, Holboellilatifolia (pau-rabudo), Magnolia Compbellii (Charles raffill), Cyathea sp. e Coptisteeta (fio-de-ouro-da-índia). Os tipos de vegetação que ocorrem na Reserva são as folhosas subtropicais, os pinheiros subtropicais, as folhosas temperadas, as coníferas temperadas, os arbustos lenhosos sub-alpinos, os prados alpinos (monton), os bambus e os prados. Magnolia Compbellii (Charles raffill), Holboellilatifolia (Ribbonwood), e várias espécies de espécies raras e ameaçadas na Reserva incluem Cyathea sp. (feto arbóreo áspero) e Coptisteeta (fio de ouro indiano).

A reserva é o último reduto de muitas espécies dos Himalaias. A população da reserva, superior a 10 000 pessoas, é constituída principalmente por tribos Adi, budistas e Mishmi. Não existem muitos problemas de conservação, exceto a caça furtiva e a recolha de plantas medicinais.

14.5 RESERVA DA BIOSFERA DE DIBRU-SAIKHOWA

Esta reserva está situada na margem sul do rio Brahmaputra, no extremo leste do estado de Assam, e inclui o santuário de vida selvagem de Dibru-Saikhowa e o parque nacional de Dibru-Saikhowa. O parque é delimitado pelos rios Brahmaputra e Lohit, a norte, e pelo rio Dibru, a sul. Está situado nos distritos de Dibrugarh e Tinsukia, em Assam.

A precipitação anual varia entre 2300 mm e 3800 mm. Os principais meses de chuva são junho, julho, agosto e setembro. A temperatura média mais fria e mais quente da área varia entre 7°C e 34°C, sendo junho, julho e agosto os meses mais quentes, enquanto dezembro e janeiro são os meses mais frios. Existem cerca de 38 aldeias na zona tampão da reserva. Os tipos de floresta da reserva incluem florestas semi-verdes, decíduas, litorais e pantanosas e manchas de floresta húmida sempre verde. As espécies de árvores mais importantes são Bishcofiajavanica (Blumejavanesebishopwood), Salix terasperma (salgueiro-da-índia), Dilleniaindica (Hondapara tree), Lagerstromiaparviflora (Landia), Bombaxceibe (algodoeiro-da-seda), Anthoephaluscadamba (carvalho-da-índia), Mesuaferrea (castanheiro-da-índia), Artocarpuschaplasa (Taungpienne), Dalbergiasissoo (Sissoo) e Ficus spp.

Entre as plantas medicinais ameaçadas na Reserva, algumas sãoHydnocarpuskurizii (árvore Chaulmoogra), Holarrhenantidysenterica (árvore Conessi), Costusspeciosus (gengibre espiral), Rauvalfia serpentine (madeira de serpentina), Dioscoreaalata (inhame alado) e Dioscoreabulbifor (videira de batata-do-ar). As orquídeas mais comuns na Reserva são a Rhynocostylisretusa (Blumesaccolabiumblumei Lindley) e a Pholidota articulate (orquídea rabo-de-cascavel). Na Reserva encontram-se gramíneas como Aurondodonax (junco gigante), Phragmitieskarka (junco flauta), Imperatacylindrica (erva-sangue japonesa) e Saccharum sp.

Foram registadas cerca de 350 aves residentes e migratórias. Estas aves incluem o mergulhão-de-crista, o pelicano de bico manchado, o pelicano de barriga branca, a cegonha-pequena, o pato de asas brancas, o pato de Bayer, a águia-perdigueira, o floricano de Bengala, o pombo de cabeça pálida, o calau, a tagarela do pântano, a tagarela de Jordão, o bico de papagaio de peito preto, etc. Entre as 36 espécies de mamíferos que se encontram nesta reserva da biosfera na Índia, algumas são o leopardo-nebuloso, o tigre real de Bengala, o leopardo, o urso-preguiça, o chacal dourado, o gato da selva, a civeta indiana pequena, o dole, o pequeno mangusto asiático, a lontra comum, o esquilo gigante da Malásia, o mangusto comum, o esquilo de Pallas, esquilo voador gigante comum, esquilo barrigudo dos Himalaias, lebre indiana, toupeira dos Himalaias, musaranho-da-terra, pangolim, golfinho do Ganges, langur de capuz, gibão de hoolock, lóris lento, elefante asiático, javali, sambar, veado-campeiro, cavalos selvagens, veado-campeiro e búfalo de água asiático. 8 espécies de tartarugas, como a tartaruga de folha asiática, a tartaruga de caixa malaia, a tartaruga de telhado castanho, a tartaruga de telhado de Assam, a tartaruga de carapaça mole indiana, a tartaruga de tenda indiana e a tartaruga de lago malhada. O assoreamento e o pastoreio são também actividades perigosas que ameaçam gravemente a vida selvagem.

14.6 RESERVA DA BIOSFERA DE GREAT NICOBAR

A reserva de Great Nicobar, com uma área geográfica total de 1044 quilómetros quadrados, é a ilha mais meridional do arquipélago de Andaman e Nicobar e também a parte mais meridional da Índia. Abrange uma grande parte (cerca de 85%) da ilha de Great Nicobar, a maior das ilhas Nicobar no Território da União Indiana das ilhas Andaman e Nicobar. No ano de 2013, foi incluída na lista do programa Homem e Biosfera da UNESCO para promover o desenvolvimento sustentável com base no esforço da comunidade local e na ciência sólida. A reserva foi declarada em janeiro de 1989. Incorpora dois parques nacionais da Índia, que foram publicados em 1992: o Parque Nacional Campbell Bay, de maiores dimensões, na parte norte da ilha, e o Parque Nacional Galathea, no interior sul. A reserva alberga muitas espécies de plantas e animais, frequentemente endémicas da região biogeográfica de Andaman e Nicobars região. As espécies de fauna da reserva incluem: a ave de mato de Nicobar (Megapodiusnicobariensis, uma ave megapode), o andorinhão de ninho comestível (Aerodramusfuciphagus), o macaco de cauda longa de Nicobar (Macacafascicularisumbrosa), o crocodilo de água salgada (Crocodylusporosus), tartaruga-de-couro gigante (Dermochelyscoriacea), tartaruga-de-caixa da Malásia, musaranho-das-árvores de Nicobar, pitão reticulado (Python reticulatus) e caranguejo-ladrão gigante (ou caranguejo-coco, Birguslatro). Algumas das outras espécies são a civeta das palmeiras, o morcego frugívoro, o javali de Andamão, a águia-marinha de barriga branca, o pombo de Nicobar, a águia-serpente de Nicobar, os periquitos de Nicobar, os periquitos, o lagarto-de-água e o lagarto-monitor.

A Grande Reserva de Nicobar representa as florestas tropicais húmidas. Cerca de 85% da floresta desta reserva ainda se encontra em estado virgem e é rica em espécies. Esta reserva da biosfera indiana alberga cinco espécies de Ficus, duas espécies de Terminalia (Gallnut), Pinangacostata (Blume areca), Pandanustinctoria (Screw pine), Ipomeoea spp. (Morning glory), Pterygotaalata (Buddha's coconut) Casuarina sp, (pau-brasil), Albiziaprocera (siris-brancos), Nypafruticans (palmeira-nipa), Canariumeuphyllum (leque de Makok), Syzygiumcumini (amora-da-índia), Calophyllumspp (Lagartocaspi),

Manilkaralittoralis (mohwa do mar), Eleocarpussphaericus (árvore Rudhrakhsa), Rhizophora spp, (mangue vermelho), Ceripstagal (mangue Tagal), Bruguiera spp. (mangue laranja de folhas grandes), bambus e canas.

A área em torno da reserva é habitada pelas tribos aborígenes de Shomphens e Nicobaris, às quais são concedidos direitos ao abrigo da Secção 65 da Lei da Vida Selvagem (Proteção), de 1972. Estas tribos caçam animais selvagens, nomeadamente o javali de Andamão, e recolhem também outros produtos florestais e da vida selvagem. As tribos que residem nas proximidades desta reserva dedicam-se à caça e à recolha de produtos florestais. Além disso, os caçadores furtivos também visitam o local a partir dos países vizinhos em busca de pepinos-do-mar, tartarugas, crocodilos e muitos outros. Estes são alguns dos graves perigos que a reserva da biosfera enfrenta.

14.7 RESERVA DA BIOSFERA DO GOLFO DE MANNAR

A reserva do Golfo de Mannar é a primeira reserva da biosfera marinha criada na Índia e situa-se ao longo da costa sul de Tamilnadu. A Reserva da Biosfera inclui o golfo, as costas adjacentes e também as pequenas ilhas que pontilham o golfo. O Golfo de Mannar é uma grande baía pouco profunda que faz parte do Mar Laccadive no Oceano Índico. Situa-se entre a ponta sudeste da Índia e a costa oeste do Sri Lanka, na região da Costa de Coromandel. A Reserva da Biosfera do Golfo de Mannar abrange uma área de 10 500 km^2 de oceano, ilhas e costa adjacente. Os ilhéus e a zona tampão costeira incluem praias, estuários e florestas tropicais de folha larga seca, enquanto os ambientes marinhos incluem comunidades de algas, comunidades de ervas marinhas, recifes de coral, pântanos salgados e florestas de mangais.

O golfo de Mannar é conhecido pelos seus bancos de pérolas de Pinctadaradiata e Pinctadafucata há pelo menos dois mil anos. Plínio, o Velho (23-79), elogiou a pesca de pérolas do golfo como a mais produtiva do mundo[5][6][7]. Embora a extração de pérolas naturais seja considerada demasiado cara na maior parte do mundo, continua a ser feita no golfo.

Existem 160 espécies de algas e 30 espécies de algas comestíveis. A vegetação de mangal inclui espécies como Avicennia (mangal preto), Ceriops (mangal Tagal), Bruguieria (mangal laranja de folhas grandes), Rhizophora (mangal vermelho) e Lumnitzera (mangal arenoso). Cerca de 46 espécies de plantas são endémicas do Golfo de Mannar. Esta biosfera possui também uma bela coleção de recifes de coral e de animais e vegetação marinhos. Ostras de pérola, bivalves comestíveis, anémonas do mar, espécies de camarões, ascídias e a vaca marinha (Dugong dugon) também podem ser encontrados nesta reserva.

Entre a fauna, os invertebrados estão representados por 280 espécies de esponjas, 92 espécies de corais, 22 espécies de leques marinhos, 160 espécies de poliquetas, 35 espécies de camarões, 17 espécies de caranguejos, 7 espécies de lagostas, 17 espécies de cefalópodes e 103 espécies de equinodermes.

As ameaças a esta reserva da biosfera da Índia são a extração ilegal de corais para as indústrias de cimento. Para além disso, a recolha aleatória de ervas marinhas também representa um perigo.

14.8 RESERVA DA BIOSFERA DE KHANGCHENDZONGA

A Reserva da Biosfera de Kanchenjunga é um parque nacional e uma reserva da biosfera situada em Sikkim, na Índia. O nome do parque deve-se à montanha Kanchenjunga (grafia alternativa Khangchendzonga), com 8 586 metros de altura, o terceiro pico mais alto do mundo. Esta reserva é uma das reservas de altitudes elevadas do continente indiano, uma vez que o pico de Khangchendzonga, o terceiro pico mais alto do mundo, existe no interior da reserva. A reserva cobre 70% da área florestal do norte e 30% da área geográfica do Estado, com uma área total de 2619 km2. O parque foi criado em 26 de agosto de 1977 e foi designado como reserva da biosfera.

A vegetação do parque inclui florestas temperadas de folha larga e florestas mistas constituídas por carvalhos, abetos, bétulas, áceres, salgueiros, etc. A vegetação do parque inclui também gramíneas e arbustos alpinos a altitudes mais elevadas, juntamente com muitas plantas e ervas medicinais. Os tipos de floresta da reserva são a floresta subtropical de folhas largas das colinas, a floresta temperada húmida dos Himalaias e a floresta temperada de folhas largas, a floresta mista de coníferas, as florestas sub-alpinas e a floresta alpina seca.

As regiões alpinas e planálticas de grande altitude albergam espécies animais raras e ameaçadas de extinção. O leopardo-das-neves das terras alpinas ocupa a posição no vértice da pirâmide biológica. O panda vermelho dos Himalaias, o veado almiscarado, o nayan ou ovelha tibetana, o bharal ou ovelha blud, o tahr dos Himalaias, a ovelha marco polo, as marmotas e os macacos são alguns dos animais que aqui se encontram. Um estudo recente revelou que o cão selvagem asiático se tornou muito raro na região. Pensa-se que os cães selvagens da Reserva da Biosfera de Khangchendzonga pertencem à subespécie rara e geneticamente distinta C. a. primaevus. Esta reserva também alberga muitas espécies de aves. Os faisões incluem o monal, o trogopan e o faisão sanguíneo. As outras espécies são o galo das neves tibetano, o galo das neves dos Himalaias, a perdiz das neves, o Lammergier, o bufo-real, a águia-das-florestas, a águia-dos-chifres tibetana, o mocho, as águias, os falcões, os falcões, o pombo-das-neves e o pombo-das-rochas.

Os deslizamentos de terras são um dos factores importantes que impedem a conservação dos recursos biológicos, resultando na perda de solo e em restrições à circulação da vida selvagem durante a migração. A melhor época para visitar o parque nacional de Kanchenjunga é entre abril e maio. A queda de neve é intensa durante os meses de inverno e as chuvas de monção ocorrem de maio a meados de outubro.

Os cidadãos estrangeiros necessitam de uma autorização de zona restrita do Ministério dos Assuntos Internos, Governo da Índia, Deli, para visitar o parque e a região associada. Os cidadãos indianos devem obter uma autorização de entrada no parque junto do Ministério do Interior do Estado. É igualmente obrigatória a autorização do chefe dos guardas da vida selvagem do Estado para todos os visitantes do parque.

14.9 RESERVA DA BIOSFERA DE MANAS

O nome do parque tem origem no rio Manas, que tem o nome da deusa serpente Manasa. O rio Manas é um dos principais afluentes do rio Brahmaputra, que atravessa o coração do parque nacional. A localização única de Manas, na confluência dos reinos indiano, etíope e indo-chinês, juntamente com o clima quente e húmido, faz desta reserva um tesouro de imensa diversidade e endemismo da flora e da fauna. É uma representação única das "Florestas Tropicais de Bengala" tropicais e húmidas do reino Indo-Malaia. A reserva estende-se ao longo das colinas florestais dos Himalaias, a norte do vale do Brahmaputra. O rio Manas é o maior afluente dos Himalaias do rio Brahmaputara. Manas foi classificada como Património Mundial pela UNESCO em 1985.

Nesta reserva da biosfera, existem cerca de 327 aves, 2 répteis, 61 espécies de mamíferos, 7 anfíbios e 54 espécies de peixes. As espécies raras de animais que aqui se encontram são o porco pigmeu, a lebre hispídea e o langur dourado. Durante o inverno, Manas está repleta de aves migratórias, como o papa-ratos, o rabo-de-garfo, o corvo-marinho e patos como o pato-de-bico-vermelho. Aves comuns da floresta, como o Hornbill indiano. E o calau-de-bico-vermelho também se encontram aqui.

Dois grandes biomas estão representados em Manas: o bioma dos prados (Savannah e Teri) e o bioma florestal (florestas tropicais de Bengala). Foi registado um total de 543 espécies de plantas na zona núcleo. Destas, 30 são Pteridófitas e Gimnospérmicas, 139 são monocotiledóneas e 37 são dicotiledóneas.

A população da comunidade Bodo depende dos recursos florestais para obter madeira, lenha, forragem, legumes silvestres, palha, fruta e peixe. A erosão do solo, a gestão transfronteiriça e a infestação de ervas daninhas são outras das ameaças a esta reserva da biosfera.

14.10 RESERVA DA BIOSFERA DE NANDA DEVI

A reserva de Nanda Devi inclui o Parque Nacional de Nanda Devi e o Parque Nacional do Vale das Flores na zona central. O Parque Nacional de Nanda Devi cobre uma área de 630,33 km2 e, juntamente com o Parque Nacional do Vale das Flores, está englobado na Reserva da Biosfera de Nanda Devi, totalizando uma área protegida de 2.236,74 km2, rodeada por uma zona tampão de 5.148,57 km2. Esta Reserva faz parte da Rede Mundial de Reservas da Biosfera da UNESCO desde 2004.

Esta Reserva da Biosfera da Índia tem uma boa fauna, com cerca de 18 espécies de mamíferos e cerca de 200 aves. Algumas destas aves e mamíferos são espécies em vias de extinção. Os mamíferos de maior porte mais comuns são o veado almiscarado dos Himalaias, o serow do continente e o tahr dos Himalaias. Os górgonas não se encontram no interior do parque, mas nas suas imediações. Os carnívoros são representados pelo leopardo-das-neves, o urso preto dos Himalaias e talvez também o urso castanho. Os langures encontram-se no interior do parque, ao passo que o macaco rhesus é conhecido nas zonas vizinhas do parque.

O Parque Nacional de Nanda Devi alberga uma grande variedade de flora. Encontraram-se aqui cerca de 312 espécies florais, incluindo 17 espécies raras. O abeto, a bétula, o rododendro e o zimbro são as principais espécies de flora. A vegetação é escassa no santuário interior devido à secura das condições. Não se encontra vegetação perto do glaciar Nanda Devi. Ramani, alpino, musgos e líquenes propensos são outras espécies florais notáveis encontradas no Parque Nacional Nanda Devi.

As ameaças a este ecossistema são os incêndios florestais, a recolha de plantas em vias de extinção para fins medicinais, a caça furtiva e as visitas de peregrinos. A população da Reserva da Biosfera é muito pobre. As propriedades fundiárias são muito pequenas e a taxa de alfabetização é muito baixa devido ao afastamento. Têm a sua própria cultura, tradição e crenças religiosas. A principal ocupação é a agricultura e a criação de ovelhas.

14.11 RESERVA DA BIOSFERA DE NILGIRI

A Reserva da Biosfera de Nilgiri é uma Reserva Internacional da Biosfera situada nos Ghats Ocidentais e nas colinas de Nilgiri, no sul da Índia. Inclui os parques nacionais de Mudumalai, Mukurthi, Wayanad e Bandipur. A reserva estende-se desde as florestas tropicais e subtropicais húmidas de folha larga e as florestas tropicais húmidas das encostas ocidentais dos Ghats até às florestas tropicais e subtropicais secas de folha larga e às florestas tropicais secas das encostas orientais. A precipitação varia entre 500 mm e 7000 mm por ano. A reserva abrange três eco-regiões: as florestas húmidas de folha caduca dos Ghats do Sudoeste, as florestas tropicais montanhosas dos Ghats do Sudoeste e as florestas secas de folha caduca do Planalto do Decão do Sul. A Reserva da Biosfera de Nilgiri foi a primeira Reserva da Biosfera na Índia. Está situada nos Ghats Ocidentais e inclui duas das dez províncias biogeográficas da Índia. Esta região apresenta uma grande diversidade de ecossistemas e de espécies.

A fauna inclui mais de 100 espécies de mamíferos, 350 espécies de aves, 80 espécies de répteis, cerca de 39 espécies de peixes, 31 anfíbios e 316 espécies de borboletas. Inclui o tigre, o elefante asiático, o macaco de cauda de leão e o Nilgiritahr. Possui a maior população de duas espécies ameaçadas de extinção, o macaco de cauda de leão e o Nilgiritahr. A reserva é muito rica em diversidade vegetal. Cerca de 3.300 espécies de plantas com flores podem ser vistas aqui. Destas 3300 espécies, 132 são endémicas da Reserva da Biosfera de Nilgiri. O género Baeolepis é exclusivamente endémico dos Nilgiris. Algumas das plantas inteiramente restritas à Reserva da Biosfera de Nilgiri incluem espécies de Adenoon, Calacanthus, Baeolepis, Frerea, Jarodina, Wagatea, Poeciloneuron, etc.

Das 175 espécies de orquídeas existentes na Reserva da Biosfera de Nilgiri, oito são endémicas. Estas incluem espécies endémicas e em vias de extinção de Vanda, Liparis, Bulbophyllum e Thrixspermum. As sholas da reserva são um tesouro de espécies vegetais raras.

Cerca de 80% das plantas com flor registadas nos Ghats Ocidentais ocorrem no NBR. Os grupos tribais que residem nesta região, como os Kotas, Irullas, Todas, Kurumbas, Adiyans, EdanadanChettis, Paniyas, Cholanaickens, Malayan, Allar, vivem da caça, da recolha de alimentos e da pesca. Esta é uma das razões da ameaça à reserva. A Reserva da Biosfera de Nilgiri tem vindo a sofrer a interferência humana desde há muito tempo, através de projectos de desenvolvimento como os projectos de energia hidroelétrica, a agricultura, a horticultura, a monocultura, o pastoreio, os incêndios florestais, as actividades de desenvolvimento e construção e o turismo não planeado, que provocaram alterações substanciais na ecologia da zona.

14.12 RESERVA DA BIOSFERA DE NOKREK

A Reserva da Biosfera de Nokrek está situada na parte ocidental do Estado de Meghalaya. A Reserva da Biosfera de Nokrek é um parque nacional situado a cerca de 2 km do pico de Tura, no distrito de West Garo Hills, em Meghalaya, na Índia. A UNESCO acrescentou este parque nacional à sua lista de Reservas da Biosfera em maio de 2009. Toda a Reserva da Biosfera é montanhosa. As rochas são maioritariamente gnaisses, granulitos, migmatitos, anfibolitos e formações ferríferas bandadas, intrudidas por corpos básicos e ultrabásicos. Na maior parte da área da Reserva da Biosfera, o solo é franco-vermelho. Mas por vezes varia de argiloso a franco-arenoso. Os solos da Reserva da Biosfera são ricos em matéria orgânica e azoto, mas deficientes em fosfato e potássio. A área é constituída por rochas sedimentares irregulares compostas por leitos de seixos, arenitos e xistos carbonosos. O Parque Nacional de Nokrek, com uma área de 47,48 quilómetros quadrados, é a zona central da reserva. Esta reserva é uma fonte importante de muitos rios e riachos perenes. Os sistemas fluviais importantes que têm origem na área são o rio Simsang, o rio Ganol, o rio Bugi, o rio Dareng e o rio Rongdik. Nokrek tem uma população remanescente de panda-vermelho que tem gerado curiosidade em todo o mundo. Nokrek é também um habitat importante para os elefantes asiáticos. O parque tinha oito espécies de gatos, desde o tigre ao gato-marmoreado, mas a situação atual do primeiro é incerta. A Reserva de Nokrek alberga uma grande variedade de animais, tais como o binturong, o macaco de cauda atarracada, o gibão hoolock, o urso preto dos Himalaias, o macaco de cauda de porco, o tigre, o elefante, o leopardo, o esquilo voador gigante, etc.

Existe uma grande variedade de plantas no parque. Um dossel virgem de florestas densas, altas e verdejantes cobre Nokrek e os seus arredores. O germoplasma-mãe de Citrus indica (conhecido localmente como MemangNarang) foi descoberto por investigadores científicos na região de Nokrek. Esta descoberta levou à criação do Santuário Nacional de Genes de Citrinos e da Reserva da Biosfera, que abrange uma área de 47 quilómetros quadrados. A área é conhecida pelas suas variedades selvagens de citrinos, que constituem um banco de genes para os citrinos produzidos comercialmente. Entre as espécies de plantas importantes contam-se a Shoreaassamica (meranti branco), a Bambusapallida (bambu), a Altingiaexcelsa (Grand rasamala), a Amoorawallichi (Lali) e a Micheliainsignis (Chempaka).

O cultivo extensivo pelos aldeões, a perda da camada superior do solo e a erosão do solo são as principais causas de perigo nesta zona, que é constituída por 128 aldeias com uma população de cerca de 40 000 habitantes, sendo a totalidade da população constituída pela comunidade Garo. A principal forma de subsistência da população é o cultivo de jhum (deslocação).

14.13 RESERVA DA BIOSFERA DE PACHMARHI

A Reserva da Biosfera de Pachmarhi é uma área de conservação não utilizada e uma reserva da biosfera na cordilheira de Satpura do estado de Madhya Pradesh, no centro da Índia. A área de conservação foi criada em 1999 pelo governo indiano. A UNESCO designou-a como reserva da biosfera em 2009.

A área total da reserva da biosfera é de 4.926,28 quilómetros quadrados (1.217.310 acres). Inclui três unidades de conservação da vida selvagem:

Santuário de Bori (518,00 km $)^2$

Santuário de Pachmarhi (461,37 km2).

Parque Nacional de Satpura (524,37 km2)

O Parque Nacional de Satpura é designado como zona central e a restante área de 4401,91 km^2 , incluindo os santuários de Bori e Pachmarhi, serve de zona tampão. Esta reserva tem 510 aldeias. Patalkot, uma pequena aldeia adivasi no interior da reserva, é um paraíso para os antropólogos. A configuração geral da área é um terreno montanhoso e ondulado. A gestão científica e a conservação das florestas na Índia começaram em 1862 com a demarcação da Floresta da Reserva de Bori, que se situa no Santuário de Bori desta reserva.

As principais espécies desta Reserva da Biosfera Indiana incluem a teca e o sal. Encontram-se aqui 83 espécies de briófitas, 30 espécies de talófitas, 71 espécies de pteridófitas, 56 géneros e 7 espécies de gimnospérmicas. O planalto de Pachmarhi é um paraíso para os botânicos. As florestas são dominadas pela teca (Tectonagrandis). Incluem os bosques mais ocidentais de Sal (Shorearobusta), que é a árvore dominante das florestas do leste da Índia. Outra vegetação endémica inclui a manga selvagem, o feto prateado, o Jamun e o arjun.

Foram estudadas catorze espécies de plantas etno-botânicas que ocorrem na PBR e que são comercializadas nas aldeias selecionadas da zona tampão da PBR. A população local recolhe diferentes partes de plantas destas espécies importantes para consumo próprio e comércio. Uma parte da vegetação da reserva foi estudada pelo Prof. Chandra Prakash Kala, especialmente no que respeita às utilizações indígenas das plantas. Existem cerca de 254 espécies de aves, 50 espécies de mamíferos e 30 espécies de répteis. A reserva alberga muitas aves de rapina, como a águia-serpente, o abutre-do-mel e a águia-preta. Entre as espécies de mamíferos de grande porte contam-se o tigre, o leopardo, o javali, o gaur (Bosgaurus), o veado chital (Axis axis), o veado muntjac, o veado sambar (Cervus unicolor) e os macacos Rhesus. A fauna endémica inclui o chinkara, o nilgai, o veado que ladra, o cheetal, os leopardos, os cães selvagens, o lobo indiano, o bisonte, os esquilos gigantes indianos e os esquilos voadores

Existe um grande número de abrigos rupestres de grande interesse arqueológico, com pinturas rupestres de vários milhares de anos. As pinturas são de diferentes estilos e períodos. Atualmente, estas encontram-se dispersas e quase não foram feitos esforços para as conservar. As principais ameaças à reserva são a recolha de plantas raras, endémicas e medicinais por vários grupos, a proliferação de lantana e a caça furtiva.

14.14 RESERVA DA BIOSFERA DO SIMILIPAL

A Reserva da Biosfera de Similipal foi notificada pelo Governo da Índia em 22 de junho de 1994. Compreende a totalidade do santuário de Similipal (núcleo e zona-tampão), as florestas de reserva adjacentes de Nato e Satkoshia que formam uma zona-tampão adicional e uma faixa de aproximadamente 10 km de largura em torno de toda a zona-tampão designada "zona de transição". Similipal situa-se na região norte de Orissa e inclui o Planalto Oriental, o Planalto de Chotangpur, a Planície Gangética Inferior e as zonas bióticas costeiras.

Similipal é a morada de 94 espécies de orquídeas e de cerca de 3000 espécies de outras plantas. Estas incluem 2 espécies de orquídeas endémicas, 8 plantas em perigo de extinção, 8 espécies com estatuto vulnerável e 34 outras espécies raras de plantas. O Similipal é também a morada do tigre preto e melanístico, que é raro. As espécies de fauna identificadas incluem 12 espécies de anfíbios, 29 espécies de répteis, 264 espécies de aves e 42 espécies de mamíferos, o que, no seu conjunto, realça a riqueza da biodiversidade de Similipal.

Existem cerca de 1170 espécies de plantas com flor na Reserva, incluindo 94 espécies de orquídeas (2 espécies de orquídeas são endémicas), 8 espécies estão em perigo, 8 espécies são vulneráveis e 34 espécies são raras. As espécies de plantas importantes são Terminaliaarjuna (Myrobalan), Dalbergeasisso (Sissoo), Micheliachampa (Champak), Shorearobusta (Saleiro) e Madhuca sp. (Manteigueira da Índia).

Existem cerca de 29 espécies de répteis, 12 espécies de anfíbios, 260 espécies de aves e 42 espécies de mamíferos. Os animais variam entre o tigre, o leopardo, o elefante, o gato pescador, o mangusto rudy, o antílope de quatro cornos, os falconetes de peito vermelho e a águia pescadora de cabeça cinzenta. Entre as aves, as adições recentes incluem o falconete de peito vermelho, a águia pesqueira de cabeça cinzenta, a cimitarra de bico fino, o bulbul de orelhas brancas, o minivet de cauda longa do Himalaia Oriental e o pica-pau comum. Do mesmo modo, o mangusto-vermelho (Herpestessmithi) foi acrescentado após vários avistamentos.

A tribo Kharias, uma tribo primitiva no interior do santuário, vive da recolha de produtos florestais não lenhosos. Recolhem diariamente mel, goma, araruta e cogumelos selvagens. Além disso, as pessoas do exterior também recolhem a casca da árvore Paja (Litseamonopetala), flores e sementes de Mahua e sementes de sal. Estes são apenas alguns dos muitos produtos NTFP recolhidos em Similipal.

As ameaças específicas são: a perda de diversidade devido à recolha de pequenas madeiras e lenha; a perda de diversidade devido ao "fogo" e a perda de diversidade devido ao Shikar (caça ilegal de animais selvagens). O "AkhandShikar" é considerado um costume singular que resulta na matança em grande escala de animais selvagens. A solução para este problema consiste em manter as pessoas em profissões atractivas e empenhadas durante todo o ano. Devido à sua situação biogeográfica, às suas caraterísticas geológicas, ao reconhecimento internacional como uma das primeiras nove áreas privilegiadas para a conservação do tigre e por ser uma das primeiras oito

Reservas da Biosfera da Índia.

14.15 RESERVA DA BIOSFERA DE SUNDARBANS

Sunderban é a maior área contígua de mangais do mundo e um dos sítios do Património Mundial da Índia, designado pela Convenção do Património Mundial. Esta reserva da biosfera está situada no vasto delta do Ganges, a sul de Calcutá. É a maior e única reserva de mangais do mundo habitada por tigres. O atual Parque Nacional de Sundarban foi declarado área central da Reserva de Tigres de Sundarban em 1973 e santuário de vida selvagem em 1977. Em 4 de maio de 1984, foi declarado Parque Nacional.

O Conservador Chefe das Florestas (Sul) e Diretor da Reserva da Biosfera de Sundarban é o chefe administrativo do parque a nível local e é assistido por um Diretor de Campo Adjunto e um Diretor de Campo Assistente. A área do parque está dividida em duas zonas, supervisionadas por funcionários florestais das zonas. Cada zona está ainda subdividida em zonas. O parque dispõe igualmente de postos de vigia flutuantes e de acampamentos para proteger a propriedade dos caçadores furtivos.

Foram registadas aqui cerca de 120 espécies de algas, 25 espécies de mangais e 124 espécies de angiospérmicas. Sunderban ganhou o seu nome devido às árvores Sundari. É a variedade de árvore mais requintada que se encontra nesta área, um tipo especial de mangue. A principal caraterística desta árvore é o facto de produzir espinhos que crescem acima do solo e ajudam na respiração da árvore. Durante a estação das chuvas, quando toda a floresta está inundada, os espigões que se elevam do solo têm o seu pico no ar e ajudam no processo de respiração.

Existem cerca de 163 espécies de aves, 40 espécies de mamíferos, 56 espécies de répteis, 165 espécies de peixes, 67 espécies de caranguejos e 23 espécies de moluscos. As espécies animais incluem o tigre (Patheratigristigris), o crocodilo de água salgada (Crocodilusporasus), o gato de pesca (Felisviverrina), o gato leopardo indiano (Felisbengalesis), o monitor amarelo (Varanusflaveseens), a tartaruga marinha de Oliva (Lipidochelysolivacea), a tartaruga-de-pente (Ertmochetys imbricate) e a tartaruga-verde (Cheloniamyrdus).

Alguns dos animais aquáticos que se encontram no parque são o peixe-serra, o peixe-manteiga, as raias eléctricas, a carpa prateada, a estrela-do-mar, a carpa comum, o caranguejo-ferradura, o camarão, os camarões, os golfinhos do Ganges, as rãs saltadoras, os sapos comuns e as rãs arbóreas.

As espécies ameaçadas de extinção que vivem na reserva de Sundarbans são o tigre real de Bengala, o crocodilo de água salgada, o cágado de rio, a tartaruga olivácea, o golfinho do rio Ganges, a tartaruga-de-pente e o caranguejo-ferradura dos mangais. A Reserva do Tigre de Sunderban está situada em South 24 Paraganas, Bengala Ocidental, e tem uma área geográfica total de 2585 km2, dos quais 1437,4 km2 são zonas povoadas e a floresta cobre 1474 km2. A paisagem de Sunderban é contínua com o habitat dos mangais do Bangladesh. As pessoas que vivem na reserva da biosfera dependem da floresta e dos recursos florestais. As principais ameaças incluem a pesca excessiva, as práticas de aquacultura e a extração de madeira e lenha.

14.16 CONCLUSÃO

As Reservas da Biosfera não são um substituto ou uma alternativa, mas sim um reforço das áreas protegidas existentes. O Ministério do Ambiente e das Florestas lançou o programa das Reservas da Biosfera em 1986 com estes aspectos em mente. Os objectivos específicos deste programa consistem em conservar a diversidade e a integridade das plantas e dos animais nos ecossistemas naturais, salvaguardar a diversidade genética das espécies, da qual depende a sua evolução contínua, proporcionar áreas para investigação e monitorização multifacetadas, proporcionar instalações para investigação e formação e assegurar a utilização sustentável dos recursos naturais através da tecnologia mais adequada para melhorar a economia e o nível de vida das populações locais.

"Civilization and the life of nations are governed by the same laws as prevail throughout nature and organic life."

......*Ernst Haeckel*

*****

Printed by Books on Demand GmbH, Norderstedt / Germany